U0142160

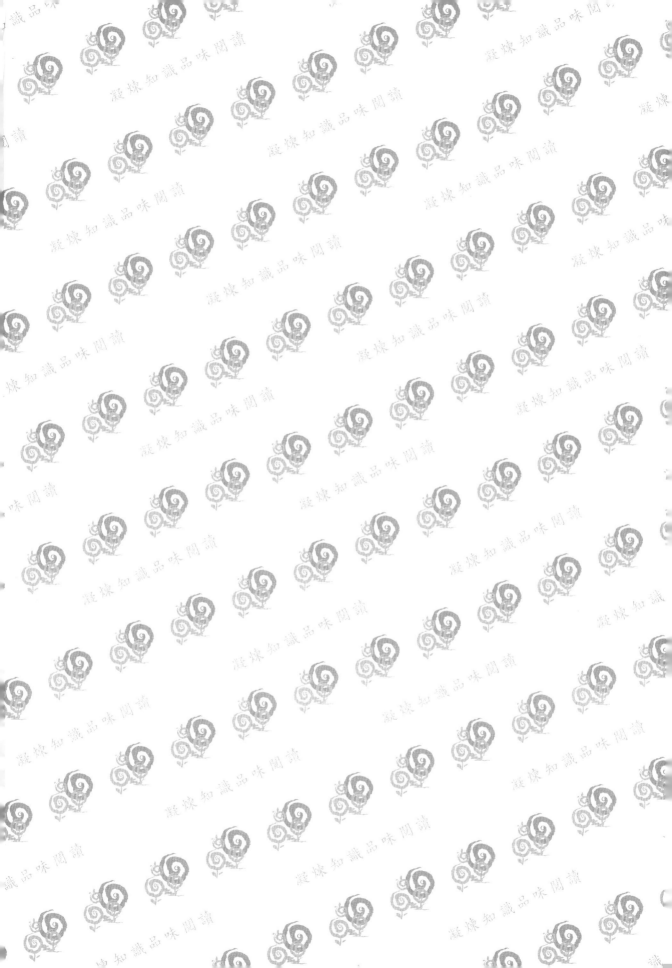

半導體製程設備技術

SemiconductorTechnology – Process and Equipment

楊子明　鍾昌貴　沈志彥　李美儀　吳鴻佑　詹家瑋　編著

國立陽明交通大學　吳耀銓　教授　校閱

第三版

五南圖書出版公司 印行

序

隨著產業的升級，半導體科技迅速的發展，使得積體電路（IC）日益蓬勃成熟。如同摩爾定律（Moore's Law）所預測的，由於元件的尺寸不斷地微縮化（Scaling）至奈米（nm）尺寸，導致積體電路的製造技術也變得更為複雜，當然製程設備也不斷的遭遇更大的挑戰。

回想起本人於學生時代第一次接觸半導體時，心裡便覺得「這根本就是一門藝術學」，因為在晶圓（Wafer）上的元件（Device）製作，根本不是肉眼所能看見的，從此便開啟了本人對於半導體的興趣及鑽研。而在任職於國家級半導體實驗室的那段期間，有多次機會被指派擔任來賓參訪的解說，在過程中我最喜歡引用比薩（Pizza）的製作方式來比喻IC的製造流程：比薩的餅皮就像晶圓一樣，可做為基底材料，如果今天客戶（例如IC設計公司）預訂了一個夏威夷口味，那比薩店（晶圓廠）就要開始先定義哪裡要放鳳梨，哪裡要放火腿（如黃光微影製程），緊接著在預定要放鳳梨及火腿的區域挖一個小凹槽（如乾式或濕式蝕刻），然後凹槽上放上預定的鳳梨或火腿（如沉積或熱成長），最後將整個比薩送進烤箱裡烘烤（如回火製程）。烘烤完成後，再將比薩做切割，當然每一小片都是符合客戶所要的夏威夷口味（功能）。所以，如果客戶是要以每一小片來議價時，那可將餅皮的尺寸做的大一點，完成一次的工，可提供夏威夷口味的片數就變多，成本自然可降低。所以晶圓廠才會從6吋、8吋、12吋，甚至未來的18吋晶圓廠一直蓋下去。

當初發起這個構想撰寫這本半導體書籍，主要是想提供給讀者一個更多元化的選擇。而會邀請這麼多的作者一同來撰寫，主要是希望能藉由各位作者在各領域的專長與多年經驗，匯集成深入淺出的專業知識，與各位讀者分享。本人所撰

寫的部分為第0章0.6節半導體導論、第1章1.1節爐管（Furnace）、第3章3.1節電漿（Plasma）、第3章3.3節物理氣相沉積設備系統（PVD）以及第7章IC製造概述篇。而第0章0.1～0.5節設備維修需具備的知識技能、第2章濕式蝕刻與清潔設備（wet bench）篇及第8章控制元件檢測及維修篇為鍾昌貴先生所撰寫。第3章3.2節化學氣相沉積設備系統（CVD）及第4章乾式蝕刻設備（Dry Etcher）篇為沈志彥先生所撰寫。第6章研磨設備（Polish）篇為李美儀博士所撰寫。第5章黃光微影設備（Photolithography）篇為吳鴻佑先生所撰寫。第1章1.2節離子植入（Ion Implant）為詹家瑋先生所撰寫。全文由交通大學吳耀銓教授校閱。希望對於半導體有興趣的同學或讀者們，能藉由此書培養扎實的基礎與實際應用的能力；而對於半導體領域已有相當認識的讀者們，也能藉由此書，將已學的知識更加融會貫通，以期更有效率的解決問題。最後，希望大家都能對於半導體機台設備及其製程技術，有一個全觀的認識，以提升職場的競爭力。

楊子明
2011年12月

致 謝

（排列順序不涉及重要程度）：

首先感謝我的半導體啟蒙老師：師範大學的劉傳璽教授，如沒有他的支持與鼓勵，此書便不可能出版。

由衷的感謝一起撰寫本書的作者們及校閱者交通大學吳耀銓教授，感謝您們百忙之中還不吝提供經驗及分享，感謝您們每一個人的付出及參與。

感謝以下曾教導或指導過本人半導體相關知識的老師，及學界、業界老師級的前輩們：長庚大學潘同明教授，海洋大學嚴茂旭教授，亞洲大學黃素華教授，交通大學張翼教授，胡晟民博士，張志榜博士，王寶明博士，蘇俊榮博士，茂達電子陳面國經理，台灣茂矽電子研發二處巫世榮副處長。

誠摯地感謝以下曾幫助及協助過本人的長官、前輩、同仁、好友：台灣積體電路孫旭昌博士、宋大衛經理，國家奈米元件實驗室全體同仁以及謝錦龍先生在爐管章節給予很多的建議，中山科學研究院李大青博士、張國仁博士、林家慶博士、莊豪偉先生、曾評偉先生、王紗曼小姐、黃詩君小姐，華上光電黃文祥先生，ASM林立偉先生，中央大學光電科學研究中心李健階博士，德國Centrotherm的Keith Hsu、Carsten Winter、J. J Lin、Paxon Chen、Jenson Chen、Steffen Wiebicke、Yachun Chen、Jack Wang、Chung Lin、Vic Hsieh，英國Oxford Instruments的Francis Chew、Emberton Robert，交通大學鄭季豪博士、賴明輝博士、謝承佑、曾卿杰、廖偉志、林國芳、卓昕如、陳建誌、陳俞中，成功大學陳治維博士，工業技術研究院電光所功率電子技術部全體同仁，工業技術研究院電光所光電元件與系統應用組全體同仁，林瑞琪小姐，王俊強先生，賴俞運先生，黃一凡先生，丁貞寬先生，林

進發先生。

　　亦衷心的感謝五南出版社楊榮川董事長給予出版的機會。

　　感謝我所有的家人：呂素真、呂李麗香、呂志偉、郭貞靖、呂雅惠、呂雅妮、呂佩蓉、呂佩樺、彭昆耀、蔡惠鑾、彭詩倩、楊樂樂、彭一航、周敏雯、彭勻曦、彭勻飛、彭勻翔、彭依諄、陳煒益。

　　最後我要將本書努力的成果獻給我的二舅、五舅、外婆與二姐，以表達我的感謝與思念。

楊子明

2011年9月

　　本書能夠順利問世，要感謝的人很多，首先要感謝的自然是我的家人，沒有家人的支持付出與鼓勵，是很難專心於此，真的要謝謝他們辛苦的付出。再來要感謝的就是本書的其他作者及吳耀銓教授的校閱，沒有您們的打拼，本書根本不可能會問世，以及五南圖書出版股份有限公司給予出版的機會，本人藉此致上最真誠的致謝。

鍾昌貴

2011年9月

　　幸蒙吳耀銓教授耐心校稿與指導，及共同作者楊子明先生熱心地統合每位作者的專長及所負責的章節撰寫進度，才能在這一年內將此參考書籍能順利完成。

　　最後我在此感謝國家奈米實驗室（NDL）的全體同仁，於國防役期間給予的

訓練及學習機會，及交通大學簡朝欣教授與楊明瑞博士給予的指導與引領，這段期間所累積的點點滴滴，才有機會促成此章節的誕生，於此獻上最深的敬意與謝意。

沈志彥

2011年9月

感謝子明邀約寫稿，讓我有機會負責CMP技術相關之內容，更感謝吳耀銓教授、方政煜博士給予寫作期間的建議及指導。半導體相關技術結合理、工各方面學門智慧，成就如今複雜且精密的生產模式，也促進台灣成為世界半導體生產大國。寫作過程中，感謝書中各作者對寫作方向的指引，本章節內容主要給剛從事半導體產業相關的人員作為入門，內容簡淺易懂，避免複雜理論及公式推導運算，驥望本章內容可以提供給剛入門的工程師簡單、基礎的CMP概念。撰寫過程的資料收集，亦讓我對CMP整體技術與相關發展又更深的認識。在此祝福諸位身體健康、順心快樂。

李美儀

2011年9月

還記得陳之藩「謝天」內的一句話：「要感謝的人太多，只有謝天吧！」著實能表達完成此書後的感言。尤其感謝本書發起人楊子明先生，讓敝人負責微影之章節。更感謝吳耀銓教授、施錫龍先生、李美儀博士、詹金坪先生、林漢清博士、鄭旭君先生給予寫作上的建議及指導，亦感謝裕堪、智仁、泓瑜、志彥、佩君、柔孜及奕涵，此時給予的關心及鼓勵。在撰寫之際，同時奔波於醫院照顧親人、工

作及實驗論文，真的很感謝家人（母親、大哥皇輝、二哥鴻舜、大嫂娟華及姪女翊寧），謝謝您們這期間的支持及包容，也感謝父親與姜伯的庇祐。在此祝福諸位身體健康、順心快樂。

吳鴻佑

2011年9月

很高興本書終於完成了，首先要感謝家人無微不至的照顧，才可以讓我在工作閒暇之餘能專心地完成寫作。再來就是要感謝交通大學吳耀銓教授的細心指導與共同作者楊子明先生熱心地協助各章節的整合，才能順利出版。最後要感謝半導體設備商亞舍立科技（Axcelis Tech.）在設備技術上的支援，才能使本書的內容更接近業界發展，並使讀者能更清楚的了解半導體製程與設備的原理和應用，因此本人藉此機會獻上最真誠的致謝。

詹家瑋

2011年9月

目　錄

序 i

致謝 iii

第○章　設備維修需具備的知識技能以及半導體導論篇 _____ 1

　0.1　設備維修該有的認知及態度 ………………………………………… 2

　0.2　設備安全標示的認識 …………………………………………………… 3

　　0.2.1　設備安全標示的認識 ……………………………………………… 3

　　0.2.2　個人防護裝備的認識 ……………………………………………… 7

　0.3　設備機電系統的定義及分類 ………………………………………… 8

　　　　類比控制系統 ………………………………………………………… 11

　　　　數位控制系統 ………………………………………………………… 11

　0.4　設備控制系統 ………………………………………………………… 12

　0.5　常見電路圖圖示認識 ………………………………………………… 23

　0.6　半導體導論 …………………………………………………………… 29

　　　　參考文獻 …………………………………………………………… 33

第一章　擴散設備（Diffusion）篇 _____ 35

　1.1　爐管（Furnace）…………………………………………………… 36

　　1.1.1　爐管設備系統架構 ………………………………………………… 37

　　1.1.2　爐管製程介紹 ……………………………………………………… 42

　　1.1.3　製程程序步驟（Recipe）介紹 …………………………………… 55

　　1.1.4　經驗分享 …………………………………………………………… 59

1.2　離子植入（Ion Implant）······························ 68

　1.2.1　離子植入製程基礎原理······························ 69

　1.2.2　離子植入機設備系統簡介···························· 74

　1.2.3　離子植入製程在積體電路製程的簡介·············· 90

　1.2.4　離子植入製程後的監控與量測···················· 93

　1.2.5　離子植入機操作注意事項························· 95

　1.2.6　離子植入製程問題討論與分析··················· 97

　　　　參考文獻······································· 101

第二章　濕式蝕刻與清潔設備（Wet Bench）篇　　103

2.1　濕式清洗與蝕刻的目的及方法······················ 104

　2.1.1　濕式清洗的目的····························· 105

　2.1.2　濕式蝕刻的目的····························· 107

　2.1.3　污染物對半導體元件電性的影響················ 108

2.2　晶圓表面清潔與蝕刻技術·························· 110

　2.2.1　晶圓表面有機汙染（Organic Contamination）洗淨·········· 110

　2.2.2　晶圓表面原生氧化層的移除···················· 112

　2.2.3　晶圓表面洗淨清潔技術······················· 112

　2.2.4　晶圓表面濕式蝕刻技術······················· 115

2.3　化學品供應系統······························· 118

　2.3.1　化學品分類····························· 118

　2.3.2　化學品供應系統··························· 119

2.4　Wet Bench結構與循環系統······················ 122

　2.4.1　濕式蝕刻及清潔設備（Wet Bench）結構·············· 122

　2.4.2　濕式蝕刻及清洗設備（Wet Bench）傳動系統·········· 128

　2.4.3　循環系統與乾燥系統························· 129

　　　　參考文獻································· 133

第三章　薄膜設備（Thin Films）篇　　135

3.1　電漿（Plasma）‧‧‧136

3.1.1　電漿產生的原理‧‧‧‧‧‧‧‧‧‧‧‧‧‧‧‧‧‧‧‧‧‧‧‧‧‧‧‧‧‧‧‧‧‧‧136

3.1.2　射頻電漿電源（RF Generator）的功率量測儀器‧‧‧‧‧‧‧‧‧‧146

3.2　化學氣相沉積設備系統（Chemical Vapor Deposition, CVD）‧‧148

3.2.0　簡介‧‧148

3.2.1　電漿輔助化學氣相沉積（PECVD）‧‧‧‧‧‧‧‧‧‧‧‧‧‧‧‧‧‧‧148

3.2.2　新穎化學氣相沉積系統與磊晶系統（ALD、MBE、MOCVD）‧‧‧‧‧156

3.3　物理氣相沉積設備系統（Physical Vapor Deposition, PVD）‧‧‧185

3.3.1　熱蒸鍍‧‧185

3.3.2　電子束蒸鍍‧‧‧‧‧‧‧‧‧‧‧‧‧‧‧‧‧‧‧‧‧‧‧‧‧‧‧‧‧‧‧‧‧‧‧188

3.3.3　濺鍍‧‧‧190

參考文獻‧‧‧198

第四章　乾式蝕刻設備（Dry Etcher）篇　　201

4.0　前言‧‧202

4.0.1　乾式蝕刻機（Dry Etcher）‧‧‧‧‧‧‧‧‧‧‧‧‧‧‧‧‧‧‧‧‧‧‧‧‧202

4.0.2　蝕刻腔體設計概念（Design Factors）‧‧‧‧‧‧‧‧‧‧‧‧‧‧‧‧203

4.1　各種乾式蝕刻腔體設備介紹‧‧‧‧‧‧‧‧‧‧‧‧‧‧‧‧‧‧‧‧‧‧‧‧‧‧‧204

4.1.1　反應式離子蝕刻機（Reactive Ion Etcher, RIE）‧‧‧‧‧‧‧‧‧204

4.1.2　三極式電容偶合蝕刻系統（Triode RIE）‧‧‧‧‧‧‧‧‧‧‧‧‧‧206

4.1.3　磁場增進式平行板電極（Magnetically Enhance RIE, MERIE）‧‧‧‧207

4.1.4　高密度電漿蝕刻腔體（High Density Plasma Reactors）‧‧‧‧‧‧208

4.1.5　多極式磁場侷限式電漿（Magnetic Multipole Confinement, MMC）‧‧209

4.1.6　電感應偶合電漿（Inductive Couple Plasma, ICP）‧‧‧‧‧‧‧‧210

4.1.7　電子迴旋共振式電漿（Electron Cyclotron Resonance, ECR）‧‧‧‧217

4.1.8　螺旋微波電漿源（Helicon Wave Plasma Source, HWP）‧‧‧‧‧‧219

4.2 晶圓固定與控溫設備 ··· 223

4.3 終點偵測裝置（End Point Detectors） ··························· 224

4.4 乾式蝕刻製程（Dry Etching Processes） ······················ 226

4.4.1 乾式蝕刻與濕式蝕刻的比較 ································ 227

4.4.2 乾式蝕刻機制 ·· 227

4.4.3 活性離子蝕刻的微觀現象 ··································· 229

4.4.4 各式製程蝕刻說明 ··· 237

4.5 總結 ··· 255

參考文獻 ··· 255

第五章　黃光微影設備（Photolithography）篇　　257

5.1 前言 ··· 258

5.2 光阻塗佈及顯影系統（Track system : Coater / Developer）···· 259

5.2.1 光阻塗佈系統（Coater） ··································· 260

5.2.2 顯影系統（Developer） ····································· 266

5.3 曝光系統（Exposure System） ································· 268

5.3.1 光學微影（Optical Lithography） ························· 269

5.3.2 電子束微影（E-beam Lithography） ······················ 275

5.4 現在與未來 ·· 278

5.4.1 浸潤式微影（Immersion Lithography） ··················· 280

5.4.2 極紫外光微影（Extreme Ultraviolet Lithography） ········ 281

5.5 工作安全提醒 ··· 283

參考文獻 ··· 285

第六章　研磨設備（Polishing）篇　　287

6.1 前言 ··· 288

6.2 　化學機械研磨系統（Chemical Mechanical Polishing, CMP）‥290

　6.2.1 　研磨頭 ·· 290

　6.2.2 　研磨平臺 ··· 292

　6.2.3 　研磨漿料控制系統 ·· 296

　6.2.4 　清洗 / 其他 ··· 297

6.3 　研磨漿料（Slurry）··· 303

6.4 　化學機械研磨製程中常見的現象 ······························· 306

6.5 　化學機械研磨常用的化學品 ····································· 310

　　　參考文獻 ·· 312

第七章　　IC製造概述篇　　　　　　　　　　　　　　　　315

7.1 　互補式金氧半電晶體製造流程（CMOS Process Flow）········ 316

　前段製程（FEOL）··· 316

　後段製程（BEOL）··· 327

7.2 　CMOS閘極氧化層陷阱電荷介紹 ································ 333

　四種基本及重要的電荷 ··· 333

　高頻的電容對電壓特性曲線（C-V curve）······················· 341

7.3 　鰭式電晶體元件製造流程（FinFET Device Process Flow）····· 343

　PMOS鰭式場效應電晶體（PMOS bulk FinFET）製造流程············ 344

7.4 　碳化矽高功率元件（SiC Power Device）──接面位障蕭特基二極體（Junction Barrier Schottky Diode, JBSD）製造流程··· 346

7.5 　氮化鎵功率元件製造流程（GaN-on-Si HEMT Power device Process Flow）··· 350

　　　參考文獻 ·· 353

第八章　　　控制元件檢測及維修篇　　　　　　　　　　　355

8.1　　簡介 ···356

8.2　　維修工具的使用 ···356

　8.2.1　一般性維修工具組 ······································356

　8.2.2　三用電表的使用 ··357

　8.2.3　示波器（Oscilloscope）的使用 ·······················365

　8.2.4　數位邏輯筆的使用 ······································373

8.3　　設備機台常見的控制元件與儀表控制器 ····················374

　8.3.1　電源供應器（Power Supply）···························374

　8.3.2　溫度控制器（Temperature Controller）·················375

　8.3.3　伺服與步進馬達（Servo and Stepping Motor）···········379

　8.3.4　質流控制器（Mass Flow Controller, MFC）··············382

　8.3.5　電磁閥（Solenoid Valve）·····························384

　8.3.6　感測器（Sensor）·····································386

　8.3.7　可程式邏輯控制器（PLC）······························391

　　　　參考文獻 ···396

索引　　　　　　　　　　　　　　　　　　　　　　　　　　397

第 0 章

設備維修需具備的知識技能以及半導體導論篇

0.1 設備維修該有的認知及態度

0.2 設備安全標示的認識

0.3 設備機電系統的定義及分類

0.4 設備控制系統

0.5 常見電路圖圖示認識

0.6 半導體導論

0.1 設備維修該有的認知及態度

國內半導體廠商所使用的設備儀器大部分皆由歐美、日等國進口。而在晶圓製造過程中也使用大量的有毒氣體例如SiH_4、NH_3、B_2H_6、PH_3、Cl_2及高腐蝕性之化學品例如H_2SO_4、HF、HCL、NH_4OH、H_2O_2等。根據研究發現半導體工業在工作場所中可能的潛在危害，包括多種化學性的有毒氣體、游離及非游離輻射、噪音與人體肌肉或骨骼傷害等等。這些在在都告訴我們安全的重要性，俗話說安全是回家唯一的路，這句話在設備維修上也是大家要謹記的。沒有三兩三千千萬萬不可上樑山，胡亂修機輕則機台毀損，造成財產損失，重則危及生命安全，遺憾終身，不可謂不慎重。

有了上述的認知之後，面對機台設備的維護及保養，我們更應該要有更積極的態度來面對。除了平常基本功的養成例如工業安全與衛生的教育訓練、基本用電知識的培養、設備機台的正確操作及維護保養標準作業程序（Standard Operation Procedure, SOP）的建立等之外，設備維修時應注意下列幾項要點：

1. 機台狀態應隨時讓他人知道，並於製造執行系統（Manufacture Execution System, MES）或其他製造流程管理系統上通報，例如機台處於當機維修中，且現場應掛機台維修中標示牌，以避免他人誤操作。

2. 設備機台的安全互鎖開關（Interlock）不可將它排除（By-pass）。

3. 維護保養機台時一定要注意確實穿戴個人防護器具（Personal Protection Tool, PPT），以避免未穿戴而造成危害。

4. 製程腔體（Process Chamber）通常都使用毒性氣體作為製程反應氣體，若要保養開啟腔體（Chamber）時，一定要遵照保養清機SOP的流程，完整做完腔體清潔（Cycle Pump Purge）的動作，才可打開腔體。

5. 使用電表、探棒、起子等用電工具維護保養機台時，工具與人體必須保持絕對安全狀態。

6. 機台維護保養時應掛上標示牌。如有必要最好關電源，若中途有休

息，回來要重新檢查所有的狀況後，使可繼續後續的作業。

7. 操作或維修機台時，如無必要請勿進入傳送裝置動線區域，以避免發生夾傷的危險，造成身體的危害。

8. 設備維護保養後若有更改線路配置，請先量電阻（Ω）檔，如有短路情況發生，請勿送電。

9. 維修或保養時機台相關周邊設備注意外部連鎖線路24VDC、110VAC、220VAC等電壓觸電，以及斷電後功率晶體殘留電壓，待殘留電壓釋放完成之後始可作業。

10. 機台維修保養時，至少需要建立三道安全防護機制，要有危機意識，勿冒風險，小電流更危險，一些微小電路對人體危害的程度是無法想像的。如10mA電流會造成刺痛、20mA電流會造成抽筋、30mA電流會造成休克、40-50mA以上的電流會造成致命的危險。

11. 重視同伴安全，若因維修或保養而將機台電源關閉，應該以不是我關的電源勿輕易送電。維修及保養結束，如需送電啟動，需先確認該設備、人員均在安全狀態，自己更要有安全工作法預防被傷害，才將機台復機。

0.2　設備安全標示的認識

0.2.1 設備安全標示的認識

凡從事工程的人員都應該對安全標示要有積極的態度，尤其從事半導體設備機台的維護及保養更應如此。下列圖0.1三種設備安全標示，在半導體設備機台上或設備原廠所附的原廠操作手冊上都可以看得到，你應該要有所了解。我們說明如下：

圖0.1 設備安全標示

設備安全標示主要由如圖0.1圖中A、B及E三個部分所組成。A顯示安全危害圖示；B說明安全危害等級。一般來說安全危害等級分成危險（DANGER）如圖中B所示、警告（WARNING）如圖中C所示以及注意（CAUTION）如圖中D所示。三種安全標示；E主要將這三種安全標示等級以及安全危害圖示作一說明。

接下來介紹常見的機台安全標示，以提供給各位參考：

圖0.2所示危害警告標示，說明可能因氣體或所產生之蒸氣而造成吸入性的健康危害，該環境區必須有授權之人員使可進入。

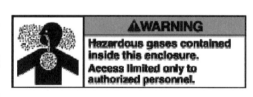

圖0.2

圖0.3所示危害警告標示，說明因化學性液體可能導致材料的腐蝕或刺激人體而造成腐蝕性的危害。

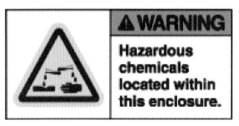

圖0.3

　　圖0.4所示為危害警告標示，說明因
設備之機械運動機構或傳動裝置，可能導
致人體受傷，操作時必須保持一定距離。

圖0.4

圖0.5

　　圖0.5所示為危害警告標示，說明
因設備之機械運動機構或傳動裝置，
可能導致人體受傷，操作時必須保持
一定距離。

　　圖0.6所示為危害注意標示，說明因
設備操作時會有X-Rays輻射能量產生，可
能導致人體遭受輻射危害。操作時必須保
持一定距離，不可將身體任一部位曝入其
中。

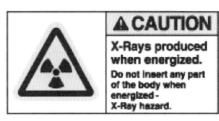

圖0.6

圖0.7

　　圖0.7所示為危害危險標示，說明因設備
有危險電壓操作，可能導致人體遭電極危害。
操作時必須保持一定距離，不可將身體任一部
位接觸導電體。

　　圖0.8所示為危害危險標示，
說明因設備高壓電危險區，可能
導致人體遭高壓電極危害。維護
保養時必須移除電源，不可將身
體任一部位接觸導電體。

圖0.8

圖0.9

圖0.9所示為危害警告標示，說明因設備操作時會有易燃性的氣體、固體或液體，可能導致燃燒引起火災。

圖0.10所示為危害注意標示，說明因設備操作時會有表面高溫產生，接觸可能導致灼傷。

圖0.10

圖0.11

圖0.11所示為危害注意標示，說明因設備運作時會有表面高溫產生，接觸可能導致灼傷，維護保養時必須降溫。

圖0.12所示為危害警告標示，說明因設備運作時會有磁場產生。接近該區域可能導致心律調整器受干擾，應距離30cm以上，以避免遭受危害。

圖0.12

圖0.13

圖0.13所示為危害警告標示，說明因重物搬運時會有身體危害。搬運時可能導致身體背部受損，必須使用其他搬運輔助設施或多人共同搬運。

0.2.2 個人防護裝備的認識

有了上述的危害認知之後，當我們要進行設備保養的時候，常常因為清潔保養的需要直接或間接的接觸到製程反應腔體。然腔體所殘留的反應物都是一些毒性物質或腐蝕性物質，如何有效及安全的將這些物質與人體隔離，就顯得格外的重要。接下來我們還必須要了解一些關於個人防護的裝備（Personal Protection Tool, PPT）。這些裝備的圖示也一定會在半導體設備機台上或設備原廠所附的原廠操作手冊上都可以看得到，你應該要有所了解。常見的三種圖示說明如下：

圖0.14

圖0.14表示當進行設備機台清潔保養或操作時，可能會有飛濺的固體或液體或有害的射線例如X-Ray等，進而導致眼睛危害，應盡量避免。且需要穿戴個人防護的安全眼鏡或護目鏡，使可開始進行各項作業。

圖0.15表示當進行設備機台清潔保養或操作時，可能會有碰觸具有毒性的物質或腐蝕性的化學藥品，例如硫酸、鹽酸或氫氧化鈉等，進而導致身體接觸性的危害。應盡量避免，且需要穿戴防護等級較高的個人防護的安全手套，使可開始進行各項作業。

圖0.15

圖0.16

圖0.16表示當進行設備機台清潔保養或操作時，可能會有吸入具有毒性的物質或腐蝕性的氣體，例如Cl_2、B_2H_6或WF_6等殘存的製程反應氣體，進而導致吸入性的危害。應盡量避免，且需要穿戴防護等級較高的個人防護的防毒面罩，使可開始進行各項作業。

0.3 設備機電系統的定義及分類

設備機電控制系統,一般來說是一群具有特定目的及功能的機構或元件,並且緊密配合與整合的組合系統。控制系統由電子電路提供邏輯與程序控制,再與真實世界溝通,對電子電路而言,輸入部分則由機電元件完成資料的收集與輸入。此部分就好像是人體的五官,可以感知外在環境的變化,例如感測器(Sensor)、開關、按鈕等等;之後再依程式演算及邏輯流程判斷,這就好像人體的頭腦,可以作思考及分析,例如中央處理單元(CPU)及記憶體(RAM、ROM);再根據邏輯與程序控制的流程結果輸出至狀態顯示或動作裝置以及致動器(Actuator),例如馬達、電磁閥、指示燈、氣缸等等,如圖0.17所示。

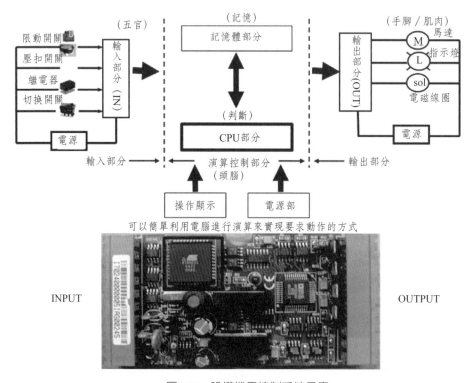

圖0.17 設備機電控制系統示意

控制系統可以依目的及用途或使用方式有多種不同的歸類及區分的方式。就一般而言,控制系統歸類成調整系統(Regulator System)、事件控

制系統（Event Control System）及追蹤系統（Follow Up System）等幾個形式；或區分成開迴路控制系統及閉迴路控制系統兩大類；也可以區分成類比控制系統及數位控制系統；或是依照所應用的狀況區分成所謂的程序控制（Process Control）、順序控制統（Sequence Control）以及位移控制（Motion Control）等三大類；或是其他的分類方式例如分散式控制系統等等。以下就各系統做一簡單說明：

調整系統（Regulator System）：這類系統通常都有個目標值，最明顯的就是我們生活之中最常見的溫度控制。例如冷氣機溫度或冰箱冷度的控制，假設冷氣機將溫度設定成26℃，冷氣機即會以此溫度為目標自動的維持或接近此溫度值，若外在溫度變化與目標溫度相差過大，冷氣機就會調整壓縮機出力以維持目標溫度。

事件控制系統（Event Control System）：主要控制一連串不隨時間的而產生的突發事件進而產生相關連性的輸出。最明顯的就是我們平常所使用個人電腦（PC）的Windows作業系統即是此類的事件控制系統，系統隨時處在接受事件的狀態，例如滑鼠的移動、鍵盤的壓下等事件。接收到這些事件訊號後，系統會依事件所對應的程式進行處理，產生相關的輸出結果。

追蹤系統（Follow Up System）：此系統是依照事先規劃所設定的條件路徑及方法，依序完成進而產生輸出結果。最明顯的例子就是各位在開車時候所使用的行車導航系統。

閉迴路控制系統（Close Loop Control）：使用回饋訊號的控制系統，感應器（Sensor）全時（Real Time）不斷的監視系統的輸出，同時將感應器的訊號回授（Feedback）到控制器。此回授的訊號再被利用來調整整個系統的輸出規格，以達整個系統輸出控制的目的。就系統控制輸出又可分成全閉迴路控制系統以及半閉迴路控制系統。

如圖0.18所示，為一個全閉迴路馬達控制系統例如伺服馬達控制系統。由控制器下達控制命令給驅動器或者是放大器，再由驅動器或放大器驅動馬達作旋轉的運動控制。閉迴路控制中，我們使用的馬達通常會安裝編碼器或馬達所載動的機構例如X-Y table等上加裝的光學尺等訊號回授的裝置，並將

運轉的狀態及結果全時的回授給控制器。由控制器解析及運算設定值與目標值的誤差，進行補償，再重新下達新的指令，以補正位置或運動的誤差。

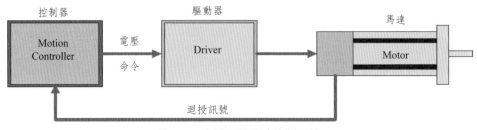

圖0.18　全閉迴路馬達控制系統

　　如圖0.19所示，為一個半閉迴路馬達控制系統，由控制器下達控制命令給驅動器或者是放大器。再由驅動器或放大驅動馬達作旋轉的運動控制，馬達通常會安裝編碼器或馬達所載動的機構例如X-Y table上加裝的光學尺等訊號回授的裝置，並將運轉的狀態及結果全時的回授給驅動器，進行補正，這與上述的全閉迴路的控制系統不同。

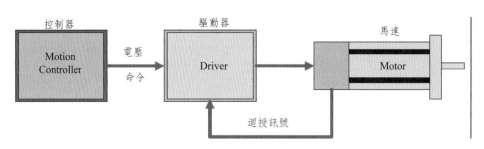

圖0.19　半閉迴路馬達控制系統

　　開迴路控制系統（Open Loop Control）：此系統與閉迴路控制系統最大的不同處在於有無回授訊號，開迴路系統不使用回授訊號控制，控制器送出訊號至致動器（Actuator），例如馬達依指定的訊號作所需要的動作，然對動作的狀態不做必要的回授，此系統不做自我修正控制。

　　如圖0.20所示，為一個開迴路馬達控制系統例如步進馬達控制系統，由控制器下達控制命令給驅動器或者是放大器，再由驅動器或放大器驅動馬達

作旋轉的運動控制，開迴路控制中，我們使用的馬達通常會是步進馬達，因為步進馬達構造與伺服馬達不同，不需要作任何回授，所以不會有任何訊號回授的裝置將運轉的狀態及結果回授給控制器。

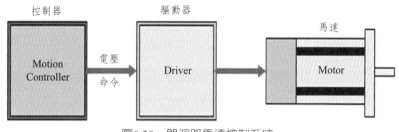

圖0.20　開迴路馬達控制系統

類比控制系統

基本上我們所處的世界可以說是一個類比的世界例如一些我們熟知的溫度、濕度、壓力、時間、重量、等等都是；只是我們的控制系統常常需要藉由一些傳感器或感測器將這些物理量變成電壓或電流的訊號再傳輸至控制器內，類比的控制系統中通常包含了工業上一般常用的類比元件及其電路，也就是線性放大器的元件，類比控制系統中設定值與回授訊號的些微改變將會很快的被偵測，同時將所偵測的差異值由放大器作調整輸出至致動器（Actuator）例如馬達。

數位控制系統

電腦的硬體及軟體隨著時代的演進，功能不斷的日益強大及高複雜與高數位化，控制系統也隨著電腦使用數位電路。其實我們日常生活所使用的個人電腦就是一個數位控制系統，以處理器為運作中心，忠實反覆的執行著程式，依照讀入的設定值或感測器資料經由程式的演算，並將結果輸出至致動器。程式的執行是週而復始的不斷掃描，在掃描時，數位系統僅在一固定時間內對輸入的掃描結果，進行演算，然後再對輸出結果更新，一直如此反覆下去。這與類比系統不同，數位系統可以連續且立即的對輸入作更新，進而

做出輸出改變。大部分的控制系統，系統的掃描時間與輸出作用反應的時間都非常短暫，反應的時間可以看成是立即的，這也就是我們在買電腦時最強調的CPU效能。

然上述我們也提到這些物理量多是類比的訊號。數位控制系統脫離不了常常需要輸入真實世界的物理量，也就是類比訊號，也經常需要控制一些類比的動作。因此數位系統與類比系統就需要經常作轉換；因此，大部分情形下數位的控制系統必須將真實世界的類比訊號轉換成數位形式，如圖0.21所示。經由一些感應器或傳感器把類比世界的物理量變成電壓或電流訊號在輸入至類比數位轉換模組（ADC）變成數位的訊號，在將數位訊號輸入至控制器；相反地也可以由圖0.21所示的方塊圖中看出，控制系統的數位訊號輸出至數位類比轉換模組（DAC）後變成類比訊號，再將類比訊號輸出至致動器作類比的控制，我們因此藉由這些的轉換控制獲得獲得與真實世界的溝通方式。

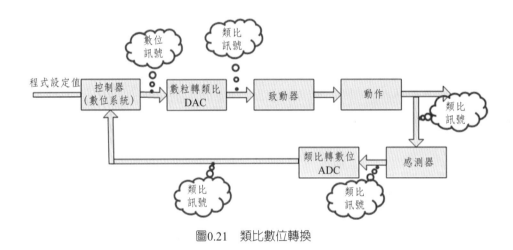

圖0.21　類比數位轉換

0.4　設備控制系統

半導體工業的晶圓製程可說是非常的繁雜，如圖0.22所示的是半導體矽晶圓製造流程，從矽晶圓的投入製造開始，經過各種製程例如濕式清洗、薄膜沈積、離子佈植、微影製程、蝕刻製程、介電質沈積、化學機械研磨製程等。甚至有些還必須一直反覆一次又一次重複著相同的製程，製程的繁複程

度可以想見一般，設備機台也因製程需求的不同，也有不同的設計，可說是五花八門。

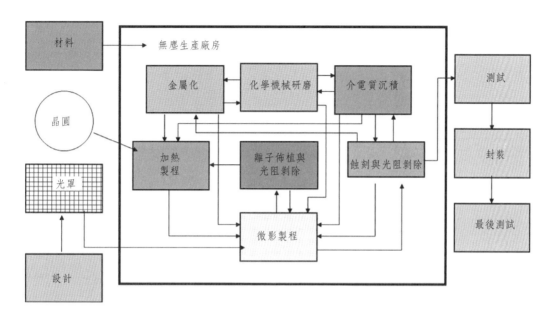

圖0.22　半導體生產流程圖示

　　設備的控制系統主要依不同製程機台屬性來做區分如薄膜沈積、離子佈植、微影製程、蝕刻製程、介電質沈積、化學機械研磨製程等機台。然而設備機台的機械結構組成方面，如圖0.23所示為半導體設備機台模組部位組成。不外乎有晶圓的載入及載出的系統裝置（Load/Unload Port Module）、晶圓傳送系統（Transfer Module）、主製程腔體系統（Process Module）、循環系統（Circulation Module）、排放（Drain Module）或排氣（Exhaust Module）系統等；接下來我們就這幾個系統裝置來做說明：

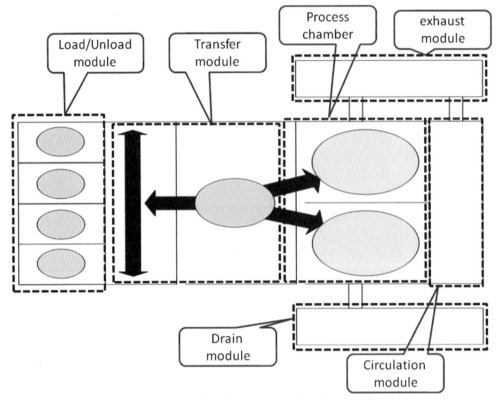

圖0.23　半導體設備機台模組部位組成示意

晶圓載入及載出系統（Load/Unload Port Module）：

　　由於晶圓製造對於環境的要求非常的嚴格，不容許過程之中有任何的污染，矽晶圓材質上也屬於容易破碎，當矽晶圓由上一站製程進入到下一站製程的時候，矽晶圓必須在這過程當中全程被保護。如圖0.23所示之Load/Unload Port Module，製程設備的晶圓載入及載出裝置即是提供此一銜接的硬體介面；矽晶圓在Fab廠內製程之間的運送過程當中，常以6吋、8吋或12吋晶圓以25片置入一晶舟（Casette），稱為一批（Lot），再將晶舟置入一晶圓傳送保護盒（8"Pod; 12"Foup）。矽晶圓載入製程設備時除提供上述的連接介面之外，晶圓載入裝置負責打開保護盒，有些晶圓的載入及載出裝置提供晶圓抓取（Pick）、定位索引（Indexer）及放置（Place）的功能，由設備的傳送模組裝置的機械手臂將矽晶圓取出，載入製程腔體內。製程完成之後，傳送模組的機械手臂將矽晶圓取出至載出裝置（Unload Port

Module），此時即已完成該站製程的晶圓，之後再置入保護盒之中，並進行下一站的離站運送。

　　前述所提到的製程設備例如化學氣相沉積系統、物理氣相沉積系統、離子佈植系統等，製程需要在真空的環境下才可以完成。因此矽晶圓載入及載出裝置亦會提供製程系統一個讓矽晶圓與大氣環境隔絕的晶圓預抽腔體（Loadlock）及一個通道路徑。這樣主體結構（Mainframe）也就是我們說的傳送模組（Transfer Module），由晶圓預抽腔體（Loadlock）及矽晶圓載入及載出時能保持其在大氣壓力或大氣壓力以下以控制腔體環境的穩定。另外還有一些製程設備機台例如濕式清洗及濕式的蝕刻設備，製程需要使用化學品藥液。因此矽晶圓載入及載出系統除了提供晶圓抓取（Pick）、定位索引（Indexer）及放置（Place）的功能之外，還需要考慮到耐腐蝕環境的特性與設計，以及是否是整批式或單一矽晶圓的製程。

　　圖0.24所示說明整個矽晶圓載入及載出系統牽涉到幾個子系統的運作例如矽晶圓取放機械手臂（Robot）的運作機制、外部矽晶圓輸送系統與設備晶圓載入及載出系統以及機械手臂傳送系統間的安全互鎖機制、矽晶圓保護盒的開啟及關閉機制、腔體間的閘門控制及安全護鎖機制，甚至是真空系統控制機制等，因此就設備操作及維護保養的觀點上，有必要全盤了解整個運作的機制。

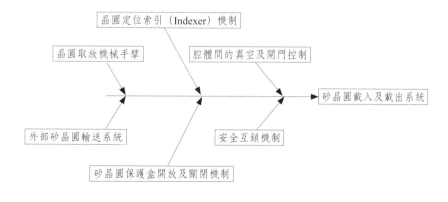

圖0.24　矽晶圓載入及載出系統運作

晶圓傳送系統（Transfer Module）：

圖0.25為最典型的晶圓傳送系統，常應用於化學氣相沉積系統（CVD）與物理氣相沉積系統（PVD），其設備機台以叢集式（Cluster）的主體結構（Mainframe）的設計方式。包含了主要的主製程反應腔體（Process Chamber）、晶圓預抽腔體（Loadlock）、晶圓對準器（Aligner）腔體、晶圓冷卻腔體（Cool Down Chamber）及晶圓傳送腔體（Transfer Chamber）。晶圓傳送腔體為機台的主體結構也是負載機械手臂（Robot）的主要工作平台（Platform），機械手臂位於晶圓傳送腔體的中心，機械手臂以旋轉、延伸、升降等運動控制的方式傳遞及轉移晶圓。

例如晶圓於大氣壓力下放置晶圓預抽腔體的平台（Stage）上，系統依操作者（Operator）所建立的製程配方（Recipe），開始做數片（Mapping）、系統抽真空、晶圓索引至設定的晶圓。當真空到達後閘門（Slit Valve）開啓，機械手臂做延伸動作進入晶圓預抽腔體抓取晶圓，抓取完成後手臂退收至晶圓傳送腔體（Transfer Chamber），再關閉閘門（Slit Valve）。當確認閘門（Slit Valve）關閉完成，接下來機械手臂做旋轉運動至晶圓對準器（Aligner）腔體位置，打開其閘門（Slit Valve），將晶圓送入作晶圓位置或平邊對準以利晶圓至製程腔體的位置。晶圓對準完成，機械手臂延伸進入，抓取，抓取完成關閉閘門（Slit Valve）。接下來機械手臂做旋轉運動至目標製程腔體（Process Chamber）位置，機械手臂的動作與進入其他腔體位置動作相同，唯位置不同。製程完成之後，再至晶圓冷卻腔體（Cool Down Chamber），因製程腔體反應及製程的需求常會將晶圓加熱，故須作冷卻的動作。冷卻完成後再將晶圓回傳至晶圓預抽腔體（Loadlock），再破真空回壓至大氣壓，此為晶圓於叢集式（Cluster）設備完整的晶圓傳送功能。

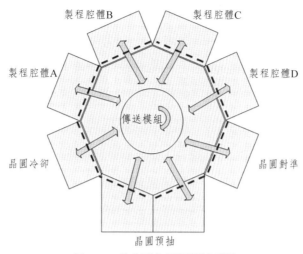

圖0.25　最典型的晶圓傳送系統

　　晶圓傳送系統（Transfer Module）如圖0.26所示。整個系統關聯到幾個子系統的運作例如矽晶圓取放機械手臂（Robot）的運作機制及機械手臂傳送系統間的安全互鎖機制、晶圓對準（Aligner）控制系統、壓力控制系統、晶圓冷卻（Cool Down）溫度控制系統、腔體間的閘門（Slit Valve）控制及安全護鎖機制（Interlock），甚至是真空系統控制機制等。因此就設備操作及維護保養的觀點上，有必要全盤了解整個運作的機制。

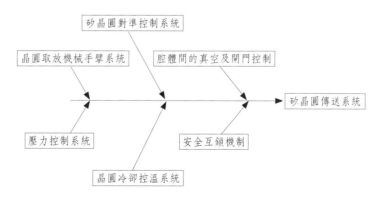

圖0.26　晶圓傳送系統運作示意

主製程腔體系統（Process Module）：

主製程腔體系統會因半導體製造程序的不同，而有不同的腔體及控制程序設計的不同。例如乾式蝕刻系統、物理及化學氣相沈積系統、離子佈植系統、曝光顯影系統及濕式清洗系統等。茲就以化學氣相沈積系統來做說明：

如圖0.27，化學氣相沉積系統當中以叢集式（Cluster）的硬體設計比較符合半導體生產及多腔體製程應用功能。每個製程反應腔體處理單一晶圓（Single Wafer）的方式來給予一個精確的控制處理環境。每一個製程反應腔體都有其特定的製程能力與製程需求，依照不同的製程需求來分配設置系統中反應腔體數量與位置。

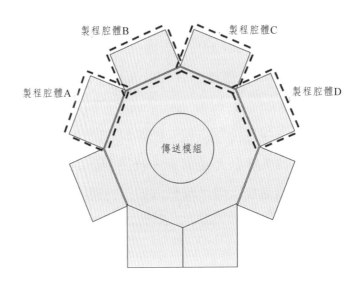

圖0.27　叢集式（Cluster）化學氣相沉積系統

圖0.28是一個典型的化學氣相沉積製程所配置的製程反應腔體，製程反應腔體（Process Chamber）可以依製程需求附加在主體結構（Mainframe）的模組裝置上。而每個製程反應腔體（Process Chamber）都有其閘門（Slit Valve）及閘門控制系統，以利於使用機械手臂在製程反應腔體（Process Chamber）之間移動、抓取及放置矽晶圓等運動動作。而每個閘門（Slit Valve）的開啟必須有真空壓力控制的邏輯步驟及程序。另外製程反應腔體（Process Chamber）也可以執行不同矽晶圓間程序上的條件改變。例如不同

的矽晶圓可能有使用不同的製程時間、上電極反應氣體的濃度、晶圓製程的溫度控制、反應功率（RF）的大小、下電極偏壓（Bais）的大小等，而這會需要額外的一些改變設置的時間。換句話說，一個製程反應腔體（Process Chamber）可以被許多不同製程的矽晶圓使用，因此製程反應腔體（Process Chamber）通常都被指派處理特定的固定製程條件。

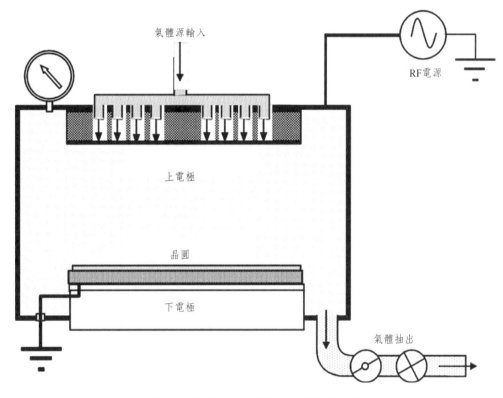

圖0.28　化學氣相沉積製程反應腔體配置

　　主製程腔體控制系統如圖0.29所示，整個系統關聯到幾個子系統的運作例如矽晶圓取放機械手臂（Robot）的運作機制及機械手臂傳送系統間的安全互鎖機制、反應氣體流量控制系統、壓力控制系統、晶圓加熱溫度控制系統、腔體間的閘門控制及安全護鎖機制，甚至是真空系統控制機制等，因此就設備操作及維護保養的觀點上，有必要全盤了解整個運作的機制。

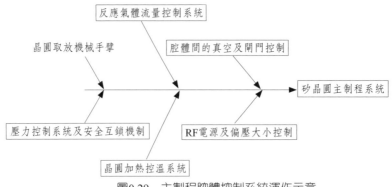

圖0.29　主製程腔體控制系統運作示意

循環系統（Circulation Module）：

半導體設備機台的循環系統可分成兩種，一種為針對晶圓製程的循環系統，另一種則針對設備機台腔體本身的循環系統。

晶圓製程的循環系統如圖0.30所示。晶圓置於化學反應槽內作清洗或蝕刻時，為使晶圓的清洗或蝕刻的品質提高，化學反應槽經常會將管路設計成循環的方式來達成幾個目的：(1)利用管線中的幫浦（Pump）來驅動液體，讓反應槽內的化學藥品處於非靜止的狀態，同時降低晶圓在浸泡過程中因反應時的濃度梯度的問題。(2)透過循環管路上安裝的過濾器（Filter），可將反應槽內製程的反應物或生成物及雜質予以過濾清除。(3)循環管線上安裝的熱交換系統裝置（Heat Exchanger），經由循環的過程將製程的溫度控制在我們所要的參數範圍之內。例如二氧化矽（SiO_2）的濕式蝕刻，常常需要化學藥品在一定的溫度之下，以控制晶圓的蝕刻速率，甚至不同批（Lots）的晶圓在浸泡時的各項品質參數的穩定度控制等。

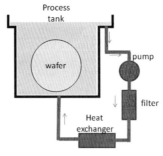

圖0.30　晶圓製程循環系統

如圖0.31所示爲設備機台腔體循環系統，製程過程當中例如化學氣相沉積系統，對溫度的參數控制是重要因數之一。腔體的溫度通常亦會合併加熱器作溫度的加熱控制，它會影響成膜的厚度與應力。因此控制此循環系統通常要求的溫度控制也較爲精密，此系統會以熱交換器（Heat Exchanger）的運作方式，以達到腔體的溫度控制。

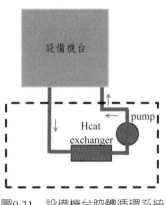

圖0.31　設備機台腔體循環系統

如圖0.32爲另一形式的設備機台腔體冷卻循環系統，其對溫度的參數控制並非重要因數之一。腔體的溫度通常會有加熱器作溫度的加熱控制，然對降溫會有時間的要求時，此系統會以廠務端所提供的冷卻循環水的運作方式，溫度大約18℃左右，以達到腔體的溫度控制。

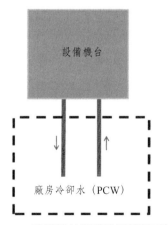

圖0.32　設備機台腔體冷卻循環系統

排放（Drain Module）或排氣（Exhaust Module）系統：

半導體矽晶圓製造過程當中，會有許多的製程廢氣或化學廢液自製程腔體排出。這些廢氣或廢液都是有毒的物質或腐蝕性物質，需要有一個機制及裝置預先的處理才可排放至一般環境，否則會造成環境的污染。排放（Drain Module）或排氣（Exhaust Module）系統設備依不同製程機台屬性來做區分。可以區分成乾式系統如薄膜沈積、離子佈植、微影製程、蝕刻製程、介電質沈積以及濕式系統如濕式清洗及濕式蝕刻機台、化學機械研磨製程等機台。

乾式系統大多以排放製程所產生的廢氣為主，較少有排放廢液。主要排放有特殊氣體廢氣及一般製程熱排氣，如圖0.33所示。當製程腔體在製程過程當中所產生的特殊氣體廢氣經由真空幫浦（Pump）抽送至管路中，經由管路輸送至毒性氣體處理塔（Local Scrubber）。此毒性氣體處理塔會將大部份的有害氣體以高溫分解或化學吸附等方式處理，再經由管路傳送至廠務中央濕式廢氣處理系統（Central Scrubber）處理，最後再排放至大氣之中。然一般製程熱排氣並無含有害氣體，故直接將其管路接至一般排氣（General Exhaust）管路之中排放。

圖0.33　濕式設備製程廢氣處理流程

濕式系統大多以無機廢氣（H_2SO_4、HCL、H_3PO_4、NH_4OH等）排氣以及製程廢液排放為主。無機廢氣主要是由製程中揮發的酸鹼等化學藥品的蒸氣，如圖0.34所示為濕式設備製程廢氣處理流程。該類廢氣經由設備設計的吸風口收集，經由管線至濕式的酸鹼中和洗滌塔（Wet Scrubber）處理降低酸鹼值（PH）濃度後，再經由系統排放到一般大氣環境之中。

圖0.34　濕式設備製程廢氣處理流程

製程廢液可分成酸類、鹼類、含氟類的化學廢液及製程用水等。半導體廠一般會依照化學屬性之不同會有不同的排放管線至廠務端的廢水廢液處理中心處理，處理廠亦會將其酸鹼中和處理後再排放至一般環境。唯氟類的酸必須另外個別處理，否則任意排放將造成環境的影響。

由於排放（Drain Module）或排氣（Exhaust Module）系統的關係，設備一般會對此有互鎖的安全機制。例如廢液濃度排放管制、廢液溫度排放管制、廢液酸鹼排放管制、製程回收水排放管制及氫氟酸（HF）排放管制等安全機制。

0.5　常見電路圖圖示認識

對於半導體廠而言設備機台就是他們的生財工具，必需24小時維持機台處於正常的運轉狀態之下，機台當機就是一種損失。因此如何維持機台的正常是一個非常重要的課題。機台的當機維修除了需要一些基本的電學知識以及對機台特性與運作方式的了解之外。另外我們常常需要翻查原廠的維修手冊及電路圖，才能有辦法進行問題的檢修，並找出機台的問題癥結所在。一般來說我們經常在設備機台原廠的手冊當中見到的有功能方塊圖（Function Block）、簡易電路圖（Schematic）、數位邏輯電路圖以及實體線路圖等幾個類圖；圖0.35 CVD上電極加熱控制電路及圖0.36電源供應器電路所示為簡易電路圖常見的表示方式。

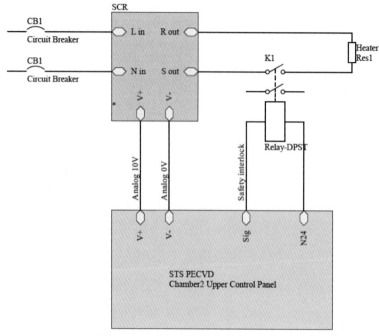

圖0.35　CVD上電極加熱控制電路

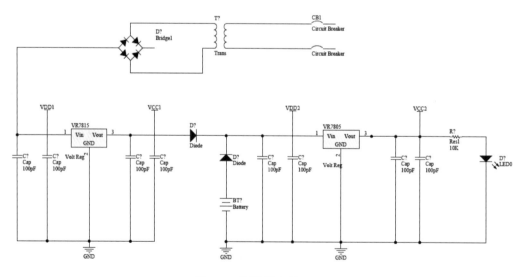

圖0.36　電源供應器電路

　　圖0.40為常見的電路圖符號，其相關詳細規格及使用方式，請參閱相關的電氣規格書，以方便提供給非電機電子及自動控制的工程人員作參考。除了上述的一些基本電路的表現之外，其實大部分的半導體設備機台，其功能

繁雜又精密，相對的電路圖往往不是一兩張圖就可以完整表達全部的電路系統。它有可能是一整份的電路手冊，厚度可能達幾百頁，甚至幾千頁，接下來我們要說明如何看懂這些複雜電路圖。

　　首先當在查閱電路圖的時候，您所看到的大部分圖會類似如圖0.37為電路圖圖框各項訊息設備一般電路圖係由左向右、由上而下的方式閱讀，會含有邊框及標題欄，邊框縱軸與水平軸上通常會以圖紙大小作等分並以數字或英文字母顯示在旁邊設備些由縱軸與水平軸的字母或數字所交織的座標區域即是將來在翻查電路時的依序所在設備有些電路圖的座標區域僅以縱軸或水平軸單獨表示，但其查詢方式皆相同。邊框下方的標題欄的內容因機構或所屬單位的需要及情況不同，可自行決定，其基本項目包括圖名、圖號、工程或專案名稱、機構或單位名稱、設計者、繪圖者、校核者、審定人員姓名與日期、版本別、 投影法及比例等，皆會揭露於標題框內。

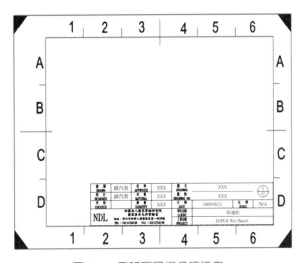

圖0.37　電路圖圖框各項訊息

　　了解圖框縱軸與水平軸的字母或數字所交織的座標區域及標題欄的意義之後，接下來我們實際來查詢電路圖。如圖0.38為電路圖之局部放大，一般來說有時候為了方便起見，有些元件會以功能方塊圖的方式表示，如圖示的單相直流電源供應器即是如此。元件圖示邊有一些有用的資訊，例如元件的名稱（GS1c13A）、規格（24V/13.0A）、型號（S-320-24）甚至該元件位

於設備系統的所在位置等資訊可供參考。查詢電路的時候先以標題欄所提供的資訊開始找起，例如該電路圖是將交流電轉換成DC24V低壓控制直流電源，電源輸出端的線路會有編號，如圖中電路線的編號正電源為PC24，負電源為NC24，沿著線路經過一保險絲元件FU14c與FU15c，規格皆為2A，電路線的編號改變為正電源PC241，負電源為NC241，線路箭頭亦指向4.1A。這時候的4.1A所代表的意義就是標題欄編號第4張的電路圖，1A則代表的是第4張電路圖的1A的座標區域，繼續接續電路圖，而延伸下去，如圖0.39為電路圖之局部放大所示。圖中3.3C則表示該線路圖的來源是由第3張的電路圖的3C的座標區域。雖然各家的電路圖表示不盡相同，但原理大致如前述所提，只要多練習幾次應該就可熟悉其箇中的意義。

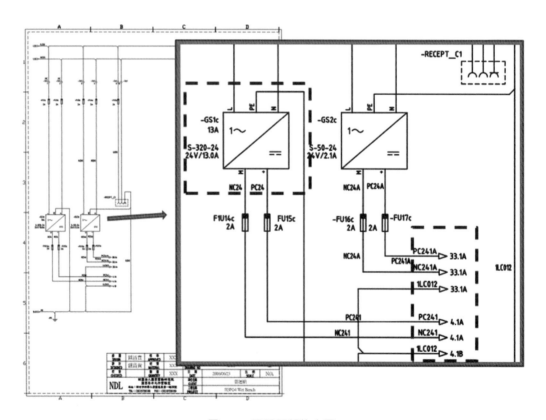

圖0.38　電路局部放大圖

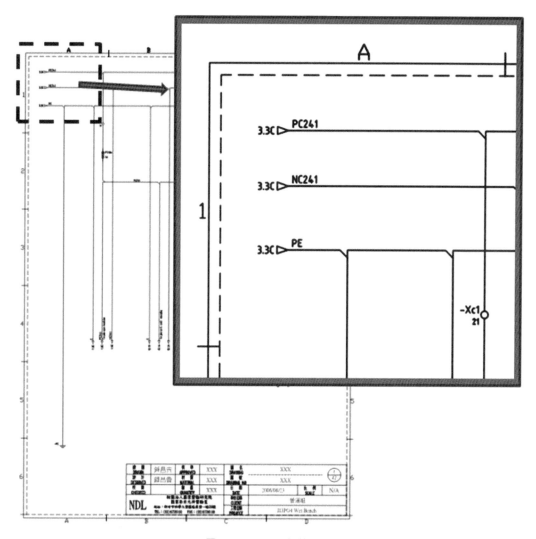

圖0.39　電路局部放大圖

直流電源	交流電源	系統接地	設備接地
一般電阻	可變電阻	電感器1	電感器2

電容1	電容2	可變電容1	可變電容2
變壓器1	變壓器2	變壓器3	變壓器4

比流器1	比流器2	保險絲1	保險絲2
直流電流計	交流電流計	瓦特計	電壓計

指示燈	蜂鳴器	二極體	二極體
交流馬達	直流馬達	交流發電機	直流發電機

及閘（AND gate）	及閘（AND gate）	或閘（OR gate）	或閘（OR gate）
瓦時計	反及閘（NOT AND gate）	反或閘（NOT OR gate）	反閘（NOT gate）

信號用二極體	信號用二極體	發光二極體	稽納二極體
光耦合器	觸發二極體	雙向二極體	背向二極體

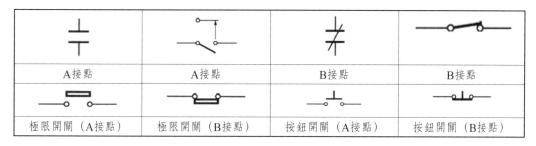

| 矽控整流器（SCR） | 閘流體（Traic） | 電晶體（PNP） | 電晶體（NPN） |
| 太陽能電池 | 電路相接 | 電路跨越 | 三相電路 |

| 一般開關 | 切換開關 | 斷路器 | 放大器 |
| 過載電驛 | 電驛線圈 | 電驛線圈 | 放大器 |

| A接點 | A接點 | B接點 | B接點 |
| 極限開關（A接點） | 極限開關（B接點） | 按鈕開關（A接點） | 按鈕開關（B接點） |

圖0.40　常見的電路圖符號

0.6　半導體導論

　　半導體（Semiconductor）是介於導體（Conductor）與絕緣體（Insulator）之間的材料。我們可以輕易的藉由摻質（Dopant）的摻雜（Doping）去提高導電度（Conductivity）。而要了解半導體材料則需從化學元素週期表來說起，主要是在第二族至第六族之間，如表0.1所示。其中二六族及三五族是為化合物半導體（Compound Semiconductor）材料，大部分是應用於光電領域，如發光二極體（Light Emitting Diode, LED）、太陽能電池（Solar cell）等。而目前的積體電路（Integrated Circuit, IC）領域，還是主要以第四族的矽（Si）為主的元素半導體，也就是目前的矽晶圓（Silicon Wafer）基底材料（Substrate）。在早期時是以鍺（Ge）做為元件

（Device）的基底材料，而後來改成矽（Si）的主要原因為：

1. 矽（Si）元素佔了地球表層約25%，含量豐富，所以材料成本遠低於鍺（Ge）。

2. 矽的熔點（1414℃）高於鍺的熔點（938.5℃），這將使得在矽晶圓上所製作的元件製程可承受較高的溫度。

3. 矽的能隙（Energy Gap, Eg）為1.12eV高於鍺的能隙（0.66eV），所以所製備的元件可承受較高的操作溫度。

4. 矽晶圓在含有氧（Oxygen）的環境中經由高溫加熱，可自然的形成品質極佳且穩定的二氧化矽（Silicon Dioxide, SiO_2）絕緣體。而從第7章7.1節的互補式金氧半電晶體（Complementary Metal-Oxide-Semiconductor, CMOS）製造流程及7.2節的CMOS閘極氧化層陷阱電荷介紹，我們可得知一個品質極佳且穩定的SiO_2，對於元件的漏電流或崩潰電壓等可靠度（Reliability）的問題是非常的重要。相較於矽，鍺卻非常難形成GeO_2，而且GeO_2在高溫時非常不穩定，更糟的是它會溶於水。

5. 綜合以上的原因，雖然鍺的電子遷移率（3900 cm^2/v-s）高於矽的電子遷移率（1450 cm^2/v-s），但仍無法被普遍的應用。

第一族	鎂（Magnesium,Mg）鋅（Zinc,Zn）鎘（Cadium,Cd）
第三族	硼（Boron,B）鋁（Aluminum,Al）鎵（Gallium,Ga）銦（Indium,In）
第四族	碳（Carbon,C）矽（Silicon,Si）鍺（Germanium,Ge）錫（Tin,Sn）鉛（Lead,Pb）
第五族	氮（Nitrogen,N）磷（Phosphorus,P）砷（Arsenic,As）銻（Antimony,Sb）
第六族	硫（Sulfur,S）硒（Selenium,Se）碲（Tellurium,Te）

表0.1　第二族至第六族的化學元素

積體電路（Integrated Circuit, IC）的生產主要是由IC設計、晶圓基底材料準備、IC製造及封裝測試等相關公司所分工完成的，如圖0.41所示。其中IC製造裡的製程設備是為本書的重點，而IC製造技術最重要的就是增加晶片的性能（Performance）、可靠度（Reliability）、生產良率（Yield）

以及降低成本。首先，要提升晶片的性能我們要先了解晶片上一個很重要的物理尺寸，稱爲特徵尺寸（Feature Size），而晶片上最小的特徵尺寸我們又稱爲臨界尺寸（Critical Dimension, CD），通常也就是指電晶體元件的通道長度（Channel Length, L），如圖0.42所示。所以當元件尺寸愈縮小（Scaling）時，通道長度會愈短，便使電信號通過源極和汲極的時間更縮短，也就更加了元件的執行速度（Speed）。當然也增加了製程（Process）上的困難度。所以半導體工業也就以技術節點（Technology Node）來描述每一新世代的IC製程所能達成的臨界尺寸（CD），也以臨界尺寸（CD）作爲衡量製程複雜度的指標。當然，說到技術節點最著名就是摩爾定律（Moore's Law）。Gordon Moore爲Intel的創辦人之一，他認爲大約每隔一個世代（Generation）元件的尺寸會微縮0.7倍，使得晶片上電晶體的數目增加2倍，也就是後來所預測的技術節點，如表0.2所示。

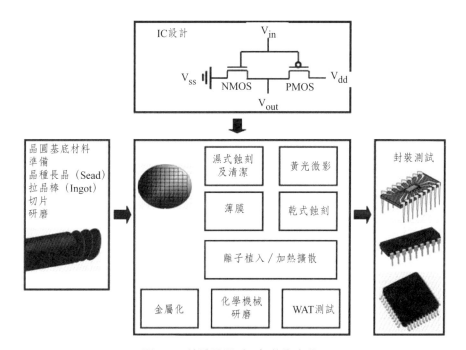

圖0.41　積體電路（IC）的生產分工

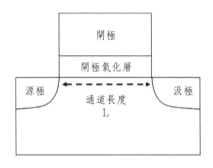

圖0.42　金氧半電晶體（MOSFET）的示意圖

Generation	1992	1995	1997	1999	2002	2005	2007	2010
CD	0.5μm	0.35μm	0.25μm	0.18μm	0.13μm	90nm	65nm	45nm

表0.2　臨界尺寸（CD）與技術節點

電晶體元件微縮化（Scaling）的優缺點：

1. 元件的執行速度變快，飽和電流（Idsat）提高

2. 操作電壓變小

3. 功率消耗減少

4. 同一片晶圓（Wafer）裡的晶粒（Chip或Die）及電晶體元件的數目變多

5. 漏電流（Ioff）變高

6. 製程複雜度變高

增加晶片的性能除了電晶體元件的縮小以外，還需要其他如：閘極氧化層（Gate oxide）的厚度及介電常數（Dielectric constant, k值）、金屬連線的材料選擇（防止RC delay）等等因素的配合改善。而降低成本，一般除了電晶體元件的微縮以外，還會增加晶圓的直徑，這樣皆能夠增加每一片晶圓上的晶粒及電晶體元件的數目，使成本及價錢得以下降，如表0.3所示。

	6"	8"	12"	18"
直徑	150mm	200mm	300mm	450mm

表0.3　晶圓尺寸

　　生產良率的定義爲可正常動作之晶粒佔總生產晶粒的百分比，例如0-1式所示。良率除了與製程的複雜度有關以外，也與無塵室（Clean Room）的潔淨度有相關。我們一般以Class X來表示無塵室潔淨度的等級。Class X是指在無塵室裡的空氣中，每立方英尺（ft³）裡直徑大於0.5μm的微粒子（Particle）少於X個。所以Class 1的潔淨度等級就會高於Class 100的潔淨度等級。另一個與良率有關的爲缺陷密度（Defect Density, DD），其定義爲每平方公分所出現的缺陷數目（個／cm², cm⁻²），所以當缺陷密度（DD）愈小，良率也就會愈高。如波松模型（Poisson Model）0-2式所示，其中Y爲良率（%），D爲缺陷密度（個／cm²），A爲晶粒的面積（cm²），所以從0-2式我們可知，除了當缺陷密度愈小，良率會提高以外，當晶粒的面積微縮時，同一片晶圓（Wafer）裡的晶粒數目變多。對於整片晶圓可容忍的缺陷密度相對的會提高，那當然良率也會提升。

$$良率 = \frac{81（可正常動作的晶粒數）}{90（總生產的晶粒數）} \times 100\% = 90\% \qquad （0\text{-}1式）$$

$$Y = \exp^{-DA} \qquad （0\text{-}2式）$$

　　在未來日子，我們可預見晶圓廠裡將有可能全面改爲自動化的運作，到那時將不再需要大量的操作人員（Operator）。而主要的人力將會是工程師（含）以上的職務，所以希望能以此書與各位讀者以及想轉職的朋友們提供一個分享，讓大家都能對於常見的機台設備及其製程技術，都能有一個全觀的認識，以提升職場的競爭力。

參考文獻

1. 原著Kilian，編譯 陳天青、廖信德、戴任詔，2006，機電整合，高立圖書有限公司。

2. 原著Dan Necsulescu，編譯 汪惠健，2003，機電整合，高立圖書有限公司。

3. 張俊彥，1997，積體電路製程及設備技術手冊，中華民國電子材料與

元件協會。

4. 張勁燕，2001，半導體製程設備，五南圖書出版。

5. 原著稻見辰夫，陳蒼傑譯，2001，圖解電子迴路。

6. 國家奈米元件實驗室濕式蝕刻工作站維修電路圖。

7. H. Xiao, *Introduction to Semiconductor Manufacturing Technology*, Prentice Hall, New Jersey, 2001.

8. M. Quirk and J. Serda, *Semiconductor Manufacturing Technology*, Prentice Hall, New Jersey, 2001.

9. J. D. Plummer, M.D. Deal and P.B. Gruffin, *Silicon VLSI Techology-Fundamental, Practice and Modeling*, Prentice Hall, New Jersey, 2000.

10. 「CMOS元件物理與製程整合：理論與實務」，劉傳璽、陳進來，五南圖書出版。

11. 「VLSI製造技術」，莊達人，高立圖書出版。

第 1 章

擴散設備（Diffusion）篇

1.1　爐管（Furnace）

1.2　離子植入（Ion Implant）

1.1 爐管（Furnace）

爐管在半導體製程中廣泛的應用於擴散（Diffusion）、趨入（Drive-in）、氧化（Oxidation）、沉積（Deposition）、退火（Annealing）及熱燒結（Sintering）等製程，目前可分爲水平式（Horizontal）與垂直式（Vertical）兩種，如圖1.1及圖1.2所示。

在水平式爐管中，晶片（Wafer）被放置於石英晶舟（Quartz Boat）上，且石英晶舟又放置於碳化矽（Silicon Carbide, SiC）所製的槳板承載架（Paddle）上，且前後會有石英材質的檔板（Baffle），如圖1.3所示。承載架被慢慢的推進石英爐管中，並將晶片置於恆溫區之中進行製程。待製程結束後，承載架也須緩慢的將晶片從爐管中拉出，以避免管內及管外的溫度差所產生的熱應力而造成晶片彎曲或破裂。

在垂直式爐管中，晶片被放置於石英塔架上，然後石英塔架會緩慢的上升到石英爐管裡進行製程。製程完成後，一樣緩慢的將石英塔架降下以避免熱應力所造成的晶片彎曲或破裂。

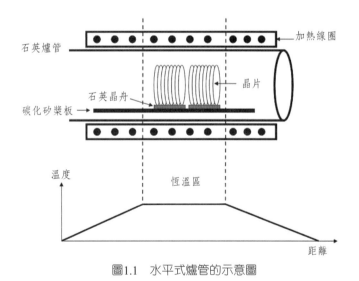

圖1.1　水平式爐管的示意圖

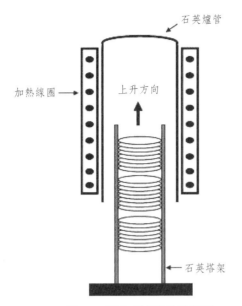

圖1.2　垂直式爐管的示意圖

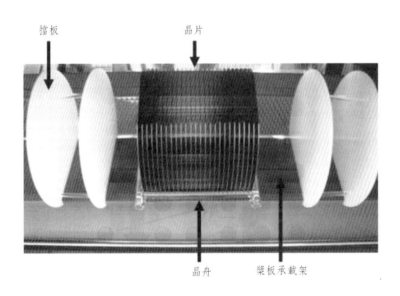

圖1.3　水平式爐管的晶片放置圖

1.1.1 爐管設備系統架構

爐管又可分為常壓（Atmospheric Pressure, AP）爐管與低壓沉積爐管（Low Pressure Chemical Vapor Deposition, LPCVD）。一般常壓爐管設備的組成大致可分為：控制系統、晶片裝載／卸載系統、氣體排放系統、爐體及

氣體輸送系統。而應用在沉積製程的低壓爐管設備則需要再多加一個真空系統。因水平式與垂直式的設計與相關設備零件大致相同，所以之後將以水平式爐管為例，來介紹它的設備與應用，如圖1.4所示，第1根爐管（Tube 1）及第2根爐管（Tube 2）為常壓爐管，而第3根爐管（Tube 3）及第4根爐管（Tube 4）為低壓爐管。

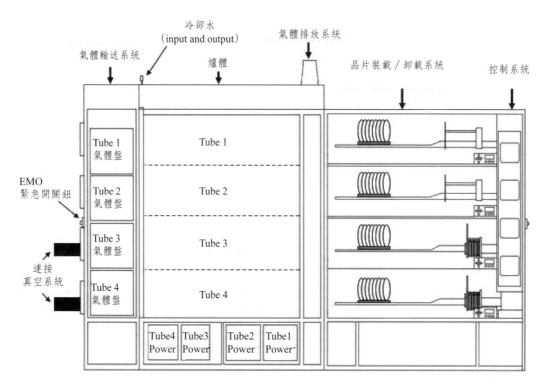

圖1.4　四層水平式爐管的示意圖

1.1.1.1 控制系統

每根爐管都是被獨立的控制系統所控制，而控制系統是由一部主電腦連接好幾個微控制器所組成的，且每一個微控制器再連接一個介面電路板以控制整個製程的程序。而每一個介面電路板的控制，如：晶片裝載／卸載（Loading/Unloading）、製程時間、溫度、升降溫速率、氣體流量及真空壓力等等，將都會顯示在LCD觸控式螢幕，如圖1.5所示。

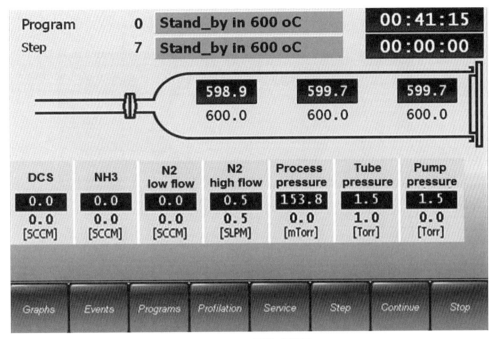

圖1.5　LCD觸控式螢幕

1.1.1.2 晶片裝載／卸載系統

主要是將晶舟上的晶片藉由承載架慢慢的推入爐管中，製程完成後再慢慢的將承載架從爐管中拉出。為了避免承載架與石英管的管壁直接接觸，目前大部分都是使用懸臂式的承載架，以防止因摩擦所產生的微粒子（Particle），使污染減低。而承載架主要是以價錢較高之碳化矽（SiC）材料所製做而成，碳化矽可耐高溫、熱穩定性好以及較好的移動離子阻絕能力。如圖1.6所示。

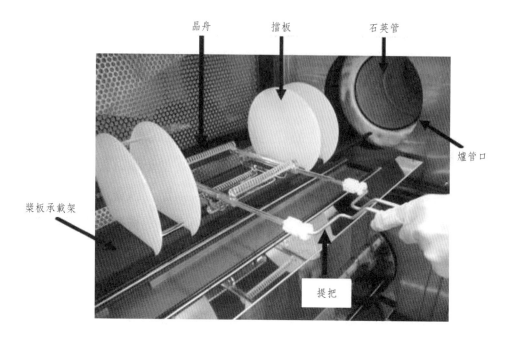

圖1.6　晶片裝載／卸載系統圖

1.1.1.3 氣體排放系統

在製程時，未反應的氣體以及反應後的氣態副產物都是經過氣體排放（Exhaust）系統排放出來。常壓爐管一般都是直接經由排氣口（Exhaust Port）排至廠務工程端；而低壓爐管大部分涉及有毒性或易燃的氣體，所以氣體從真空系統排出後，通常須先經過燃燒箱（Burn Box）或洗滌箱（Scrubber）處理過後，再排至廠務工程端。

1.1.1.4 爐體

如圖1.7所示，一般在爐管的內層會套入透明的石英管（此圖無展示石英管），而石英管的外圍是電阻式加熱線圈（Resistance Coil）環繞著，再包以石棉（Asbestos）作為絕熱，最後外層為不銹鋼。水平式爐管一般是採用三區加熱（3-Zone Heating）的方式，分別對爐管的前（Zone 1）、中（Zone 2）、後（Zone 3）三個區域個別加熱，以方便於調節爐管的溫度分佈。而用於量測爐管溫度的裝置為熱電偶（Thermocouple, TC），置於爐

管外圍的熱電偶稱為針型熱電偶（Spike TC），通常有三個，分別量測爐
管三區的管壁溫度；置於石英管內的熱電偶稱為溫度分佈熱電偶（Profiling
TC），通常也有三個，分別量測爐管三區的管內溫度，如圖1.8所示。

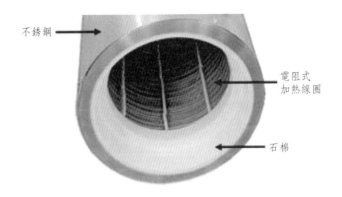

不銹鋼

電阻式
加熱線圈

石棉

圖1.7　爐管的管口結構圖

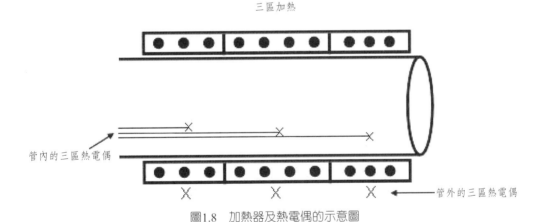

三區加熱

管內的三區熱電偶

管外的三區熱電偶

圖1.8　加熱器及熱電偶的示意圖

1.1.1.5 氣體輸送系統

氣體輸送系統負責將製程氣體輸送至爐管中。首先，廠務工程端將所
需的製程氣體送至設備機台端的氣體輸送系統，而氣體輸送系統是由手動
閥（Manual Valve）、微粒過濾器（Particle Filter）、壓力調節器（Pressure
Regulator）、氣動閥（Air Actuated Valve）和質量流量控制器（Mass Flow
Controller, MFC）等配件（Components）所組成，如圖1.9所示。

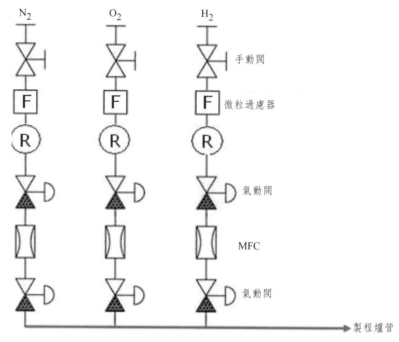

圖1.9　氣體輸送系統的示意圖

1.1.2 爐管製程介紹

常壓爐管（Atmospheric Pressure）：

(1) 乾式熱氧化（Dry Oxidation）：溫度900℃～925℃

$$Si_{(s)} + O_{2(g)} \rightarrow SiO_{2(s)} \qquad （1\text{-}1式）$$

　　利用熱氧化的方式所成長的氧化層，主要有乾式與濕式熱氧化（Wet Oxidation）（將於下一節描述）。由於SiO_2與Si密度的不同，形成氧化層時，不論是乾式或濕式，都皆會消耗約45%的矽（Silicon, Si），如圖1.10所示，當氧（O_2）和Si開始產生反應時，會開始形成二氧化矽（SiO_2）氧化層，所以連續成長時，O_2必須進入已形成的SiO_2去與Si接觸，而繼續成長新的SiO_2氧化層。如圖1.11所示，當SiO_2氧化層剛開始成長時，氧化層厚度還很薄，所以此時的氧化層厚度是隨著時間呈線性成長（Linear Growth），稱為線性階段（Linear Stage），其中X為氧化層厚度、B/A為線性速率常數、t為氧化成長的時間；當SiO_2氧化層開始變厚時，O_2必須擴散（Diffusion）

穿過已形成的SiO_2氧化層去與Si接觸並反應，而形成新的SiO_2氧化層，所以此時的氧化成長速率會比線性階段來得慢，稱為拋物線階段（Parabolic Stage）或擴散控制區（Diffusion Controlled），其中B為拋物線速率常數。

　　氧化成長速率與氧的來源有關，因為O_2的擴散速率低於H_2O的擴散速率，所以乾式氧化的成長速率會較濕式氧化來的慢。而我們也可以另一種直觀的想法來看，O_2的分子量為32，H_2O的分子量為18，分子量愈大我們可想成體積愈大，體積愈大就比較不容易穿過已形成的SiO_2氧化層去與Si接觸並反應，所以乾式氧化的成長速率會較慢。

　　乾式氧化法所成長出的SiO_2具較佳氧化層電性，但成長速率較濕式氧化來的慢。若所需的SiO_2層電性品質要求較高或所需厚度不厚時，都會以乾式氧化法來製作SiO_2。如：閘極氧化層（Gate Oxide, GOX），如圖1.12所示。製程設備如圖1.13所示。其中氮氣（N_2）主要是作為製程環境升降溫的用途以及系統閒置待機（Stand by）狀態時的溫度穩定。

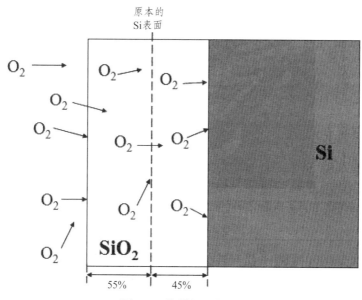

圖1.10　熱氧化成長中的矽消耗

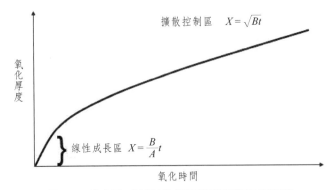

圖1.11　熱氧化成長時的線性階段與拋物線階段

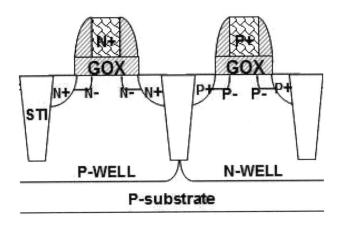

圖1.12　閘極氧化層（GOX）的示意圖

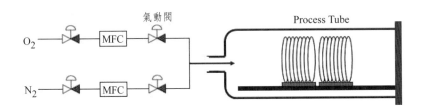

圖1.13　乾式氧化系統的示意圖

(2) 濕式熱氧化（Wet Oxidation）：溫度980℃

$$2H_{2(g)} + O_{2(g)} \rightarrow 2H_2O_{(g)} \qquad （1\text{-}2式）$$

$$2H_2O_{(g)} + Si_{(s)} \rightarrow SiO_{2(s)} + 2H_{2(g)} \qquad （1\text{-}3式）$$

　　濕式氧化是用H_2O來取代氧氣形成SiO_2氧化層。有多種提供H_2O方式進行氧化，最常提供之H_2O是用氫氣和氧氣之氣體流量來控制。但氫氣對氧氣的比例必須小於2：1，才能確保氫氣在反應的過程中有足夠的氧氣來把氫氣反應完，可避免未反應的氫氣累積，而發生氫爆的危險。一般典型的氫氣對氧氣比例約是1.8：1。製程時，要注意須先通氧，再通氫，然後氫氧點火產生水蒸氣，氫氧點火是靠氣體通入高溫的石英火炬（Torch）裝置，在氫氧點火前Torch 溫度需高於650℃，而氫氧點火後須維持在350℃～850℃之間。另外會有一個火焰偵測器（Sensor）去偵測點火是否成功。待製程結束後，先關氫後關氧，將未反應的氫氣反應完全，防止氫爆，如圖1.14所示。濕式氧化法的氧化速率較乾式氧化快，但品質較乾式氧化來的差，所以當所需的氧化層厚度很厚，且對氧化層電性要求不高時，濕式氧化法可以節省製程所需要的時間。主要的應用如：矽的局部氧化（LOCal Oxidation of Silicon, LOCOS）的場氧化層（Field Oxide）或犧牲氧化層（Sacrificial Oxide）等。

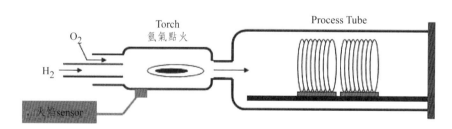

圖1.14　濕式氧化系統的示意圖

(3) 擴散（Diffusion）：溫度900℃～1000℃

　　在早期的半導體摻雜都是採用高溫擴散的方式，將高濃度的磷（Phosphorus）或砷（Arsenic），摻入未摻雜的多晶矽（Undoped Poly-Silicon）裡，降低多晶矽的阻值（Resistivity），來形成MOSFET元件的閘極（Gate）導電層。也可將高濃度的磷或砷利用熱擴散的方式，來形成MOSFET元件的源極／汲極（Source/Drain）。但是當隨著MOSFET元件的通道長度（Channel Length）和接面深度（Junction Depth）縮小之後，傳

統的高溫擴散方式已無法精確的去控制摻質（Dopant）的輪廓（Profile）與分佈（Distribution）。所以在目前的VLSI製程，已採用離子佈值的方式為主要的摻雜技術，去對摻質濃度的高低以及摻質的深淺去做較精確的調控。但在目前非常熱門的太陽能電池（Solar Cell）產業，常採用高溫擴散的方式去形成所需要的P型或N型的區域，而此方式需要兩個步驟來完成摻雜，分別為：預置（Predeposition）和趨入（Drive-in）。例如：要形成一個P型和N型的接面（P-N Junction）時，首先，將裝在容器裡的N-type液態含磷（Phosphorus）的摻質源－POCL$_3$加熱至25℃～28℃，然後藉由N$_2$載氣（Carrier Gas）以及質量流量控制器（MFC）來控制POCL$_3$的流量，利用POCL$_3$與O$_2$在約800℃～900℃的爐管製程溫度下進行（1-4式）的反應，在P-type的矽基板（Substrate）表面形成高濃度的固態摻雜源氧化物P$_2$O$_5$，來達到預置的動作。之後將POCL$_3$關閉，接著在O$_2$的環境中進行熱趨入（Drive-in）的動作，P$_2$O$_5$會與矽基板進行（1-5式）的反應來產生磷原子，然後將磷摻入矽晶片裡，產生一個P-N Junction，如圖1.15所示。製程設備如圖1.16所示。

$$4POCl_{3(g)} + 3O_{2(g)} \rightarrow 2P_2O_{5(s)} + 6Cl_{2(g)} \qquad （1\text{-}4式）$$

$$2P_2O_{5(s)} + 5Si_{(s)} \rightarrow 4P_{(s)} + 5SiO_{2(s)} \qquad （1\text{-}5式）$$

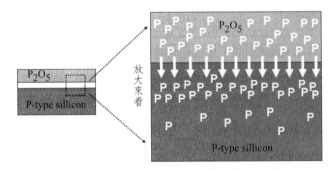

圖1.15　形成P-N Junction的熱擴散示意圖

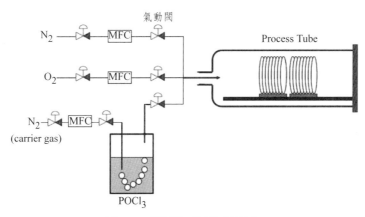

圖1.16　磷擴散系統的示意圖

　　太陽能電池（Solar Cell）的磷擴散製程程序步驟（Recipe）介紹，如表1.1所示。（製程程序步驟以及參數會依不同廠牌設備而有些許不同）

Step 1	Standby Temperature [°C]：		810	
	Loading（載入晶片）　[cm/min]		40	
	Time stabilizing [min]		2	
Step 2	P_2O_5-Predeposition（預置）：			
	Temp. [°C]	ramp up [°C/min]	835	6
	Time [min]		20	
	N_2 Flow [slm]		5	
	N_2- $POCl_3$ Flow [sccm]		1500	
	O_2 Flow [sccm]		375	
Step 3	Drive-In（趨入）：			
	Temp. [°C]		835	
	Time [min]		5	
	N_2 Flow [slm]		9	
	O_2 Flow [sccm]		1000	
Step 4	Cool down and purge：			
	N_2 Flow [slm]	time [min]	30	4
	Unload temp. [°C]		830	
	Unloading（晶片卸載）[cm/min]		35	
Step 5	Sheet Resistance（Rs）量測[Ω/square]			

表1.1　Solar Cell的磷擴散製程程序步驟介紹

(4) 退火（Annealing）：溫度400℃～950℃

退火在金屬冶金上，是常用的材料加工技術。藉著提高溫度，使材料趨近熱平衡，降低材料的內應力（Stress）與自由能。也就是藉著提高溫度（熱能），增加原子的振動及擴散，使原子排列重整利用熱能將物體內的缺陷（Defect）消除。大致可依溫度高低區分為三階段：(A)復原（Recovery）(B)再結晶（Recrystallization）(C)晶粒成長（Grain Growth）。如圖1.17所示，為材料在不同溫度下進行退火的硬度對溫度的關係圖，其中材料的硬度可做為物體內的應力大小的一種指標。

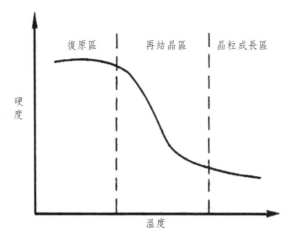

圖1.17　物體在不同溫度下進行退火的硬度對溫度的關係圖

(A) 復原：

物體退火溫度較低時，因熱能提供的能量僅足以讓缺陷（例如：差排Dislocation）進行分佈重整達到較穩定狀態，但對晶粒結構無法產生變化。所以只能對物體的內應力做微小的降低，而對於影響物體的機械性質並不大。

(B) 再結晶：

若退火溫度調高時，將會有新的晶粒成核（Nucleate），主要的趨動力是來自降低舊的晶粒的缺陷。且經過再結晶後，物體的內應力會因差排及缺陷密度的降低而急遽下降。

(C) 晶粒成長：

若溫度再往上升高時，將會使再結晶階段所形成的新晶粒有足夠能量去

克服晶粒間的表面能（Surface Energy），使再結晶階段所形成的晶粒將開始成長變大。因晶粒成長，會使得小晶粒的晶粒邊界（Grain Boundary）消除，以便加以合併形成大晶粒。隨著晶粒邊界等缺陷消失後，物體內應力將更進一步降低。

　　整個退火製程的速率，取決於進行退火的溫度。溫度愈高，物體進行退火所需時間也愈短。退火製程目的，是要消除物體因內應力或外來因素所導致的缺陷，使物體結構得以重整。在半導體製程上的應用上，主要爲離子佈值後的損壞修補和摻質活化（Dopant Activation）、金屬矽化物（Silicide）的退火、再流動（Reflow）的退火以及高介電常數（High-K）氧化層的退火等。製程設備如圖1.13所示。

　　(5) 趨入（Drive-in）：溫度1100℃

　　Drive-in的目的主要是形成N型或P型的井（Well），也就是將離子佈值所植入的摻質，藉由高溫趨入而形成約2μm～3μm深度的Well。製程設備如圖1.13所示。

　　(6) 熱燒結（Sintering）：溫度400℃

　　通入5%H_2 / 95%N_2的混合性氣體（Forming Gas），可填補元件裡的未飽和鍵（Unsaturated Bonds）以及懸浮鍵（Dangling Bonds），形成Si-H鍵結。製程設備如圖1.18所示。

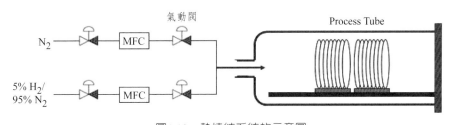

圖1.18　熱燒結系統的示意圖

低壓爐管（Low Pressure CVD, LPCVD）：

沉積原理

低壓化學氣相沉積（Low Pressure Chemical Vapor Deposition 簡稱，

LPCVD），乃是利用化學反應的方式，在低壓真空爐管內，利用熱能來幫助化學沉積反應的進行，將反應物（通常為氣體）沉積在基材表面，生成固態的一種薄膜沉積技術。

CVD反應機構（如圖1.19所示）

(a) 參與反應的氣體將從反應器的主氣流裡藉著反應氣體在主氣流及晶片表面的濃度差，然後以擴散的方式經過邊界層傳遞到基材表面。

(b) 到達基材表面的反應氣體分子有一部份將被吸附在基材的表面上。

(c) 當參與反應的所有反應物在表面相會後，會藉著晶片表面所提供的能量使沉積反應的動作發生，這包含化學反應及產生的生成物在晶片表面的運動和生成物的沉積。

(d) 當沉積反應完成之後，反應的副產物及部分未參與反應的反應氣體將從晶片的表面上脫離並以擴散的方式離開表面。

(e) 最後，反應的副產物及部分未參與反應的反應氣體又會隨著主氣流經真空系統抽離。

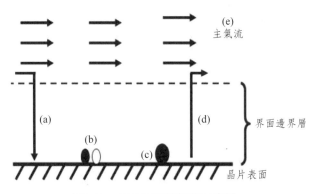

圖1.19　CVD反應機構的示意圖

(1) 多晶矽（Polysilicon, Poly-Si）：溫度620℃，壓力350mTorr
    非晶矽（Amorphous Silicon, a-Si）：溫度低於575℃以下，壓力350mTorr

$$SiH_{4(g)} \rightarrow Si_{(s)} + 2H_{2(g)} \qquad （1\text{-}6式）$$

矽甲烷（Silane），即SiH₄，是目前半導體工業裡，應用最廣泛的特殊氣體，因沸點極低（約−112℃），因此在常溫下是屬於氣態。但是，因為SiH₄是有毒氣體，危害特性是於空氣中自燃，或在空氣中無火源狀況下累積爆炸。所以必須配合一些安全裝置來監控有無外洩的情形。

Poly-Si是由很多不同結晶方向（Crystal Orientation）的小單晶（Single Crystal）晶粒（Grain）所組成，且每個單晶晶粒彼此間，則由晶粒邊界（Grain Boundary）所隔開。多晶矽本身的阻值很高，可當做電阻器（Resistor）。在經過重摻雜（Heavily Doped）後，電阻率可以降至500～1200μΩ-cm之間，可當做MOSFET元件的閘極。在其它的應用方面，也可應用於動態隨機存取記憶體（DRAM）的電容器（Capacitor）上。而非晶矽主要用在薄膜電晶體（TFT）的元件上。製程設備如圖1.20所示。

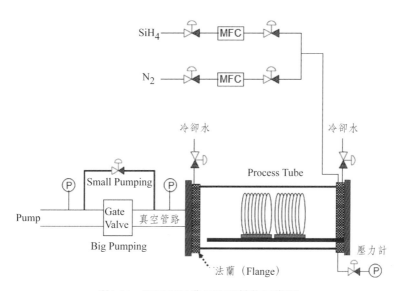

圖1.20　多晶矽及非晶矽系統的示意圖

(2) 氮化矽（Nitride, Si₃N₄）：溫度780℃，壓力350mTorr

$$3SiH_2Cl_{2(g)} + 7NH_3 \rightarrow Si_3N_{4(s)} + 6HCl_{(g)} + 6H_{2(g)} \qquad （1\text{-}7式）$$

二氯矽烷（SiH₂Cl₂, DCS）是沉積氮化矽主要的矽來源氣體，SiH₂Cl₂（Dichlorosilane, DCS）在室溫常壓下為液態，所以除了在來源端加熱以

LOCOS Formation

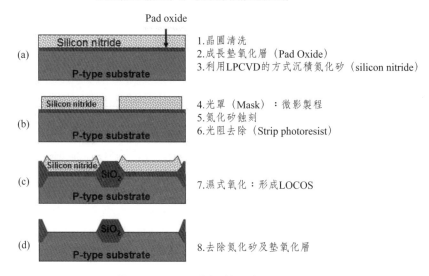

(a)
1. 晶圓清洗
2. 成長墊氧化層（Pad Oxide）
3. 利用LPCVD的方式沉積氮化矽（silicon nitride）

(b)
4. 光罩（Mask）：微影製程
5. 氮化矽蝕刻
6. 光阻去除（Strip photoresist）

(c)
7. 濕式氧化：形成LOCOS

(d)
8. 去除氮化矽及墊氧化層

圖1.21　LOCOS製程的示意圖

外，也會在DCS所傳輸的管路上包覆加熱帶（Heat Tape），以防止DCS在傳輸的過程中產生凝結（Condense）。氮化矽在早期的前段製程（Front End of Line, FEOL）主要是應用於矽局部氧化（LOCOS）製程。LOCOS製程是一種在電晶體主動區（Active Area）之間形成隔離的方法，氮化矽在LOCOS製程中主要是做為一種堅固的罩幕材料（Masking Layer）保護主動區而且還可防止氧擴散到主動區裡，如圖1.21所示。但會有鳥嘴效應（Bird's beak）的問題產生，如圖1.22所示。此外，氮化矽也廣泛的應用在硬式罩幕（Hard Mask）、蝕刻停止層（Etching Stop Layer）以及在使用化學機械研磨（CMP）時可做為終止研磨之材料（Stop Layer）。而在後段製程（Back End of Line, BEOL）時的氮化矽薄膜，則採用電漿輔助化學氣相沉積系統（Plasma Enhanced Chemical Vapor Deposition, PECVD）的低溫製程來做沉積。因為LPCVD的氮化矽薄膜製程溫度太高，一般金屬材料無法在長時間下耐此高溫。LPCVD的氮化矽薄膜製程設備如圖1.23所示。

(3) 四乙基正矽酸鹽（Tetra-Ethyl-Ortho-Silicate, TEOS）：溫度700℃，壓力350mTorr

$$Si(OC_2H_5)_{4(t)} \rightarrow SiO_{2(s)} + 4C_2H_{4(g)} + 2H_2O_{(g)}$$ （1-8式）

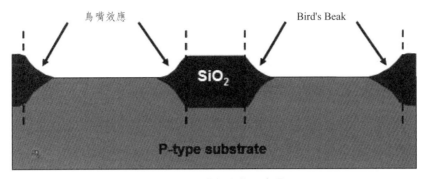

圖1.22 鳥嘴效應的示意圖

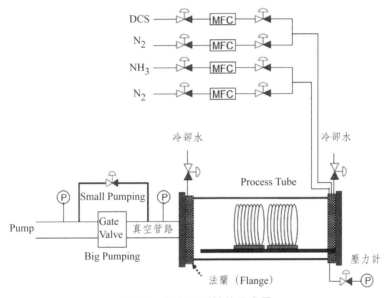

圖1.23 氮化矽系統的示意圖

TEOS化學式爲Si-(C₂H₅O)₄，如圖1.24所示。以沉積二氧化矽（SiO₂）爲主，是現在CVD製程上使用最頻繁，且含有矽碳氫與氧的有機矽源。TEOS因沸點較高（常壓下約169℃），因此在室溫常壓下是以液態的方式儲存並使用。爲了方便CVD製程的使用及製程的穩定性，通常對裝盛TEOS的容器加熱至40℃～70℃左右，以增加其飽和蒸氣壓,以便以氣態的方式來使用TEOS於CVD的沉積反應上。並且於TEOS所傳輸的管路上包覆加熱帶，以防止TEOS在傳輸的過程中產生凝結。

TEOS Oxide的階梯覆蓋（Step Coverage）能力甚佳，是因爲在基板

表面被物理吸附的TEOS分子具有高表面遷移率的緣故，如圖1.25的掃描式電子顯微鏡（Scanning Electron Microscope）的SEM圖所示。目前已廣泛為半導體業界所採用，如側壁（Spacer）製程，以及電晶體與第一層金屬之間的介電層（Inter Layer Dielectric, ILD）。而在後段製程的金屬層間的介電層（Inter Metal Dielectric, IMD）則採用電漿輔助化學氣相沉積系統（PECVD）的低溫製程來做沉積，因為LPCVD的TEOS Oxide製程溫度太高，一般金屬無法在長時間下耐此高溫。LPCVD的TEOS Oxide製程設備如圖1.26所示。

C₂H₅O … C₂H₅O

Si

C₂H₅O … C₂H₅O

圖1.24　TEOS化學式的示意圖

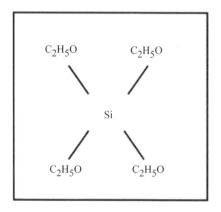

Step	SEM picture
Original 	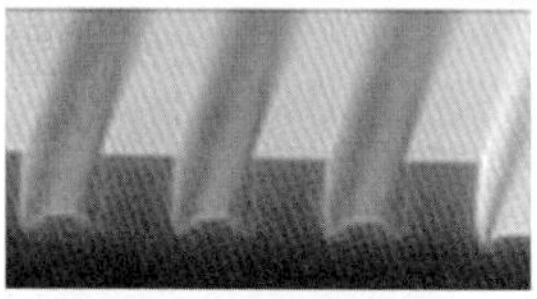
Cover Step1 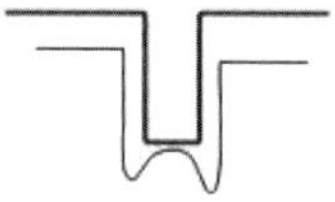	
Cover Step2 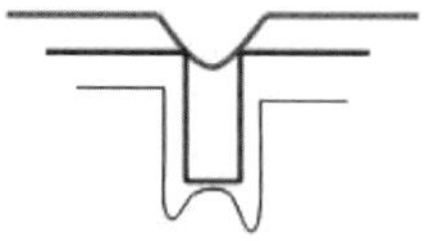	

圖1.25　TEOS Oxide的階梯覆蓋SEM圖

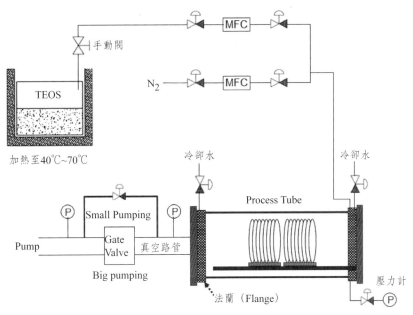

圖1.26　TEOS Oxide系統的示意圖

1.1.3 製程程序步驟（Recipe）介紹

1.1.3.1 常壓爐管製程程序步驟解釋（以Wet Oxidation為例，如表1.2所示）：

（製程程序步驟以及參數會依不同廠牌設備而有些許不同）

No	Step name	Step time	Temp.1	Temp.2	Temp.3	Gases
1	stand by	00:00:00	0700.0	0700.0	0700.0	N_2=1.5
2	Loading 1	00:01:40	0700.0	0700.0	0700.0	N_2=12
3	N_2 Purge	00:03:00	0700.0	0700.0	0700.0	N_2=7
4	Loading2	00:06:00	0700.0	0700.0	0700.0	N_2=7
5	Stable N_2	00:10:00	0700.0	0700.0	0700.0	N_2=7
6	Temp Ramp	01:00:00	0980.0	0980.0	0980.0	N_2=7
7	Temp Stable	01:00:00	0980.0	0980.0	0980.0	N_2=7
8	Open O_2	00:05:00	0980.0*	0980.0*	0980.0*	O_2=5
9	Purge H_2 Line	00:00:20	0980.0*	0980.0*	0982.0*	N_2=1;O_2=5
10	Ramp H_2	00:00:30	0980.0*	0980.0*	0982.0*	H_2=1.3;O_2=5
11	Stab flame	00:00:30	0980.0*	0980.0*	0982.0*	H_2=5;O_2=5
12	Wet Oxide	00:13:00	0980.0*	0980.0*	0982.0*	H_2=8;O_2=5
13	Dry Oxide	00:05:00	0980.0*	0980.0*	0982.0*	O_2=5

14	Anneal	00:15:00	0980.0*	0980.0*	0982.0*	N₂=7
15	Ramp down	00:20:00	0700.0	0700.0	0700.0	N₂=7
16	Unload 1	00:05:00	0700.0	0700.0	0700.0	N₂=7
17	N₂ Purge	00:03:00	0700.0	0700.0	0700.0	N₂=7
18	Unload 2	00:03:00	0700.0	0700.0	0700.0	N₂=12
19	Cooling	00:10:00	0700.0	0700.0	0700.0	N₂=1.5
20	End	00:00:05	0700.0	0700.0	0700.0	N₂=1.5

表1.2　Wet Oxidation的製程程序圖表

1. Stand by：前置待機狀態（Temp.1～Temp.3為爐管的前中後三區加熱的管內溫度）。

2. Loading 1：以較快的速度載入晶片。

3. N₂ Purge：待晶舟移動至爐管口時暫停數分鐘，利用N₂的流動使晶片適應爐管內的高溫，以防止熱應力導致晶片破裂。

4. Loading 2：以較慢的速度載入晶片，讓晶片適應爐管內的高溫，以防止熱應力導致晶片破裂。

5. Stable N₂：在通氮氣的環境下，升溫至起始設定溫度（使晶片先適應起始設定溫度700℃的高溫，避免直接升溫至接近1000℃的製程溫度，而導致晶片因熱應力破裂）。

6. Temp Ramp：升溫至製程溫度（會通少量的N₂，幫助均勻升溫）。

7. Temp Stable：穩定製程溫度（會通少量的N₂，幫助穩定溫度）。

8. Open O₂：因為氫氧點火，在安全考量下，必須先通氧氣。

9. Purge H₂ Line：利用N₂將H₂的管路先清除乾淨。

10.Ramp H₂：先通入少量的H₂。

11.Stab Flame：將H₂增加至製程設定的流量，並偵測氫氧火焰強度是否穩定。

12.Wet Oxide：開始濕式氧化成長，此時主要的製程參數（Parameter）為溫度及氣體流量。

13.Dry Oxide：在安全考量下，通入氧氣把剩餘的氫氣消耗完，避免H₂濃度過高而發生氫爆的危險。

14.Anneal：利用高溫回火的方式消除氧化層裡面的缺陷（Defect）。

15.Ramp down：降溫至待機溫度。

16.Unload 1：以較慢的速度將晶片卸載出來，讓晶片適應爐管外的溫度，以防止熱應力導致晶片破裂。

17.N$_2$ Purge：待晶舟移動至爐管口時暫停數分鐘，利用N$_2$的流動使晶片適應爐管外的溫度，以防止熱應力導致晶片破裂。

18.Unload 2：以較快的速度將晶片卸載出來。

19.Cooling：讓晶片及相關石英器材冷卻下來，避免發生燙傷及損壞相關器材。

20.End：製程結束。

1.1.3.2 低壓爐管製程程序步驟解釋（以Poly-Si為例，如表1.3所示）：

（製程程序步驟以及參數會依不同廠牌設備而有些許不同）

No	Step name	Step time	Temp.1	Temp.2	Temp.3	Gases
1	stand by	00:00:00	0600.0	0600.0	0600.0	N$_2$_H=0.5
2	Loading 1	00:01:40	0625.0	0620.0	0620.0	N$_2$_H=4.5
3	N$_2$ Purge	00:03:00	0625.0	0620.0	0620.0	N$_2$_H=4.5
4	Loading2	00:06:00	0625.0	0620.0	0620.0	N$_2$_H=4.5
5	Small pump	00:03:00	0625.0	0620.0	0620.0	P tube=1
6	Big pump	00:05:00	0625.0	0620.0	0620.0	
7	Test vacuum	00:02:00	0625.0	0620.0	0620.0	P tube=1
8	Temp Ramp	00:10:00	0625.0	0620.0	0620.0	N$_2$_L=120;P tube=1
9	Temp stable	01:00:00	0625.0	0620.0	0620.0	N$_2$_L=120;P proc=1
10	Pump Down	00:03:00	0625.0*	0620.0*	0620.0*	P prpc=1
11	Leak test	00:01:00	0625.0*	0620.0*	0620.0*	P prpc=1
12	Pressure stable	00:01:00	0625.0*	0620.0*	0620.0*	P prpc=350
13	Deposite	00:10:15	0625.0*	0620.0*	0620.0*	SiH$_4$=120;P prpc=350
14	Pump 1	00:02:00	0600.0	0600.0	0600.0	Ptube=1
15	N$_2$ Purge 1	00:02:00	0600.0	0600.0	0600.0	N$_2$_H=0.5;P tube=1
16	Pump 2	00:02:00	0600.0	0600.0	0600.0	Ptube=1
17	N$_2$ Purge	00:05:00	0600.0	0600.0	0600.0	N$_2$_H=0.5;P tube=1
18	Backfill 1	00:03:00	0600.0	0600.0	0600.0	N$_2$_H=1

19	Backfill 2	00:08:00	0600.0	0600.0	0600.0	N$_2$_H=4.5
20	Test vacuum	00:00:10	0600.0	0600.0	0600.0	N$_2$_H=4.5
21	Unload 1	00:05:00	0600.0	0600.0	0600.0	N$_2$_H=4.5
22	N$_2$ Purge	00:03:00	0600.0	0600.0	0600.0	N$_2$_H=4.5
23	Unload 2	00:03:00	0600.0	0600.0	0600.0	N$_2$_H=4.5
24	Cooling	00:10:00	0600.0	0600.0	0600.0	N$_2$_H=0.5
25	End	00:00:05	0600.0	0600.0	0600.0	N$_2$_H=0.5

表1.3 Poly-Si 的製程程序圖表

1. Stand by：前置待機狀態。

2. Loading 1：以較快的速度載入晶片。

3. N$_2$ Purge：待晶舟移動至爐管口時暫停數分鐘，利用N$_2$的流動使晶片適應爐管內的高溫，以防止熱應力導致晶片破裂。

4. Loading 2：以較慢的速度載入晶片，讓晶片適應爐管內的高溫，以防止熱應力導致晶片破裂。

5. Small Pump：真空抽氣，以較細的抽氣管路抽氣，如圖1.20的Small Pumping 管路，以避免發生擾流及微粒子（Particle）的產生，且此步驟會同時檢查爐管的門蓋是否有蓋緊，可否順利抽真空。

6. Big Pump：真空抽氣壓力低於5005mTorr時，改以較粗的抽氣管路抽氣至底壓（Base Pressure），如圖1.20的Big Pumping管路。

7. Test Vacuum：此步驟主要是要確認在高真空度的環境下，才能打開高真空度的壓力計（Gauge）去量測壓力，以避免高真空度的壓力計會損壞。

8. Temp Ramp：升溫至製程溫度（會通少量的N$_2$，幫助均勻升溫）。

9. Temp Stable：穩定製程溫度（會通少量的N$_2$，幫助穩定溫度，也模擬沈積時的製程環境）。

10. Pump Down：把前一步驟所通入的少量N$_2$給抽掉，並請抽至底壓。

11. Leak Test：測漏，看爐管有無漏氣。

12. Pressure Stable：穩定壓力，模擬沈積時的製程環境。

13. Deposition：開始進行沈積，此時主要的製程參數（Parameter）為溫

度、壓力及氣體流量。

14. Pump 1：抽走沈積完成後在爐管內的殘存有毒氣體。

15. N$_2$ Purge 1：讓爐管內的殘存有毒氣體可藉由N$_2$的吹除，可平順的被抽走。

16. Pump 2：確保抽走沈積完成後在爐管內的殘存有毒氣體。

17. N$_2$ Purge 2：確保讓爐管內的殘存有毒氣體可藉由N$_2$的吹除，可平順的被抽走，同時降溫至待機溫度。

18. Backfill 1：用少量的N$_2$破真空，以避免發生擾流及微粒子（Particle）的產生。

19. Backfill 2：壓力高於5005mTorr時，改用大量的N$_2$破真空。

20. Test Vacuum：確認爐管內的壓力在大氣壓力下，才可以將槳板承載架（Paddle）卸載出來。

21. Unload 1：以較慢的速度將晶片卸載出來，讓晶片適應爐管外的溫度，以防止熱力爐導致晶片破裂。

22. N$_2$ Purge：待晶舟移動至爐管口時暫停數分鐘，利用N$_2$的流動使晶片適應爐管外的溫度，以防止熱應力導致晶片破裂。

23. Unload 2：以較快的速度將晶片卸載出來。

24. Cooling：讓晶片及相關石英器材冷卻下來，避免發生燙傷及損壞相關器材。

25. End：製程結束。

1.1.4 經驗分享

1.1.4.1 氫氧點火

下列的條件若成立，則H$_2$的安全連鎖裝置（Interlock）將打開，並開始進行濕式氧化的製程：

(1) O$_2$在外管，H$_2$在內管，如圖1.14所示。

(2) 主要製程程序步驟（Recipe）的設定：$N_2 \rightarrow O_2 \rightarrow H_2+O_2 \rightarrow O_2 \rightarrow N_2$。

(3) H_2：O_2的氣體流量比例是否正確，約1.8：1（須小於2：1）。

(4) 氫氧點火前，Torch溫度須大於650℃（溫度的限制會依不同廠牌的設計而有所不同）。

(5) 氫氧點火後，Torch溫度須維持在350℃～850℃之間（溫度的限制會依不同廠牌的設計而有所不同）。

(6) Torch溫度不能超過950℃（溫度的限制會依不同廠牌的設計而有所不同）。

(7) Torch氫氧點火的火焰被偵測器（Sensor）偵測到，如圖1.27所示。

(8) 每30秒重複檢查一次(1)～(7)的步驟。

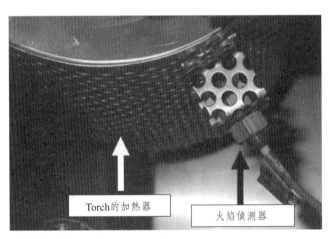

圖1.27　Torch的火焰偵測器位置圖

1.1.4.2 加熱器

(1)加熱器分為K型（K-type）加熱器以及R型（R-type）加熱器如圖1.28及圖1.29所示。K-type的特性為溫度較穩定，送電後的電流為10A，電壓為220V，採用的電線線徑較細；R-type的特性為升溫速率快，送電後的電流為100A～150A，電壓為25V～38V，因大電流所以採用的電線線徑較粗。

圖1.28　K型加熱器

圖1.29　R型加熱器

(2) 關於絕緣阻抗在我國的電器、電力或電工法規裡有基本的各項安全要求，且於法規中有明文規定有關絕緣阻抗的安全要求，主要是為了避免：

(a)操作人員發生電擊意外，表1.4為人體部位的絕緣電阻值。

(b)廠房、設備發生失火意外及各項意外。

(c)區域性供電失衡，所引發之各項意外。

身高部位	電阻值（Ω）	備　　註
手掌表皮	10k～50k	汗濕時減為1/12，小濕時為1/25以下
手臂外側表面	2k～5k	
人體內部	100～200	依血液、神經、肌肉、骨頭之順序，電阻逐漸增大，以平均值表示

表1.4　人體部位的絕緣電阻值

在國際電工委員會（IEC）的標準規定裡，測量帶電部件與殼體之間的絕緣電阻時，基本絕緣條件的絕緣電阻值不應小於3MΩ。而我們可以選用1000V的高阻表，在沒接電時量測帶電部件與機殼之間的絕緣電阻值。如圖1.30為不正常的爐體設計，當我們使用高阻表來量測爐體的外殼殼體及電線的金屬片接頭之間的絕緣電阻值時，是接近0MΩ，這樣是視為直接短路狀態，通電後如果誤觸外殼會有觸電而導致傷亡的危險。反之，圖1.31為正常的爐體設計，爐體的外殼殼體及電線之間的絕緣電阻值是大於3MΩ。

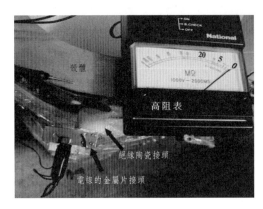

圖1.30　不正常的爐體設計

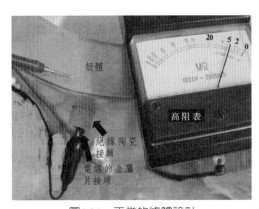

圖1.31　正常的爐體設計

(3) 關於電線的金屬片接頭

　　基於用電之安全，電線的金屬片接頭在高溫及長時間的使用下，所有金屬表面極易產生氧化的現象，因而致使R型或K型加熱金屬引線與金屬片接

頭之間的接觸電阻變大，造成電流、電壓及功率等等之變化，極易引發嚴重的工安意外事故。圖1.32為不正常的設計，金屬片接頭有空隙，這樣在送電加熱時會有電弧（Arcing）現象。而圖1.33則為正常的設計，金屬片接頭採用焊接密合一體成形。

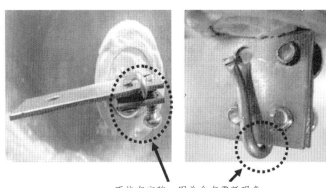

不能有空隙，因為會有電弧現象

圖1.32　為不正常的金屬片接頭設計

圖1.33　正常的金屬片接頭設計

(4) 關於絕緣陶瓷

圖1.34為不正常的絕緣陶瓷設計，容易因移動而使得外殼殼體有可能在陶瓷中間之間隙，碰觸到電線，進而造成短路而引發嚴重之工安意外事故。而且絕緣陶瓷接頭也容易脫落，而使中間的電線去碰觸到外殼，如圖1.35所示。反之，圖1.36為正常的絕緣陶瓷設計，因外殼幾乎沒有可能穿過絕緣陶

瓷而碰觸到中間的電線,所以大大的降低因短路而引發之工安意外事故的機率,而且絕緣陶瓷接頭也不容易脫落,如圖1.37所示。

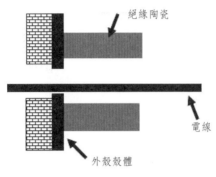

圖1.34 不正常的絕緣陶瓷設計示意圖

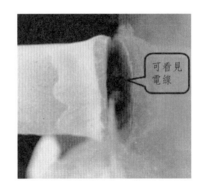

圖1.35 不正常的設計,陶瓷接頭容易脫落,而使中間的電線去碰觸到外殼

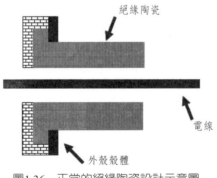

圖1.36 正常的絕緣陶瓷設計示意圖

圖1.37　正常的設計，陶瓷接頭不容易脫落

(5) 關於加熱之熱阻絲線圈

　　圖1.38為不正常的設計，用來隔離及固定熱阻絲的陶瓷器設計錯誤，易導致鬆脫及彈出。圖1.39為正常的設計，熱阻絲不易鬆脫及彈出，且熱阻絲及殼體的內部也不會直接碰觸到，以確保安全及溫度分佈均勻。

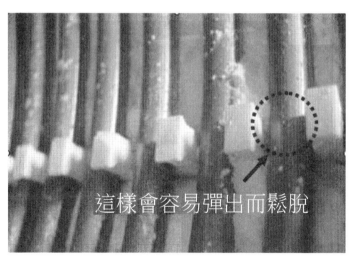

圖1.38　不正常的熱阻絲固定設計

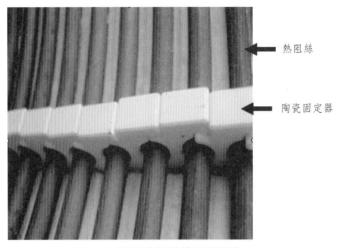

圖1.39　正常的熱阻絲固定設計

(6) 關於加熱線路的阻抗

　　如圖1.40所示，我們量測Zone 1的阻抗為14.8Ω，那我們從表1.5可得知Zone 1的電壓規格為220V，所以我們將電壓值及量測的阻抗值代入功率的公式，如表1.5中可得知所產生的功率為3270W，將大過於Zone 1的功率規格2500W，這樣會有過熱的危險。而圖1.41所示，Zone 1所量測的阻抗為19.9Ω，所得到的產生功率為2432W，小於Zone 1的功率規格2500W，如表1.5所示，所以為正常的設計。

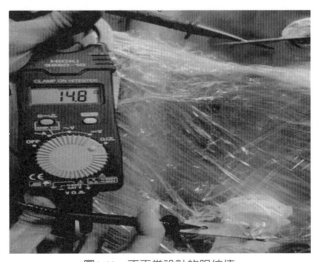

圖1.40　不正常設計的阻抗值

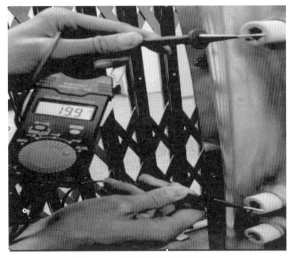

圖1.41　正常設計的阻抗值

規　格				線路阻抗R（Ω）	產生的功率 P=V²/R
Zone 1（前）	Zone 2（中）	Zone 2（後）	不正常的設計 ➡	Zone 1阻抗為 14.8Ω	$(220)^2$ / 14.8=3270W 已超過規格，會有過熱的危險
220V 11.3A 2500W	220V 10.2A 2250W	220V 11.3A 2500W	正常的設計 ➡	Zone 1阻抗為 19.9Ω	$(220)^2$ / 19.9 = 2432W

表1.5　正常與不正常設計的比較

1.1.4.3 工作安全小常識

　　爐管所使用的特殊氣體，皆為有毒性或易燃性的氣體，所以在使用的過程中，務必非常小心謹愼。表1.6列出爐管常使用的特殊氣體性質，供大家參考。

化學式	顏色	氣味	沸點（℃）	熔點（℃）	密度（g/L）	室溫狀態	腐蝕性	易爆性	易燃性	毒性	容許濃度（ppm）	
											TWA	STEL
$POCl_3$	無	辛辣味	107.2		1.68	液體	✓				0.1	0.3
SiH_2Cl_2	無	刺激酸味	8.2			氣體	✓		✓	✓		
NH_3	無	刺激性	-33.4	-77.7	0.77	液體	✓		✓	✓	25	35
TEOS	無	微量甜味	166	169	0.94	液體			✓	✓	10	30
SiH_4	無	排斥性	-177	-185		氣體		✓	✓	✓	5	10
PH_3	無	魚腥	-87.7	-133	1.53	氣體			✓	✓	0.3	0.9

HF	無	銳利刺激	19.54			氣體	✓		✓	3	6
N₂O	無	微甜芳香	-88.5	-90.81	1.53	液體		助燃		50	
O₂	無	無	-183	-218	1.14	氣體		助燃			
H₂	無	無	-252.8	-259.2	0.1	氣體	✓				

表1.6 爐管常使用的特殊氣體

1.2 離子植入（Ion Implant）

在超大型積體電路（VLSI）的製程應用上，有一個很重要的特性就是半導體材料的導電率（Conductivity），可以藉由添加摻雜物來控制電子或電洞的導電，進而增加或降低導電能力。一般而言有兩種常用添加摻雜物的方法可以應用在半導體晶圓製程上：熱擴散（Thermal Diffusion）或離子植入（Ion Implant）製程。

相對於高溫爐的擴散製程，離子植入是一種添加製程，其方法是透過帶有能量的正離子束（Ion Beam），以加速轟擊的方式將摻雜物注入（Injection）半導體晶片中，再利用高溫回火的方式，修復因離子轟擊而被破壞的矽晶格，活化摻雜物質並得到較佳的導電性。當半導體製造流程隨著閘極通道不斷地向下微縮，此時摻雜物的濃度和深度輪廓分佈就必須要很精準的控制，這就是為什麼離子植入製程會慢慢地取代高溫爐管的擴散製程，最後成為半導體元件添加摻雜物的製程步驟中，最佳的選擇。

目前半導體製程中常使用的單晶矽晶片因為具有很高的電阻係數，所以必須要經由添加摻雜物的步驟才能改善導電率。一般業界常用的摻雜元素有硼（B）、磷（P）、砷（As）、碳（C）、銻（Sb）、銦（In）等，如表1.7。

	摻雜元素	原子序	原子量
P 型摻雜	硼 (B) Boron	5	11
	鎵(Ga) Gallium	31	70
	銦 (In) Indium	49	115

	氮 (N) Nitrogen	7	14
N 型摻雜	磷 (P) Phosphorus	15	31
	砷 (As) Arsenic	33	75
	銻 (Sb) Antimony	51	122
	碳 (C) Carbon	6	12
	矽 (Si) Silicon	14	28
其他摻雜	鍺 (Ge) Germanium	32	73
	錫 (Sn) Tin	50	119
	氬 (Ar) Argon	18	40

表1.7　半導體製程中常用的摻雜元素

　　一般我們會在晶體成長時，加入不同型態的摻雜物，製作出P型或N型的晶圓。而我們亦可以利用摻雜物的添加在P型晶圓中形成n型摻雜區，或者是在N型的晶圓中形成P型摻雜區。還有另外一種應用即為摻雜物和晶圓為同一種型態，但卻有不同的摻雜濃度。例如在P型晶圓中，形成重摻雜區p^+，或是輕摻雜區p^-。相反的，在N型晶圓中，形成重摻雜區n^+，或是輕摻雜區n^-。

1.2.1 離子植入製程的基礎原理

　　離子植入製程是在半導體電路元件設計中，將選定的摻雜物與特定摻雜量注入矽晶圓之特定深度，並得到所預期的摻雜接面與導電特性。因此為了達到電路元件設計的要求，在製程步驟中必須要求摻雜物植入矽晶圓的角度要精準，而且要有能夠重複性控制摻雜物濃度和接面深度的能力。以下為半導體電子元件在離子植入的製程步驟中所遇到的基本觀念和物理現象：

離子劑量（Ion Dose）
在矽晶圓表面上，單位面積被植入的離子數目可以表示為：

$$Q = \frac{It}{nqA}$$

Q：離子植入劑量（atoms / cm^2）
I：離子束電流（Amperes = Coulomb / Second）

t：離子植入時間（Second）

n：摻雜原子的帶電量

q：電荷（$1.6*10^{-19}$ Coulombs）

A：離子植入面積（cm^2）

　　從上述的公式可以得知，如果想要精確的控制離子植入矽晶圓的劑量，那麼離子束電流和離子植入時間就必須作嚴密的監控，因為增加或減少離子束電流，都會影響離子植入的時間，最後會導致整片矽晶圓上摻雜物不均勻的現象發生，那麼對於矽晶圓上各區的導電率也會有所不同。

離子射程（Ion Range）

　　當帶有能量的摻雜離子進入矽晶片後，與晶格原子產生碰撞，經過多次的碰撞而使離子的能量逐漸耗損，直到植入的離子停止在矽晶片中。因此我們可以計算從矽晶片表面到離子停止時所運動的軌道距離，而這離子飛行的距離我們可以定義為摻雜離子的投影射程（Projection Range）。一般而言，離子能量愈高或是原子量愈小，會有較長的投影射程。換句話說，離子能量愈低或是原子量愈大，則會有較短的投影射程。因此我們可以利用離子投影射程的概念和模擬軟體的計算，進而推導出摻雜物的接面深度，並且預測離子植入時所須的能量與植入前所需預先沉積阻擋層（Barrier Layer）的厚度。一般離子植入所攜帶的能量可以表示為：

$$KE = nV$$

KE：移動離子的動能，以eV來表示

n：摻雜離子的電荷數

V：電位差

　　因此我們可以藉由改變離子的電壓差，就可以增加或降低離子的飛行速度，即可以很穩定的控制離子植入的能量，並且在最後可以在矽晶圓基片中得到預期的摻雜物接面深度和入射範圍。

碰撞阻滯機制（Stopping Mechanisms）

在離子植入的製程中，當離子以轟擊（Bombardment）的方式進入矽晶片時，會與排列整齊的晶格原子產生碰撞，慢慢地減速並失去能量，一直到停住為止。通常會用這兩種方式來解釋阻滯機制的現象，並說明離子如何與晶格原子的碰撞情形。

第一種是當離子進入矽基片時，正面迎撞晶格原子的核心，而把離子本身的能量傳遞給晶格原子，使它獲得動能進而擺脫晶格間的束縛能，當這些脫離原本位子的晶格原子，會造成附近的晶格相互碰撞，而引起晶體結構被破壞。

另外一種是當入射離子與晶格原子旁的電子產生碰撞，在過程中因為損失的能量很少，故離子的入射路徑幾乎是不變的，而晶格結構的損害也會比原子式碰撞少很多。入射離子與晶格原子碰撞的機制可以如下圖1.42表示：

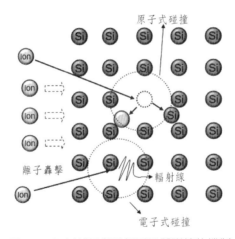

圖1.42 入射離子與晶格原子間碰撞的機制

我們可以從離子的大小和離子轟擊的加速能量，判斷出離子注入矽晶片後是屬於那種的碰撞機制和接面分布。一般來說當較高原子量的離子，以低能量的方式作摻雜物的植入時，通常在晶格原子間，主要的碰撞機制為原子式的碰撞。相反的，當較低原子量的離子，以較高的加速能量植入晶片中時，會因為與晶格原子間的碰撞機率變少，所以通常皆以電子式的碰撞為主。

通道效應（Channeling Effect）

在半導體製程上所使用的矽晶圓，其晶體結構皆是以週期性來排列。當離子注入矽晶片中的方向剛好與晶格原子的排列平行且不會有矽原子阻擋，如圖1.43，因此離子在矽基片中不容易與晶格原子產生電子式或原子式的碰撞。所以植入的過程中離子會以直線方式加速向前運動，直到撞到矽晶圓的底部（Substrate）深處為止，這種現象我們稱之為「通道效應」。

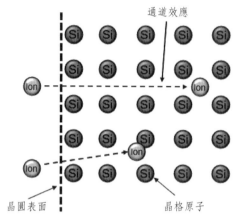

圖1.43　離子植入時的通道效應

通道效應會對離子植入矽晶圓時造成影響，使摻雜物不依照高斯分布的情況，如圖1.44，最後我們會得到非預期的摻雜分布輪廓（Dopant Profile），使得半導體電子元件的功能失效。

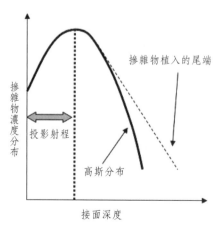

圖1.44　摻雜物在通道效應下的分布

　　一般在半導體製程上會使用三種方式來抑制通道效應的發生：(1)晶圓傾斜；(2)矽的預先非晶化；(3)遮蔽氧化層。

晶圓傾斜

　　為了減少通道效應，我們可以在離子植入時，改變晶圓的傾斜角度，換句話說相對於晶圓表面的離子束入射角也會跟著改變。這樣可以讓摻雜離子在植入晶圓表面時可以用最短的距離和晶格原子發生碰撞。目前在半導體製程中，對於（100）方向的晶圓而言，通常傾斜的角度為7°。因此入射離子在此種情況下，可以更精確的掌控摻雜物的投射範圍。

　　在低能量離子植入製程以形成淺接面區時，把晶圓傾斜則會因為光阻的作用而發生陰影效應（Shadow Effect）。造成摻雜物植入矽基片後，因部份光阻的遮蔽而產生摻雜區不對稱的輪廓（Profile），如圖1.45。為了改善此現象，我們會在離子植入時旋轉晶圓，以確保有均勻的摻雜輪廓，或是在晶圓回火期間加入少量的摻雜物藉由擴散作用來解決。

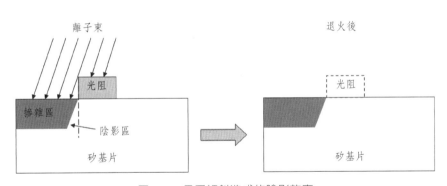

圖1.45　晶圓傾斜造成的陰影效應

矽的預先非晶化

　　此方法為利用在離子植入前，先破壞晶片表面薄膜的晶格原子，使其排列不整齊，然後再注入摻雜物的離子束，這樣就可以增加碰撞機率，進而改善通道效應。一般會使用高電流的矽或是鍺離子來執行表面晶格的破壞轟擊，然後則是摻雜物的植入，最後再經由熱回火的修復，使得被破壞的晶格原子回到正常位置。

遮蔽氧化層

在離子植入前，會在晶圓表面先成長或沉積一層薄的遮蔽氧化層（Screen Oxide Layer）。因爲此薄膜在離子植入步驟完成後會被移除，故有人稱之爲犧牲氧化層（Sacrificial Oxide）。當離子束進入晶圓表面時，會先與表面的非晶矽氧化層產生碰撞，而造成表面原子間的互相碰撞，因此後來的離子束與矽基片中的晶格原子其碰撞機率也增加了，最後使得通道效應的現象大大降低。

1.2.2 離子植入機設備系統簡介

離子植入機是半導體設備中最複雜的製程工具之一，如圖1.46爲一般離子植入機的簡單示意圖。離子源將摻雜源材料產生電漿源，然後經過萃取電極引出正的摻雜離子，之後再經過質量分析器萃取、純化摻雜所需的離子束，在飛行途中經過電場時被加速而獲得能量，最後再以轟擊的方式進入矽晶圓的目標區，完成整個離子植入製程。

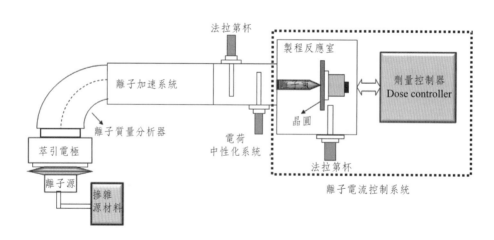

圖1.46　一般離子植入機系統示意圖

根據半導體的製造流程中，離子植入機（Ion Implanter）的分類大致可以用能量的高低和電流的大小來分類。基本上可以分成：「高能量」、「高電流」、「中電流」三種類型。

高能量離子植入機（High Energy Ion Implant）

此設備可以加速離子的能量從數千電子伏特（KeV）到好幾百萬電子伏特（MeV）之大，在半導體製程步驟，大都應用在深埋層（Deep Buried Layer）的摻雜，如退化型井（Retrograde Well），深井（Deep Well），三重式井（Triple Wells）。

高電流離子植入機（High Current Ion Implant）

此設備用於高劑量離子的摻雜，可以產生1毫安培（mA）到20毫安培（mA）大小的離子束電流，而能量通常以10～200 KeV的大小輸出，主要應用於劑量大於10^{15}（atom／cm^2）的離子摻雜植入，一般可以應用在源極（Source）和汲極（Drain）的摻雜區。

中電流離子植入機（Medium Current Ion Implant）

此設備的離子束能量通常小於200 KeV，產生的離子束電流範圍大約落在毫安培（mA）與微安培（μA）之間。在半導體製程步驟中，有很多項流程是必須使用此設備來完成的，如：衝穿停止層（Punchthrough Implant）、臨界電壓調整（Threshold Voltage Implant Adjustment）、輕摻雜汲極（Lightly Doped Drain Implant）、多晶矽閘極（Polysilicon Gate Implant）。

在半導體的製程過程中，離子植入機是一個不可或缺的大型設備。而整個設備結構上主要可區分為：

1. 離子源（Ion Source）
2. 萃引電極（Extraction Electrode）
3. 離子質量分析器（Ion Mass Analyzer）
4. 離子加速器（Ion Accelerator）
5. 掃描系統（Scanning System）
6. 電荷中性化系統（Charge Neutralization System）
7. 離子電流控制系統（Ion Beam Current Control System）
8. 晶圓傳送系統（Wafer Handling System）

1.2.2.1 離子源（Ion Source）

一般將所要注入晶片中的摻雜物質，會以帶電的方式呈現。例如：粒子束、離子束……等。我們亦可以用外加電場及磁場的交互作用，使摻雜離子（Dopant Ion）加速或改變方向，最後植入矽晶圓中欲摻雜的區域。一般業界所使用的源材料爲大多以氣體爲主，例如：AsH_3、PH_3、BF_3、B_2H_6、$B_{18}H_{22}$……等。而固態的源材料較常用的爲銦（Indium），但是固態材料需透過高溫汽化才會產生氣體，之後再導入電弧反應室經過碰撞後才會產生離子源，因此這種固態的源材料的製程步驟與可變因子較氣態復複雜。

一般離子源是在電弧室（Arc Chamber）中所產生的，當氣體、雜質原子或分子被引進到一個陽極的電弧室中，然後把電弧室中的陰極燈絲（Filament），通入電流加熱，一直到釋放出熱電子（Hot Electron），此熱電子被電弧室的正電壓所吸引而獲得能量，於是在電弧室中飛行，途中和氣體、雜質原子或分子碰撞，造成游離放電而形成電漿（Plasma）。一般陰極燈絲通常會選用耐高溫金屬材質，例如：鎢（Tungsten）、鉭（Tantalum）、及鉬（Molybdenum）。在電弧室的外圍，上面下面各設計一個電磁鐵，以提供一個平行於陰極燈絲的電場，這樣的設計可以使電弧室內的離子化反應更趨於穩定。

目前商用的離子植入機設備市場大多使用這兩種弧光反應室的設計來產生熱電子，Freeman型式和Bernas型式。而這兩種不同設計的離子源，其最大的差異在於熱燈絲的型式。Freeman式採用線型的燈絲，而Berna式則是採用螺旋型的燈絲。

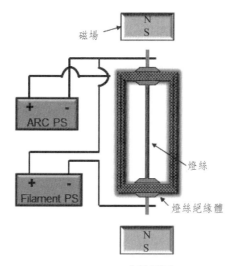

(a) Freeman 式離子源

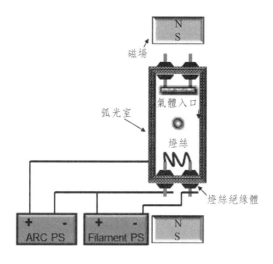

(b) Bernas 離子源

圖1.47　顯示在弧光反應室（Arc Chamber）中，兩種不同的離子源。

　　為了增加離子束的濃度，我們必須要非常有效率地在電弧室內游離氣體，即增加反應室電漿的濃度，並藉此增加電子與氣體分子的碰撞機率，才能產生高濃度的電漿源。因此我們可以利用以下的方法來提高電漿的濃度：

1. 源材料是產生電漿源不可或缺的來源，因此在電弧室中必須要有充足的源材料即游離氣體，在電弧室中，氣體經由熱電子的碰撞而放電產生電漿，為了保持電漿的穩定度，就必須要不斷地提供反應氣

體，使離開電弧室的離子和新生成的離子能夠達成一個動態的平衡。

2. 接下來我們可以增加碰撞氣體所須的熱電子，一般要使雜質氣體游離成我們所須要的離子，必須要有足夠的能量才能激發原子或分子外層的電子使其達到游離的狀態。因此電弧室中的熱燈絲經由電流加熱而產生的熱電子，即成為用來撞擊雜質氣體很好的媒介，所以我們可以經由控制外加電流的大小，穩定地生成反應所須的熱電子。

3. 我們亦可以在電弧室的本體上加入電壓，使電弧室和燈絲之間產生一個電位差，即利用兩者之間的電場，使熱電子獲得更高的能量，充分地撞擊氣體，讓電弧室中的電漿一直都能夠穩定且有效率地產生。

4. 一般業界的商用機台，會在電弧室的周圍設計一個永久磁鐵，即俗稱的源磁鐵（Source Magnet）。它可以改變熱電子的平均自由路徑，並增加與氣體分子的碰撞機率，因此我們也可以藉由此特性，改變磁場大小來產生更多的電漿游離碰撞，如下圖1.48是電弧室與源磁鐵相對位置示意圖。

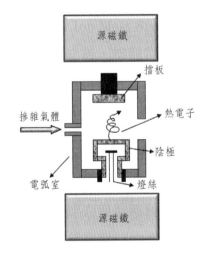

圖1.48 電弧室與源磁鐵相對位置示意圖

1.2.2.2 萃引電極（Extraction Electrode）

當我們使電弧室中的電漿充份反應後，首先必須面對的問題是，要如何有效率地把離子從電弧室吸引出來，而形成一個離子束（Ion Beam），之後才能被我們加以利用。首先我們必須在電弧室和萃引電極（Extraction Electrode）之間建立一個電場，這樣才能把正離子從電弧室（Arc Slit）的縫隙中萃引出來，如下圖1.49為萃引電極與電弧室的相對關係。

　　一般萃引電極是由一個抑制電極板（Suppression Electrode），及接地電極板（Ground Electrode）所構成。在離子植入機的設計結構上，會在電弧室上加入一個極高的正電壓，而抑制電極板和接地電極板相對於電弧室是屬於負電壓，因此在電弧室中的正離子，會被電弧室與萃引電極之間的電場所影響，而從電弧反應室旁邊的縫隙離開。當摻雜離子加速奔向萃引電極時。一些離子會通過狹縫繼續行進，而另一些離子會衝撞到萃取電極表面而產生X光射線或激發出二次電子，一個電位比萃取電極低很多的抑制電極，可以被用來防制這些二次電子被加速返回電漿源，而離子束就靠著這三者的相互關係，而產生一種動態的平衡。一般來說被萃引出的離子所獲得的能量是等於接地電極與弧光反應室之間的電位差。

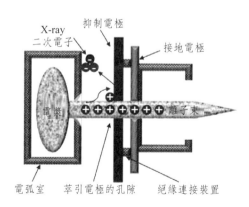

圖1.49　顯示萃引電極電弧室之間的相對關係

1.2.2.3 離子質量分析器（Ion Mass Analyzer）

當我們把摻雜的源材料，如氣體分子，在電弧室中被熱電子以離子化的方式撞擊之後，產生電漿，再經過萃引電極作用，進行離子的萃取，但此處對不同的離子並無選擇的能力，但是離子植入製程步驟中只能選擇一種離子作為摻雜源，因此為了對眾多不同的離子源，進行篩選的動作，在離子植入機中設計了篩選離子的機構，我們稱之為離子質量分析器（Ion Mass Analyzer）。

離子質量分析器的操作原理，主要是利用不同質量與不同帶電荷數的離子，在經過磁場時，因為電磁力（Electromagnetic Force）的作用，離子在飛行的途中會以圓弧的曲線來進行運動，並通過離子質量分析器。

當我們利用萃引電極把離子從電弧室中萃引出來後，離子所獲得的能量（E），是離子本身的帶電量（qe）和萃引電壓（V）的乘績，而方程式如下：

$$E = qeV$$

我們可以利用基本的運動力學來說明帶電離子在磁場中運動的情形。在一個磁場內，帶電荷的離子會因為磁力的影響而作圓周運動，而磁力方向通常是與帶電離子行進方向垂直。因此可以利用粒子的運動動能公式：

$$E = \frac{1}{2}mV^2$$

導出帶電荷粒子在磁場下的迴轉半徑為R，與磁場B和電壓差V之間的關係如下，其中m代表離子質量，V代表離子速度，B代表磁場強度，e代表庫倫電荷量。

$$R = \frac{mv}{qeB} = \frac{\sqrt{2mE}}{qeB}$$

一般來說，從電弧室中萃引出的電漿內含有許多種離子，但是只有一種離子是我們要用來導入到晶片上的。因此如何讓這些不同的離子同時進入一

個迴旋半徑R的分析磁鐵中，藉由調整外界磁場強度，使得具有某一特定質量、電荷量、動能的離子，在這個磁場中有一個固定的迴旋半徑R，而通過此分析磁鐵的出口端以達到篩選離子的目地。我們也可以用固定的磁場強度B和離子能量E來說明，不同重量的帶電離子是如何被分析磁鐵正確地篩選出要植入的摻雜離子。

如下圖1.50為質量分析器篩選摻雜離子的示意圖，當離子質量較重或是帶電荷數較少的的離子，因為在磁場中所進行的迴轉半徑較大，經過分析器時，將撞擊外側擋板，如圖中的曲線(a)。當離子質量較輕或是帶電荷數較高的的離子，因為在磁場中所進行的迴轉半徑較小，經過分析器時，將撞擊內側擋板，如圖中的曲線(c)。只有適當離子質量或是帶電荷數的離子，才能通過分析器，並從出口端的孔隙（Aperture）射出，如圖中的曲線(b)。表1.8為摻雜離子的質量與電荷的關係，並且可以利用此表在離子植入機上的質量分析器，作篩選設定的依據數值。

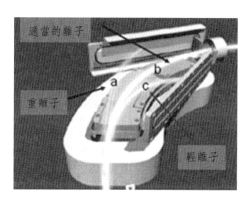

圖1.50　顯示不同離子行徑質量分析器時所獲得不同的迴轉差異

摻雜離子	質量	電荷	質量分析器設定
P^{31+}	31	1	31
P^{31++}	31	2	15.5
As^{75+}	75	1	75
As^{75++}	75	2	37.5
B^+	11	1	11
BF^{2+}	49	1	49
Ar^+	40	1	40

表1.8　利用離子的質量與電荷關係在質量分析器上作篩選設定

1.2.2.4 離子加速器（Ion Accelerator）

在離子植入機前段部份，當離子束（Ion Beam）被萃引電極從電弧室中萃取出來時，因爲電弧室的電位相對於萃引電極是正的電位壓，所以一旦正離子從電弧室中朝向萃引電極方向加速時，會因爲此區的電場而獲得加速動能。而此區段的離子加速可以稱爲分析前加速（Pre-acceleration），因爲此區域發生在離子通過分析磁鐵之前。而後段加速則爲通過分析磁鐵之後再獲得另一個加速能量，稱爲分析後加速（Post-acceleration）。目前半導體商用離子植入機其後段加速系統上，大致有直流加速器和射頻線性加速器等設計。

直流加速器（DC Acceleration）

此種加速柱狀體（Acceleration Column），它的各別電極都是由形狀相同大小的絕緣體所組合成的，因此亦稱爲直流加速器（DC Acceleration），如下圖1.51。

在這直流線性加速器的設計結構中，若以離子束前進的方向開始計算，每一片電極皆以漸增的負電位來連接，而每片電極間會以絕緣體來隔離。當帶有正電的離子進入加速柱狀體時，就會被每一片電極逐漸加速而通過。因此我們可以利用電極的總合來計算出總電壓差，當總電壓愈高時，則離子的加速度，和獲得的能量也就愈高。

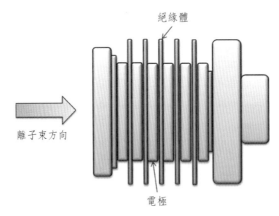

圖1.51　爲直流加速器（DC Acceleration）結構圖

射頻線性加速器RF LINAC（RF Linear Accelerator）

在高能量離子植入製程上，爲了能將離子的能量加速到百萬電子伏特（MeV），必須要有不同設計的加速裝置，才可以達到這種需求。目前在半導體業界的設備上，主要的設計有射頻線性加速器，如圖1.52爲高能量離子植入機的射頻線性加速器示意圖。

當離子束的加速能量小於9萬電子伏特（90KeV）時，是以直流（DC）的模式傳輸，即離子的加速方法是用直流電源供應器（DC Power Supply）來達成。當離子束的加速能量大於9萬電子伏特（90KeV），離子的加速方法則是在射頻（RF）模式下運行，因此必須應用到線性加速器（Linear Accelerator）的方式。因此當正的離子束在通過線性加速器區域段時，期間會有四極聚焦鏡（Quadrupole Focusing Lenses）和共振器（Resonators）這兩種設計，聯合起來防止正離子發散而造成離子束傳輸之損耗。

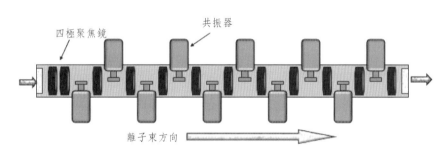

圖1.52 爲高能量離子植入機的射頻線性加速器示意圖

四極聚焦鏡（Quadrupole Focusing Lenses）

四極聚焦鏡的主要功能是用來聚焦（Focus）離子束，以防止離子發散而導致在傳輸過程的損失。此四極聚焦鏡模組整合了正電極與負電極，它的電壓是由位在機台的直流電源供應器所提供。而電源的輸入端子（Feed-Through Connectors）則分佈在整個線性加速器（Linear Accelerator）區塊上，當離子進入四極聚焦鏡後，即開始協助離子作聚焦的動作，一開始會先把收集到的離子束做集中成串（Bunch）的動作，而接下來的四極聚焦鏡，正極會把離子「壓縮」在一起，而負極會把離子「拉開」，這樣重覆的動作

就可以使離子束在傳輸的過程中不會發散而達到很好的傳輸效能，例如：離子Bunch離子束然後離開第一個四極聚焦鏡（Q1）時會聚焦成垂直面，當離子經過接下來的幾個四極聚焦鏡，便聚焦成與前一個四極聚焦鏡正交的面，就這樣正負相間的四極聚焦鏡最後變成是一種用來聚焦離子很有效的機制，圖1.53為四極聚焦鏡的結構圖。

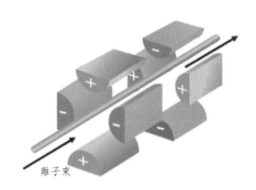

離子束

圖1.53　為四極聚焦鏡（Quadrupole Focusing Lenses）的結構圖

1.2.2.5 掃描系統（Scanning System）

在離子植入的製程中，為了能將摻雜離子均勻地注入到整個矽晶片上，並使得晶片上各部位的電路元件都可以獲得相同程度的摻雜劑量。因此離子摻雜製程在每個電路元件上，都是以二維座標的方式進行植入轟擊，所以在離子植入製程的手法上，必須要有一個設計精準的離子掃描系統，才能很穩定地控制植入摻雜物的阻抗（Resistance）和均勻度（Uniformity）。目前半導體業界通常使用的系統，主要有：

1.靜電式掃描（Electrostatic Scanning）

2.機械式掃描（Mechanical Scanning）

靜電式掃描（Electrostatic Scanning）

靜電式的掃描方式是在離子束的傳遞過程中，在X、Y軸方向各加入一組可以控制電壓大小的偏壓電極板，因此我們可以藉由改變這兩組不同方向平行板的電壓，使離子束的方向偏折，再根據離子植入機的控制迴路運

算，操作離子束以上下或左右的方向移動，最後使離子束以偏斜的方式進入晶圓摻雜區，而另一邊則是晶圓相對於離子束作旋轉（Rotation）和傾斜（Tilt）的動作，結合了這兩種動作即可完成離子束在電路元件中各種角度（Angle）及深度（Deep）的植入動作，如圖1.54為靜電式掃描示意圖。

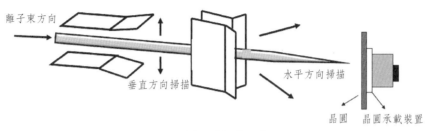

圖1.54　靜電式掃描示意圖

機械式掃描（Mechanical Scanning）

機械式的掃描其設計的方式為固定離子束方向，而晶圓則被放在晶圓承載器上（Wafer Disk），當離子植入機在作摻雜物植入的動作時，此承載器會以高速旋轉的方式並配合垂直上下移動，目的是使離子束可以很均勻地從晶圓外圍掃描到中心點，而且晶圓承載器一開始會先作α軸（Tilt）及β軸（Twist）方向的角度做定位的設定，因為這樣的傾斜角度動作可以防止離子束在入射半導體矽晶圓後，在晶格間隙中產生的通道效應（Channel Effect）。

一般來說，以機械方式掃描設計的離子植入機，雖然可以在晶圓摻雜區完成均勻度較優的摻雜效果，但是因為其晶圓傳送系統（Wafer Handling System）的設計結構較為複雜，所以容易在製程反應室中（Process Chamber）產生微塵的污染（Particle Contamination）。如下圖1.55為機械式掃描的離子植入機。

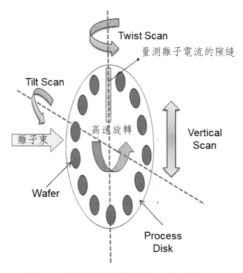

圖1.55　機械式掃描的離子植入機

1.2.2.6 電荷中性化系統（Charge Neutralization System）

　　離子植入製程是將帶有正電荷的離子束轟擊並注入矽晶圓裡面，但是當晶圓表面正電荷快速累積時，就可能會導致晶圓表面開始有充電（Wafer Charging）的現象發生。當晶圓表面的正電荷累積過多時，會與正在進入矽晶片的正離子相斥，這種情況會造成離子束慢慢地往兩旁擴大（Blowup），最後會使晶圓上的摻雜物質劑量分佈不均勻，如圖1.56所示。

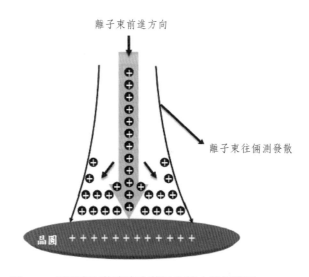

圖1.56　晶圓充電效應產生離子束放大的示意圖

當晶圓表面的正電荷累積過多時，會使電路元件產生兩個重大問題：一個是當大量的正電荷累積時會引起一個很大的電場，這個電場足以使晶圓上的閘極氧化層（Gate Oxide）崩潰，使得電路元件會漏電或是無法發揮充電或放電的動作。另外一個是，當正電荷累積到一個程度時，它們會以電弧的形態放電（Arcing），而電荷放電產生的火花，會使得晶圓表面電路元件產生缺陷（Defect）。

一般在半導體製程應用上，都會使用大量帶負電的電子裝置來中和晶圓表面過多的正離子，因此目前業界的商用離子植入機發展出兩大方法可以改善晶圓表面充電現象。

電漿中和系統

電漿中和的設計原理為，在摻雜離子束前進的途中，晶圓表面前，提供電子來中和過多的正離子，以改善晶圓表面充電現象。此系統中的熱電子是經由鎢燈絲游離出來，並在反應室內與氣體碰撞，產生充滿電子、離子與中性原子的電漿。而電漿中的電子會被帶正電荷的離子束吸引，流向晶圓表面，慢慢地中和過多的正離子，達到改善晶圓表面充電的問題，如圖1.57為電漿中和系統示意圖。

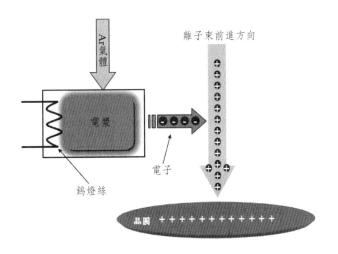

圖1.57　電漿中和系統示意圖

電子中和系統

電子中和系統的設計原理為，將鎢燈絲加熱所產生熱電子，並以高能量的方式加速到對向的靶材上，再經過碰撞後會產生大量的二次電子（Secondary Electrons），而這些從靶材表面跑出來的二次電子，會與摻雜離子束一同流向晶圓的表面並中和過多的正離子，如下圖1.58所示。

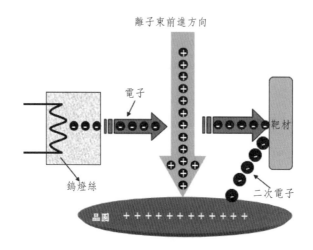

圖1.58　電子中和系統示意圖

1.2.2.7 離子電流控制系統（Ion Beam Current Control System）

在離子植入的製程當中，摻雜物在電晶體中植入的深度與濃度，深深地影響半導體元件電性的表現。在本章節中我們要說明如何控制摻雜物的濃度即離子束植入矽晶圓基底的摻雜劑量，一般在半導體商用設備中，離子束電流大小皆由法拉第杯（Faraday Cup）的偵測器來量測。但是當離子束進入法拉第杯的裝置內，有可能會與靶材碰撞而產生二次電子，這樣會使離子束在電流計算上產生錯誤，因而影響到摻雜物植入晶片的劑量，所以在法拉第系統上大多會設計一個偏壓模組與磁場裝置，此目的是為了計算出更準確通過的離子束電流。

在離子植入的過程中，會設計一個可以同時控制離子束的劑量與植入摻雜物條件的計算系統組合，我們稱之為劑量控制器（Dose Controller）。它

可以利用收集到的離子束電流，應用積分器的原理來計算，最後獲得植入晶片的劑量與植入的總時間。劑量控制器在離子植入製程中是扮演非常重要的角色，因爲它根據法拉第杯收集到離子束電流後，在最短的時間傳回即時資料，此時劑量控制器會依據當時晶圓承載器（Wafer Disk）的狀況，即離子植入過程中晶圓承載器的旋轉速度與上下移動速度，經過控制迴路重新計算後，在摻雜物植入的過程中可以即時修正上下移動的速度，這樣就可以達到摻雜物均勻地注入矽晶片上，維持電路元件的良率，如圖1.59爲離子植入製程中離子電流控制系統的示意圖。

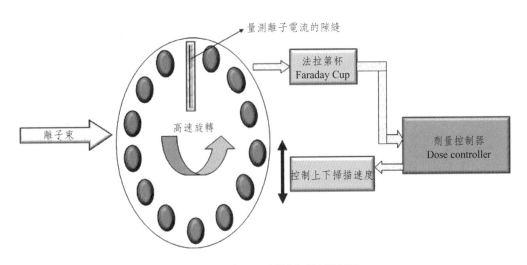

圖1.59　離子電流控制系統示意圖

1.2.2.8 晶圓傳送系統（Wafer Handling System）

當晶圓傳入製程反應室中的晶圓承載圓盤時，其狀態可以是水平或是垂直的。換句話說，也就是可以把晶片以水平或是垂直的方式傳送到圓盤上。一般來說水平方式的傳送，在過程中較少發生意外，穩定度較高，只有在離子束植入的時候是必須要豎立起來，才能接受的離子正面轟擊，這樣的設計方式，必須要把反應室的空間體積放大，才能容納巨大圓盤作平躺或豎立的運動。因此當我們在保養或維修機台時，有時必須要把製程反應室打開，即維持到大氣的狀態，但是當最後要復機時，就必須要花很長的時間排氣才能

使反應室回復到眞空的需求。

另外一種設計的方式爲多片植入式的晶圓傳送系統，如圖1.60所示。此種晶圓的傳送方式爲一開始從大氣中以水平的角度，經過許多傳送裝置，而進入反應室內，最後以垂直的方式放在晶圓承載器上（Wafer Disk），最後接受摻雜離子的正面轟擊植入。這種垂直式的晶圓傳送系統其設計必須要配合許多精良的設計、穩定度高的要求、而且能克服水平與垂直間傳送的變化方式，換句話說，在這傳送系統上的每一個模組都必須要具備耐操度與穩定度，才能降低產品受損與報廢的機率。

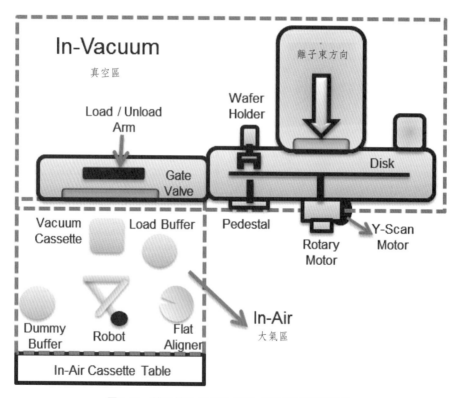

圖1.60　離子植入機多片植入式的晶圓傳送系統

1.2.3 離子植入製程在積體電路製程的簡介

在離子植入製程中，必須要遵守三個大方向：

・摻雜物的類型，這是由離子源的材料所決定。

・接面深度（Junction Depth），這是由離子轟擊植入的能量所決定。

‧摻雜物的濃度，這是由離子電流與植入時間相乘所決定。

　　因此在半導體元件的製作中，為了要很清楚地定義每一區的摻雜濃度與接面深度，就必須要準確地控制離子植入的能量和離子束的電流。所以在半導體製程設備上，就會研發出不同類型的離子植入機，來達到元件製作的需求。我們可以利用下圖1.61，簡單地說明在半導體製程上，包含了那些離子植入步驟與應用。

井區植入（Well Implant）

　　一般CMOS電晶體在井區的製作上，會先植入深埋層（Deep Buried Layer），與退化井（Retrograde Well）這兩道製程步驟。這樣可以有效地改善元件的性能以及閉鎖（Latch-Up）的問題。並減少寄生電晶體在電路元件上所引發意外的導通，而使晶片的功能完全失效。而接面擊穿（Punchthrough IMP）的植入製成是屬於中度井區（Mid-Well）的植入，主要是用來抑制通道微縮後所產生的漏電流造成接面擊穿，最後導致電晶體元件崩潰。

臨界電壓調整（Threshold Voltage Implant Adjustment）

　　當我們施加電壓於閘極時，會驅使閘極下方隨著電壓加大而產生通道，即有電流經過源極和汲極。換句話說，臨界電壓（Vth）即是在源極和汲極形成導電性通道時，閘級所需要的電壓值。我們可以用低能量、低劑量的離子植入機來完成這步驟，最後可以決定在什麼電壓下開啟與關閉一個電晶體。

輕摻雜汲極（Lightly Doped Drain）

　　這步驟為低能量、低電流的離子植入製程，它是以閘極結構為基準，摻雜在閘即通道兩側，源極與汲極旁。用來抑制通道中的熱電子效應（Hot Electron Effect），避免半導體元件衰減而影響晶片的可靠度（Reliability）。這是因為電子從源極移動到汲極期間，會受到接面與通道間的高電場而加速，造成電子碰撞而產生電子電洞對，即我們熟知的熱載子（Hot Carrier）或熱電子（Hot Electron）。當這些熱電子獲得能量後會往閘極方向跑，有時會陷（Trap）於閘極氧化層（Gate Oxide）中，慢慢地這些

缺陷也會影響到閘極電壓的控制。因此在源極與汲極的通道中植入了濃度較低的摻雜區，可以當作擴散緩衝層，而降低通道間的電場，最後即可避免熱電子效應發生，增加電路元件的穩定度。

源極／汲極植入（Source／Drain Implant）

源極與汲極的製程步驟是利用高電流的離子植入機進行摻雜，通常會用磷（p）或砷（As）植入n通道（n channel）電晶體，以形成n型源極與汲極區，而硼則常用於p通道（p channel）電晶體，以形成p型源極與汲極區。在製程技術方面，因為磷和砷是屬於週期表上原子量較高的元素，所以有較重的原子重量，當這兩種摻雜物應用到淺接面的源極與汲極區時，不容易產生通道效應，較容易控制接面深度與濃度，可以產生並製作出低電阻的n^+的源極與汲極接面。但是對於硼而言，因為其原子量較輕，在矽晶片中容易因為通道效應而快速的擴散，造成離子植入時接面深度的誤差。因此目前在半導體製程上皆採用BF_2^+離子，來完成p^+的源極與汲極。

多晶矽閘極（Polysilicon Gate）

一般為了改善多晶矽閘極的導電性（Conductance），就必須要對閘極進行離子摻雜。在傳統的製程上皆以n^+的摻雜物作為離子植入的源材料，同時應用於N型電晶體（NMOS）和P型電晶體（PMOS），以降低阻抗（Resistance）並增加導電性。

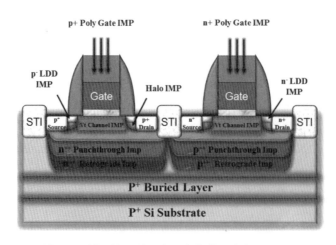

圖1.61　離子植入製程步驟在半導元件中的示意圖

1.2.4 離子植入製程後的監控與量測

為了要使電路元件的效能在整個半導體積體電路上能表現的正常甚至更好，就必須在離子植入製程之後，作一些量測與監控的測機工作，這樣才可以維持製程的穩定度。而離子植入製程這道步驟中以摻雜物接面的深度和濃度最為重要，一般業界較常使用四點探針來量測矽晶圓表面上的片電阻（Sheet Resistance），利用熱波法來量測晶體損傷程度即晶圓有無被植入的動作，二次離子質譜儀則可以應用量測離子植入晶圓的深度，換句話說，可以證明離子植入機的高壓能量的準確度。

四點探針（Four-Point Probe）

一般業界最常使用的電阻量測方法就是利用三用電表中的正負極探針，直接接觸受測物的兩端，然後從電表上即可獲得電阻值。此方法雖然可以很簡單且快速地量測電阻，但是因為在此兩點探針的方式中，電流的供給與電壓的量測皆由使用同一根探針，因此這種方式在半導體電子材料的應用上，較難獲得精確的電阻係數。

四點探針是半導體製程中最常用來量測薄片電阻的應用，因為只要在其中兩個探針間加上固定之電流，並同時量測另外兩個探針間之電壓差值，就可以計算出薄片電阻。如下圖1.62為四點探針示意圖。

通常在量測晶圓試片的手法上，為了能分辨晶圓的中心與邊緣的薄膜電阻，達到較客觀且更準確之數值，都會進行四次量測，以程式化控制依序進行上述兩種量測組態。由於四點探針的量測是屬於接觸式的量測，因此會造成晶圓表面之缺陷，所以只能用來量測測試晶圓作為日常測機和調機實驗的監控值，以維持製程發展的穩定度。

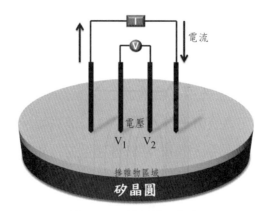

圖1.62　四點探針示意圖

熱波法（Thermal Wave）

熱波法量測也是一種常被用來監測離子植入製程之後的技術之一。此步驟通常是在離子植入之後，熱退火之前完成，而且它是屬於非破壞性的量測，因此可以應用在產品晶圓上，這也是優於四點探針量測的地方。但是當試片是屬於低劑量的摻雜物植入時，則熱波訊號的改變會變得較不明顯，因此它的量測靈敏度就會降低許多。一般而言，熱波量測的時間與步驟和熱波系統中的雷射，這些種種的因素容易造成量測值的失真。對於晶格排列有無被離子轟擊而遭到破壞，這時的熱波法量測還是優於其它的測量方式，因為它是屬於非接觸式的方法，所以可以安心地應用在產品晶圓上。

二次離子質譜儀（Secondary Ion Mass Spectroscopy）

當矽晶圓經過離子摻雜製程之後，摻雜物在半導體矽晶片內的擴散分析是一個必須量測的項目。在半導體材料分析的方法上，一般分析摻雜元素與載子濃度縱深分佈的方法，主要是使用二次離子質譜儀（Secondary Ion Mass Spectroscopy）來得到摻雜元素在矽晶圓內的濃度與縱深的分佈。二次離子質譜儀的基本構造可分為下列四大部份，如下圖1.63為四點探針示意圖：

1. 利用離子槍（Ion Gun）產生的離子束，對試片正面進行離子的發射。

2. 利用能量分析器來篩選由試片表面產生的二次離子訊號。

3. 利用質譜儀裝置進行以質量篩選的方式收集二次離子訊號。

4. 利用電腦控制系統放大、檢測經選擇後的二次離子並檢測輸出信號。

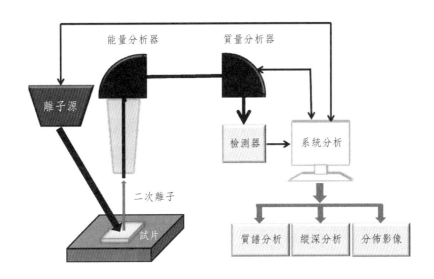

圖1.63　二次離子質譜儀示意圖

二次離子質譜儀的原理是離子槍發射出帶有足夠能量的一次離子（Primary Ions），入射到晶圓試片的表面，經過撞擊作用後，會將表面的原子或分子撞擊出來，此離子即為二次離子（Secondary Ions），並利用質譜儀（Mass Spectrometer）來收集，最後經由質譜儀和電腦系統軟體之分析計算，可以得到以下三種訊號，二次離子的質譜、縱深分佈、與分佈影像，進而達到試片表面成份元素之定性及定量的分析研究。

二次離子質譜儀的應用很廣泛，可以用來偵測物體表面污染、氧化、還原、吸附、腐蝕、觸媒效應、表面處理等動態分析之研究工作，尤其在微量元素分佈上的偵測，更可以提供精確的數值與圖像。因此二次離子質譜儀在材料、化學、物理、冶金及電子方面的發展上，是不可或缺的量測方法。

1.2.5 離子植入機操作注意事項

離子植入機，整體上雖然是一個設計精密且操作人性化的半導體設備，但是因為其體積較為龐大而且在晶片的傳送結構上，充滿許多複雜的設計裝

置，因此在日常維修保養時，必須要時時刻刻注意安全並遵守操作手冊，以下為日常操作與保養時必須注意的安全事項：

化學氣體的偵測與防護

在離子植入的過程中，所使用的摻雜物來源如氣體和固體都是有毒性的化學品。因此不管毒性物質是從機臺的腔體（Chamber）或是管路（Piping）外洩，亦或是在日常保養機臺時，不小心碰觸到管壁間所殘留的毒性物質，這些意外都有可能造成人體生命的安全，所以我們在操作離子植入機時一定要謹慎小心且確實遵守操作手冊上的安全規範。下面表1.9為離子植入機中常見的毒性物質：

元素	摻雜物來源	相態	症狀
硼（B）	三氟化硼（BF_3）	液／氣	1.具有腐蝕性。 2.暴露其中會引起到膚、眼睛、鼻子、喉嚨和肺部發炎。 3.最重肺部會積水。
砷（As）	三氫化砷（AsH_3）	氣	1.大蒜味 2.暴露在500ppm下幾分鐘後會致命。 3.在空氣中易爆炸。 4.直接接觸到砷的粉末，會導致皮膚、肺部、肝臟發炎損害。
磷（P）	三氫化磷（PH_3）	氣	1.易燃性，空氣中濃度高於1.6%時會爆炸。 2.魚腥味 3.暴露在10ppm時會引起頭痛、呼吸困難、缺乏食欲、胃痛。
銻（Sb）	銻（Sb）	固	1.易碎、銀白色金屬元素。 2.直接接觸到銻的粉末，會導致皮膚、眼睛發炎損害。 3.最重會引起心臟、肝臟以及腎臟的損害。

表1.9　離子植入機中常見的毒性物質

高壓區放電防護

在離子植入機的結構上，從產生電漿的離子源頭到離子束加速獲得能量的區域，都是充滿高電壓的電源供應器與高壓裝置。一般在空氣中的會有尖端放電的現象，稱之為火花崩潰電壓（Spark Breakdown Voltage）。在安全規範下，每升高8千電子伏特（k eV）的電壓能量，就必須要有1公分的安全放電距離。換句話說，產生一個200～250 keV的能量的離子植入機，就必須要有至少30公分以上的距離。因此當維修保養人員在高壓區作業時所，有

可能會接觸到電源供應器或高壓設施，極有可能發生意外，所以在日常保養時，就必須在工作前，使用接地棒（Grounding Bars）將所有機台殘餘的高壓電導入地面，以防止發生觸電或漏電的工安事件。

輻射線的防止與防護

當一個高能量的離子束撞擊到離子植入機的腔體（Chamber）、真空管件（如Valve、Bellows等等）、阻擋器或晶圓。當撞擊發生的同時即會產生X光的輻射線並影響到周圍的操作人員。因此所有離子植入機都會在機臺四周設計含有鉛材質的門板和牆壁，這些設施都可以作為用來阻擋輻射的安全防護。

機械傳動的危險

離子植入機的晶圓傳送系統是相當複雜且最容易產生危險的地方，當晶圓正在進行摻雜物植入的動作時，放置晶圓的轉盤是以1200 rpm的高速在旋轉，假使這時候有人靠近、操作、並企圖在旋轉中的馬達下調整機臺，就很容易發生危險，造成傷害，例如手指被傳動中的機械壓傷、夾傷、甚至手臂也有可能被切斷等。

1.2.6 離子植入製程問題討論與分析

在半導體晶片的製造過程中，離子植入是決定電路元件特性好壞的重要步驟之一，因此日常的監控測機就很重要，以下是離子植入製造過程中常發生的問題。

微粒污染（Particle）

微粒是在半導體電路元件製造過程中，最怕遇到的污染物來源。當微粒子不小心地落在晶圓表面上的時，就會阻擋部份的離子束，而造成摻雜物接面的不完整，降低了半導體電路晶片的電性良率表現，當半導體電路元件尺寸往下微縮時，這些微粒對於半導體晶片的製作更是影響深遠，圖1.64微塵粒子在離子植入中的影響。

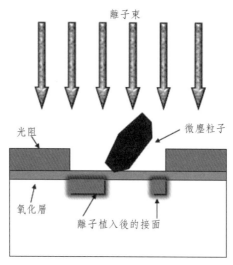

圖1.64　微塵粒子在離子植入中的影響

以下為離子植入步驟中常發生的微粒污染的來源：

1. 當晶圓在離子植入機內傳送時，會因為機械手臂與其它部位移動的裝置，相互磨擦而慢慢地磨損造成微粒，這些微粒就會落在晶圓表面上造成污染。

2. 真空閥件，例如連接管路與腔體的Bellows，如圖1.65，密封墊片的O-ring，或是閥件開關的葉片與傳動軸，這些都是微粒的產生源，經由磨擦或擠壓後，所產生的微粒就會慢慢地跑進離子植入機的腔體中，最後隨著摻雜離子進入摻雜區的表面而阻擋了部分的離子束，即發生了不均勻的離子注入。

3. 在高能量的離子植入機設備中，常因為其離子束帶有較高的加速能量，所以在植入的過程中很容易將晶圓表面的光阻給濺射出來，而附著在反應室的腔體的壁上，隨著時間過去，這些乾掉的光阻液即是腔體中粒子的來源之一。

4. 在離子植入機中，晶圓傳送的區域，都會設計一個獨立的排塵系統，其中以高效空氣微粒過濾器（High Efficiency Particulate Air）為最重要，如圖1.66，但是這些濾網需要時常保養替換，如果整個排風系統沒有運轉或空間太髒，則會使整個晶圓傳送系統曝露在充滿粉

塵微粒的空間中，一旦微粒落在晶圓表面，就會影響後來的製程步驟，而降低了產品的良率。

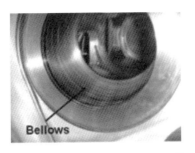

圖1.65　離子植入機上的真空閥件

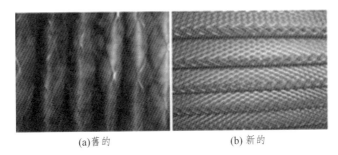

(a)舊的　　　　　　　　　　(b)新的

圖1.66　高效空氣微粒過濾器（High Efficiency Particulate Air）

離子植入劑量均勻問題

當離子植入機將摻雜物植入晶圓表面上時，必須考慮摻雜物在整片晶圓分布的均勻性（Uniformity），我們可以利用片電阻的量測來判斷植入的劑量是否正確。當我們測得較高的片電阻時，即代表摻雜劑量明顯不足。相反地，假使摻雜劑量過多，則可以得到較低的片電阻。一般常發生摻雜物劑量不均勻的可能原因為：

1. 偵測電流的法拉第系統，因為本體有漏電流，而造成不正確離子束電流的量測，所以必須經由日常保養機台設備時，確認腔體中的絕緣體是清潔的，並經常清潔離子束撞擊腔體而產生附著在壁上的物質，以維持絕緣體的品質。

2. 當離子束植入的入射角有偏差時，或是在反應室腔體中的晶圓承載座，其零度角有位移，這兩種問題都會使晶圓被離子束掃描植入

時，造成劑量在晶圓摻雜接面區分布不均勻的現象。所以一般晶圓廠在離子植入機設備上，都會定期作晶圓承載座相對於離子束的零點檢查，以確保摻雜物植入的角度是否正確。

3. 當晶圓經過離子植入步驟後，我們必須要馬上作高溫回火的動作，以修復因離子轟擊而損壞的晶體。一般業界會使用爐管回火（Furnace Anneal）或是快速熱回火（Rapid Thermal Anneal）。所以當回火的溫度、時間、升溫速率不正確，或是晶圓加熱不均勻，都有可能造成摻雜區的片電阻不一致。下圖1.67為一般常見片電阻的量測圖形。

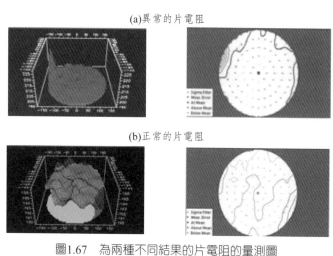

(a)異常的片電阻

(b)正常的片電阻

圖1.67　為兩種不同結果的片電阻的量測圖

晶圓帶電效應Wafer Charging

在半導體的製造過程中，因為閘極氧化層（Gate Oxide）非常薄，一旦在離子植入的過程中遇到晶圓表面帶電時，有可能會因為大量的電荷離子聚集在閘極氧化層表面，並始使氧化物內的電場升高，根據量子力學效應的理論，電子可以很輕易地穿隧氧化層，最後使得閘極氧化層崩潰，並失去電路元件的效能。因此隨著半導體電路元件微縮，閘極氧化層勢必也會跟著變薄，所以在監控系統的方法上就必須要有更精密的設計，使得晶圓帶電的現象降到最低。

金屬元素污染

離子植入製程的方式是利用離子束轟擊晶圓表面，將摻雜物植入到電路元件設計者所定義的摻雜接面區。如果離子束不純且帶有其它的物質，一旦當它們一同進入晶圓的摻雜區中，最後的電性表現一定會失去原有的效能，這就是離子植入製程中常發生的元素污染現象。一般離子束在植入前都會先經過離子質量分析器的篩選，但是當有相同或接近的質量和電荷比例（AMU／e）的元素通過質量分析器時，因為無法很確實地分離，故容易將此類的元素植入摻雜區。例如：鉬離子（$^{94}Mo^{++}$）容易隨著氟化硼離子（$^{11}BF^{2+}$）進入矽晶圓、$^{75}As^+$離子也容易污染$^{74}Ge^+$或是$^{76}Ge^+$離子、而氧離子也會污染$^{31}P^+$離子的摻雜。

總結

離子植入機因為有許多優於傳統擴散製程的設計，因此慢慢地取代高溫爐擴散製程，但缺點是機台的設計過於複雜且昂貴，再加上人員的操作訓練也比擴散製程來的久，因此需要投入較多的人力與時間去學習，但是為了協助半導體製程不斷的研發創新，例如：高濃度的摻雜植入、大角度的傾斜植入、摻雜源材料的變化，離子植入機仍是目前半導體晶片最佳的摻雜方法。

參考文獻

1. H. Xiao, *Introduction to Semiconductor Manufacturing Technology*, Prentice Hall, New Jersey, 2001.

2. M. Quirk and J. Serda, *Semiconductor Manufacturing Technology*, Prentice Hall, New Jersey, 2001.

3. J.D. Plummer, M.D. Deal and P.B. Gruffin, *Silicon VLSI Techology-Fundamental, Practice and Modeling*, Prentice Hall, New Jersey, 2000.

4. 謝錦龍、巫振榮、楊子明、吳政三，「新水平爐管建置簡介，」*NDL Newsletter*, No.10, PP. 4 , April 2008.

5. 楊子明、吳其昌，「新建置之電漿輔助化學氣相沉積系統

（PECVD）簡介，」 *NDL Newsletter*, No.3, PP. 6-7, February 2007.

6. 楊子明、吳其昌，「電漿輔助化學氣相沉積系統（Oxford PECVD）製程簡介及驗收結果，」 *NDL Newsletter*, No.7, PP. 2-4 , October 2007.

7. 「高溫爐管設備認證班講義，」巫振榮、謝錦龍、楊子明，2007（未出版）。

8. H. Xiao, Introduction to Semiconductor Manufacturing Technology, Prentice Hall, New Jersey, 2001.

9. Michael Quirk, Julian Serda, Semiconductor Manufacturing Technology, Prentice Hall, 2003.

10. 劉傳璽、陳進來，「CMOS 元件物理與製程整合-理論與實務」，五南圖書出版。

11. J. H. Freemen, Nucl. Instr. Meth., Vol.22, pp.306, 1963.

12. N. White, Nucl. Instr. Meth. Phys.Res., Vol. B33 / 38, 1989, p.78.]

13. H. Ryssel and H. Glawisching, Ion Implantation Techniques, Springer-Verlag, 1982.

14. 莊達人, VLSI 製造技術, 高立圖書出版

15. H. Ryssel and H. Glawisching, Ion Implantation Techniques, Springer-Verlag, 1982.

16. 任克川，「離子佈值機簡介(一)」，電子月刊第一卷第三期，pp170~180, 1995。

17. 任克川，「離子佈值機簡介(二)」，電子月刊第一卷第四期，pp150~159, 1995.

18. http://www.axcelis.com/

第 2 章

濕式蝕刻與清潔設備 (Wet Bench) 篇

2.1 濕式清洗與蝕刻的目的及方法

2.2 晶圓表面清潔與蝕刻技術

2.3 化學品供應系統

2.4 Wet Bench結構與循環系統

2.1 濕式清洗與蝕刻的目的及方法

當半導體製程技術的日益增進，隨著晶圓尺寸的不斷變大，以及半導體元件關鍵尺寸（CD）的不斷微縮，半導體元件（Devices）在矽晶圓上的密度更是因此大為的提高，要製作如此精密複雜的矽晶圓產品，是需要非常潔淨的矽晶圓表面來製作，因此要如何清洗矽晶圓表面，以及潔淨度之高度需求表現，是目前在超大型積體電路（ULSI）製程中，非常重要的步驟之一。然而在成長熱氧化物（Thermal Oxide）之前的清洗步驟是所有清潔製程步驟中最具關鍵且非常重要的一個環節，因為清潔製程完成之後所成長的極薄閘極氧化層（Gate Oxide）品質與矽晶圓表面潔淨度有著密切與直接的關係。

如圖2.1所示為半導體元件的製造流程及圖2.2矽晶圓清洗步驟示意圖中顯示出半導體元件的製造，需要在製程當中反覆一次又一次的進行清洗製程，以維持矽晶圓基板（Substrate）表面的清潔，並且有效的去除微塵粒（Particle）和金屬污染（Metal Comtamination）等。目前雖然仍使用傳統的濕式清洗技術，但隨著元件的微縮化，部分製程經常需要提昇技術層面，以符合半導體元件在微縮後的製程需求。

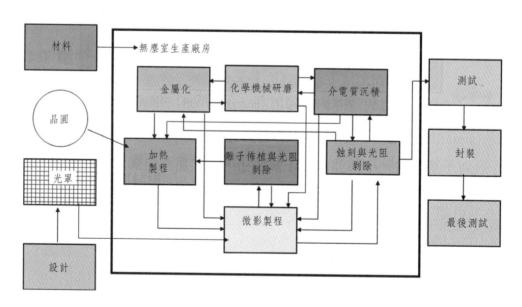

圖2.1 半導體元件製造流程圖

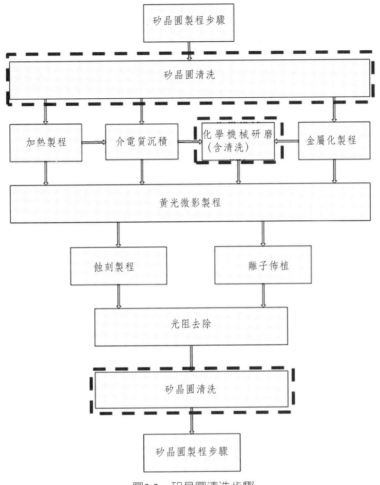

圖2.2　矽晶圓清洗步驟

2.1.1 濕式清洗的目的

半導體元件的製造上，清洗的目的是爲了去除晶圓表面的各種污染，如微塵粒（Particle）、有機物（Organic）及金屬污染（Metal Comtamination）等雜質（Impurity）。所有晶圓表面上的污染，都大大影響著半導體元件的良率（Yield）與可靠性（Reliability）。尤其在超大型積體電路（ULSI）的製程當中，晶圓表面洗淨的技術與潔淨度（Cleanliness）的保持是影響晶圓製程良率（Yield）、元件品質（Quality）及可靠度（Reliability），最重要的因素之一。

半導體晶圓製造過程中，污染的發生及來源除了原料廠所交付的晶圓基

材材料本身品質異常之外，一般來說我們可分為兩種：(1)在矽晶圓的傳輸運送處理過程中，因為設備機台、操作人員、製程與製程間的暫放以及外在環境所引起的因素。(2)在製程過程中所產生殘餘的生成物或反應物的堆積在晶圓上等因素。

第一種污染發生的原因，一般而言比較能分析與判斷其原因，也比較明確，只要搬運的運輸裝置與機台及工具維護和人員管理及教育得當，就可以事先防範。但是第二種情況，也就是製程中所發生的污染，依據不同的條件及製程的種類，亦有很大的差異性，必須針對所有不同的製程個別進行晶圓的清洗，否則更容易造成晶圓及清洗設備機台的二次污染，第二種情況通常而言都是非常的麻煩的，耗費的成本相對也比較高。

晶圓濕式清洗的目的是以整個批次或單一晶圓，藉由化學藥品及洗淨裝置的浸泡或噴灑及其他除污裝置來去除汙染，並同時使用去離子水（DIW）來洗濯雜質。晶圓濕式清洗主要是清除晶圓表面所有的污染物，如微塵粒（Particle）、有機物（Organic）、無機物、金屬離子（Metal -Ions）等雜質（Impurity）。其中在ULSI製程中，閘極氧化層（Gate Oxide）的厚度，已大幅下降至一百埃（100Å）以下，因此還要考量洗淨後晶圓表面所產生的微粗糙度（Micro-roughness）以及俱生氧化物（Native Oxide）之清除，如此才能達到半導體元件（Device）微縮之後超薄閘極氧化層（Ultra-Thin Gate Oxide）的電性參數及特性（Electrical Parameters and Characteristics）的正常，同時並達到半導體元件的品質、可靠度及良率。

對於晶圓表面污染的移除，最常使用之晶圓表面清潔步驟還是濕式化學製程法（Wet Chemistry Process）。在1980年代亦曾有以乾式清潔法取代濕式清潔法之論點，同時亦有一些相關的嘗試性研究，然而時至今日仍未有完整之乾式清潔法被研發成功得以完全取代濕式清潔法。目前，濕式清潔法依然是最主要的晶圓清潔方法。

2.1.2 濕式蝕刻的目的

在半導體元件的的製造過程中，需要利用黃光微影（Photolithography）製程，將微影（Photolithography）技術所產生的光阻圖形，轉印到光阻底下的薄膜上製作出極微細尺寸之圖形（Pattern），用以形成整個積體電路應有的複雜架構。而這些微細圖形最重要的形成方式，就是利用乾式（Dry Etching）或濕式的蝕刻（Wet Etching）技術。因此蝕刻技術與微影技術這兩種技術在半導體製程中佔有非常重要的地位，我們也把這兩種技術稱作圖案轉印技術（Pattern Transfer）。

所謂的蝕刻技術就是將晶圓表面上將所有材質包括了矽晶圓表面或所成長上去的介電質層等整面均勻的移除，或是將微影製程後利用光阻的遮罩，部分選擇性的蝕刻去除技術。濕式蝕刻是最早被使用在半導體製程的蝕刻技術。它是利用晶圓上的薄膜與某些特定的化學品依照配方比例所調配的溶液之間所進行的化學反應，用來去除未被光阻覆蓋的薄膜並將其分解然後溶於化學溶液當中以達到蝕刻的目的。

濕式蝕刻製程的優點就是使用的設備簡單、機台設備及化學藥品等製程的成本較低，且可以匹量生產產量速度（Throughput）快，對濕式蝕刻製程而言具有良好的蝕刻選擇比。濕式蝕刻製程的缺點就是濕式蝕刻是利用化學反應來進行薄膜的去除，因此當積體電路的元件尺寸愈做愈小時，由於化學反應不具方向性，蝕刻所得到的輪廓是等方向性（Isotropic）的，所以底層常常會有側向蝕刻的情形，而蝕刻後往往也會產生底切（Undercut）的過蝕刻現象，導致半導體元件線寬失真，因此不適用於臨界尺寸（Critical Dimension, CD）小於3µm之圖形。

晶圓濕式蝕刻之原理與濕式蝕刻的化學反應是屬於液相（溶液）與固相（薄膜）的反應，當濕式蝕刻進行動作時，我們大概可以把它區分成三個階段，首先第一階段，溶液裡的反應物將利用擴散效應（Diffusion），來通過一層厚度相當薄的邊界層（Boundary Layer），以到達蝕刻薄膜的表面。然後進行到第二階段，這些反應物將與薄膜表面的分子產生化學反應。最後

就是第三階段，將反應所生成的各種生成物從蝕刻的表面擴散至化學溶液之中，之後隨化學溶液排放至廢液管路中。

在濕式蝕刻製程當中，反應物包括了薄膜，利用溶液與薄膜之間經過反應所產生的氣態或是液態的生成物來執行薄膜分子進行移除。

2.1.3 污染物對半導體元件電性的影響

污染物或雜質（Impurity）對半導體元件電性的影響非常之大，有必要進一步了解，這些汙染物或雜質主要包括有微塵粒（Particle）、金屬或金屬離子、製程所使用的化學品包含有機化學藥品與無機化學藥品以及矽晶圓在製程過程中所產生的各種反應物與生成物，以下我們將各種污染物與雜質的影響說明如下：

微塵粒（Particle）

在半導體元件的製程當中，微塵粒（Particle）主要產生的問題是對於微影製程中光罩（Mask）的影響性。每一道微影製程的圖像在曝光成像之前，過程中如果有微塵粒附著在晶圓或光罩的表面上時，會造成該局部區域曝光時，無法依原先設計的圖形製做出我們要的半導體元件，進而就會造成我們所謂的圖形缺陷（Pattern Defect）。

當微塵粒存在於半導體元件的介電質層或絕緣氧化層中時，會造成該半導體元件的耐電壓性不佳而影響元件長期的可靠性，以及比半導體元件圖形尺寸更小的微塵粒存在時亦有可能使得下一階段所成長的膜均勻度不佳造成影響，增加後續製程的失敗率。另外微塵粒如果是含有金屬成份時，在熱處理製程之後，會擴散到矽晶圓中，對半導體元件的電性造成不良的影響。以下說明各種汙染物對晶圓及半導體元件所產生的影響。

金屬雜質（Metal Impurity）

一般而言，所謂的金屬不純物也就是雜質是指金屬離子、金屬原子、金屬分子等非正常製程當中所添加，這些雜質的存在會造成半導體元件電性直接或間接的劣化。其中的問題包括接合面漏電流（Junction Leakage

Current）、閘極絕緣膜耐壓不佳、平帶（Flat Band）電壓偏移等問題。

化學污染物

一般化學污染物可分爲酸、鹼、凝集性有機物、摻雜等四種狀況，污染物則可以分爲無機物及有機物兩種。

1. 無機物：包括H_2SO_4 / H_2O_2清洗溶液清洗後，殘留在晶圓表面的成份與無塵室中或製程中的NH_3反應，在晶圓表面形成塵粒或霧狀物、Cl會與NH_3反應生成氯化氨（NH_4Cl）亦會造成不良的影響。

2. 有機物：當晶圓表面上受有機物污染時，會造成接觸電阻增加、閘極氧化層之耐壓下降。

俱生氧化層（Native Oxide）

會造成元件特性上的接觸電阻增加、降低閘極氧化層的品質、磊晶製程品質降低及產生不良的矽化物。

微粗糙度（Miroroughness）

晶圓表面的粗糙度愈大時，會造成閘極氧化層的耐壓性不良、穿隧時的載子遷移矽化物。

半導體工業屬於資本密集的產業，對製程的管控更是不可馬虎，污染物或雜質（Impurity）對半導體元件電性的影響也就不言可喻了，表2.1列出各種汙染物對半導體元件的影響，在製程管控上及污染的來源判斷做一個表列的分析，期望能夠對污染物的來源及處理有更深入的理解。

汙染物		可能來源	對半導體製程及元件的影響
微粒子（Particle）		操作人員、設備機台、化學品、所使用的氣體	圖形缺陷、耐電壓性不佳、崩潰電壓降低
金屬（Metal）不純物		設備機台、化學品、操作人員	崩潰電壓降低、閘極絕緣膜耐壓不佳、接合漏電流、平帶（Flat Band）電壓偏移
化學汙染物	無機物	化學品、製程槽體	形成塵粒或霧狀物、生成氧化氨
	有機物	光阻殘存、化學品、製程槽體	接觸電阻增加、閘極氧化膜之耐壓下降
微粗糙度（Miroroughness）		化學品、矽晶圓材料本身	閘極氧化膜的耐壓性不良、載子遷移率劣化

俱生氧化層（Native Oxide）	大氣環境	接觸電阻增加、閘極氧化膜耐壓性不良

表2.1　各種汙染物對半導體元件的影響

2.2　晶圓表面清潔與蝕刻技術

半導體元件的製程當中，從矽晶圓送入半導體廠的潔淨室後，可將清洗區分為最先進行的晶圓下線初期（Wafer Start）清洗、熱氧化前清洗、光阻去除、化學氣相沉積系統（CVD）沉積的介電值層製程前清洗、金屬化製程前清洗、化學機械研磨後清洗等部分，這些都需有清洗流程的表面清潔技術及清洗裝置來完成。

2.2.1　晶圓表面有機汙染（Organic Contamination）洗淨

晶圓表面經常因為外在環境，例如製程光阻的殘留、環境中的油漬膜、清潔機台的有機溶劑吸附等而遭受到污染，進而影響到後續製程及將來的良率，為使晶圓表面的有機污染能夠有效的去除，通常有幾個方法：

第一種方式是在硫酸（H_2SO_4）溶液當中加入臭氧（O_3），其中臭氧（O_3）當作氧化劑，與硫酸（H_2SO_4）共同反應以去除有機物，其反應式如下所示：

$$2H_2SO_4 + O_3 \rightarrow H_2S_2O_8 + H_2O + O_2$$

$$H_2S_2O_8 \rightarrow HO\text{-}SO_2\text{-}O\text{-}O\text{-}SO_2\text{-}OH$$

$$HO\text{-}SO_2\text{-}O\text{-}O\text{-}SO_2\text{-}OH \rightarrow 2*OSO_2\text{-}OH$$

$$H_2O_2 \rightarrow H_2O + O*$$

$$O_3 \rightarrow O_2 + O*$$

$$H_2S_2O_8 + H_2O \rightarrow 2H_2SO_4 + O*$$

$$-CH_2 + 3O_3 \rightarrow 3O_2 + CO_2 + H_2O$$

$$-CH_2-3S_2O_8 + H_2O \rightarrow 6HSO_4 + CO_2$$

臭氧（O_3）是在電極上利用高電壓的放電來產生，然電極的材質，一般都是由金屬來製作，在放電的過程當中，電極的金屬材質可能也會被解離成金屬離子，而造成晶圓在製程上的金屬汙染，此種方式在半導體的洗淨清潔製程上已較少使用。

第二種方式是低溫去離子水（Chilled DIW）加入臭氧（O_3），其原理主要亦是利用低溫約9℃以下的去離子水（DIW）及加入的臭氧（O_3）當作強氧化劑分解有機物質，低溫的去離子水（DIW）的目的則是使通入的臭氧（O_3）不致馬上被分解掉。此種方式因沒有硫酸溶液，有些金屬如鎳鋁等金屬雜質則不易去除，半導體製程上亦少使用。

第三種方式是利用硫酸及雙氧水的混合溶液，此溶液又稱為SPM，比例一般為3:1至4:1之間，清潔的製程溫度為介於110℃至130℃之間，製程時間為10分鐘至20分鐘，在半導體製程上這種清洗是光阻在蝕刻後利用臭氧電漿灰化移除，之後再經由硫酸及雙氧水的混合溶液洗淨清潔。因光阻的主要成份是碳氫氧有機物，當硫酸（H_2SO_4）和雙氧水（H_2O_2）混合後，即產生所謂的「卡羅酸」（Caro's Acid-H_2SO_4），光阻在去除時，卡羅酸即分解形成自由基和光阻產生化學作用，而將光阻去除，其化學反應式如下：

$$-CH_2- + 3H_2O_2 \rightarrow 2H_2O + CO_2$$

$$-CH_2- + 3H_2SO_5 \rightarrow 3H_2SO_4 + H_2O + CO_2$$

雙氧水在此溶液中當作強氧化劑，由於雙氧水在化學反應之中會不斷的消耗減少，濃度亦會降低，故為維持最佳的反應，在製程當中需要經常補充雙氧水以維持其溶液中的濃度，否則有機光阻會被硫酸產生脫水作用，而有微粒產生。此種方式目前仍是洗淨清潔製程當中最常見的方法。

2.2.2 晶圓表面原生氧化層的移除

晶圓的材質是矽（Si）且矽的表面具有活性，當矽晶圓的表面在常溫之下接觸到環境中的氧原子（O_2），就會自然生長一層所謂的原生氧化層或俱生氧化層叫做二氧化矽（SiO_2），厚度約在10幾Å左右，此原生的氧化層（Native Oxide）對元件的電性影響非常大，移除晶圓表面的原生氧化層在半導體製程上是非常重要的。

去除原生的氧化層（Native Oxide）的化學藥品是氫氟酸（HF）的水溶液。氫氟酸（HF）濃度通常為49%，因此必須加以稀釋，由氫氟酸（HF）、去離子水（DIW）所組成，比例一般為1：100，製程溫度為室溫，製程時間為0.5分鐘至1分鐘，

其化學反應式為：

$$SiO_2 + 6HF \rightarrow H_2 + SiF_6 + 2H_2O$$

SiF_6 可溶於水，由上述的反應式可以得知氫氟酸（HF）溶液能夠去除二氧化矽，在經過去除二氧化矽氧化層的晶圓新表面上，雖然又會很快的形成自然氧化膜（Native Oxide），但這次形成的自然氧化膜是乾淨的，因此接下來要儘快進行下一個製程，這過程當中必須注意晶圓的乾燥問題，否則容易在晶圓表面上形成水痕（Water Mark）。

2.2.3 晶圓表面洗淨清潔技術

2.2.3.1 RCA洗淨清潔法（RCA Clean）

目前半導體工業所採行之標準濕式清潔步驟稱為RCA洗淨清潔法（RCA Clean），此方法是在1970年代由 RCA 公司的 Kern 及Puotinen 所發展出來的，RCA濕式洗淨清潔法使用上配置有兩種不同化學配方溶液及化學槽，這兩種不同的化學溶液配方，也就是我們所謂的標準洗淨溶液1（SC-1）又稱為APM，以及標準洗淨溶液2（SC-2）又稱為HPM。然而由於半導體清洗技

術及經驗的累積，而逐漸開發出有所謂的A-Clean及B-Clean等改良式的RCA洗淨清潔技術。RCA洗淨清潔法（RCA Clean）目前仍主導深次微米（Deep Submicron）製程的洗淨製程。

標準洗淨溶液1（SC-1）又稱為APM為鹼性溶液，由氨水（NH_4OH）、雙氧水（H_2O_2）、去離子水（DIW）所組成，比例一般為1:1:5 至1:2:7之間，清潔的製程溫度為介於75℃至85℃之間，製程時間為10分鐘至20 分鐘。然而為了使晶圓表面的微粗糙度（Surface Microroughness）能夠減少，有時候也會降低溶液的混合比例、降低至成溫度及縮短洗淨時間。標準洗淨溶液1（SC-1）溶液可以去除微塵粒（Particle）與有機物（Organic），藉由微塵粒之氧化過程以及利用靜電的排斥效應，將微塵粒移除。整個主要的反應機制是以雙氧水（H_2O_2）作為強氧化劑，且在溶液中將微粒與晶圓表面氧化並形成微塵粒上的氧化層，此氧化層可以促使微塵粒剝離並且破壞微塵粒吸附於晶片表面之附著力，可避免微塵粒再接觸晶圓表面，進一步使微塵粒剝蝕、分解於氨水（NH_4OH）溶液中。此外標準洗淨溶液1（SC-1）溶液，亦可藉由溶液中之NH_4OH 釋放（OH^-）並輕微蝕刻晶圓表面，造成晶圓表面微粗糙，此OH^-離子造成晶圓表面與為微粒帶負電，因兩者同帶負電，因靜電排斥的關係將微塵粒移除，故微粒由晶圓表面排除。

標準洗淨溶液2（SC-2）又稱為HPM為酸性溶液，由鹽酸（HCl）、雙氧水（H_2O_2）、去離子水（DIW）所組成，比例一般為1:1:6至1:2:8之間，清潔的製程溫度為介於75℃至85℃之間，製程時間為10分鐘至20分鐘。若要將鹼金族及鹼土族的金屬物移除以及更進一步使金屬物與一些有機物由晶圓表面移除，則溶液需具備強氧化能力的雙氧水（H_2O_2）與鹽酸（HCL）。晶圓表面與標準洗淨溶液2（SC-2）強烈之氧化作用，使金屬離子化且溶解於酸性溶液，現在使用之標準洗淨溶液2（SC-2），可以吸引金屬物與有機污染物之電子並將其氧化，使離子化金屬物溶解於溶液之中，而有機物雜質則分解於溶液。

2.2.3.2 RCA A式洗淨清潔法（A-Clean）

RCA A式洗淨清潔法（A-Clean）的表面潔淨技術，其實是RCA洗淨清潔的改良，在洗淨清潔的流程上，在標準洗淨溶液1（SC-1）與標準洗淨溶液2（SC-2）的洗淨程序之間再加入一道去氧化層的製程，其方式就是使用氫氟酸與去離子水（1:100）濃度配比，晶圓在此槽短暫的浸泡，將晶圓表面的自然氧化層（Native Oxide）及沉積在氧化層的雜質去除，其完整製程流程如圖2.3所示。RCA A式洗淨清潔法（A-Clean）的表面潔淨技術已隨著元件尺寸的微縮，以逐漸不再使用。

圖2.3　RCA A式洗淨清潔法（A-Clean）流程圖

2.2.3.3 RCA B式洗淨清潔法（B-Clean）

RCA B式洗淨清潔法（B-Clean）的表面潔淨技術，其實也是RCA洗淨清潔的改良，在洗淨清潔的流程上，第一道步驟即是硫酸（SPM）清洗，硫酸洗淨完之後再將晶圓在標準洗淨溶液1（SC-1）與標準洗淨溶液2（SC-2）的洗淨程序之間再加入一道去氧化層的製程，其方式就是使用氫氟酸與去離子水（1:100）濃度配比，晶圓在此槽短暫的浸泡，將晶圓表面的自然氧化層（Native Oxide）及沉積在氧化層的雜質去除，其完整製程流程如圖2.4 RCA B式洗淨清潔法（B-Clean）流程所示。

圖2.4　RCA B式洗淨清潔法（B-Clean）流程圖

2.2.3.4 金屬前洗淨清潔法（Pre-metal Clean）

半導體元件在金屬製程例如金屬濺鍍，之前必須事先在晶圓的表面給予洗淨清潔，特別是在接觸窗口（Contact Hole）蝕刻後的殘留物以及底層的自然氧化層（Native Oxide），這兩者若在製程當中未給予清除，會造成接觸不良，進而使接觸點的阻值（Contact Resistance）的升高，為使接觸良好及降低阻值（Contact Resistance），所以在金屬濺鍍之前必須洗淨清潔表面，其主要的晶圓洗淨首先經由硫酸SPM的製程將有機物去除，接著在使用氫氟酸製程將底層的自然氧化層（Native Oxide）清除，如圖2.5 金屬前洗淨清潔流程所示為整個金屬前洗淨清潔的流程。

圖2.5　金屬前洗淨清潔流程圖

在經過金屬前洗淨清潔的流程之後，製程上為了避免晶圓表面的停留時間（Q-time）過久，晶圓表面的矽與空氣中的氧與水氣接觸又產生自然氧化層（Native Oxide），在製程的做法上應避免停留時間（Q-time）的拉長，因此金屬前洗淨清潔與金屬濺鍍製程應該以連續的製程為佳。若因停留時間（Q-time）導致晶圓必須重工（Rework），重工的次數亦不可超過一次，否則同樣也會造成其接觸的問題，影響良率。

2.2.4 晶圓表面濕式蝕刻技術

2.2.4.1 矽的蝕刻

矽蝕刻在一般的半導體元件製程並不常見，比較常見於太陽能產業的單晶矽與多晶矽的濕式蝕刻製程。矽的蝕刻可使用幾個方式及技術。第一種方式：使用硝酸（Nitric Acid）與氫氟酸（HF）的混合溶液來進行蝕刻，其原

理就是硝酸當作強氧化劑將晶圓表面的矽氧化成二氧化矽（SiO_2），之後再利用氫氟酸把晶圓表面產生的二氧化矽（SiO_2）層移除。依照硝酸（Nitric Acid）與氫氟酸（HF）濃度不同的比例控制，可進行蝕刻速率的調整。整個反應式如下：

$$Si + HNO_3 + 6HF \rightarrow H_2SiF_6 + HNO_2 + H_2 + H_2O$$

第二種方式：使用KOH或NaOH的鹼性蝕刻溶液來進行蝕刻，蝕刻的過程有時會搭配異丙醇（IPA）以獲得更均勻的蝕刻效果。這兩種鹼性化學溶液可以對晶圓表面作方向性的蝕刻，不同的晶格也會有不同的蝕刻速率，矽（100）的面比（111）的蝕刻速率要來得快，且蝕刻晶圓的表面會呈現逆金字塔的凹槽。

2.2.4.2 二氧化矽（SiO_2）的蝕刻

二氧化矽（SiO_2）的蝕刻可以使用氫氟酸（HF）與去離子水的混合溶液以及二氧化矽緩衝蝕刻液（Buffer Oxide Etchant, BOE）這兩種化學溶液進行蝕刻。

氫氟酸（HF）由中央供酸系統供應，濃度通常為49%，因此必須加以稀釋，所以使用上習慣稱之為DHF，DHF是以氫氟酸（HF）、去離子水（DIW）所組成，依比例將濃度調整為1%，製程溫度為室溫，製程時間為0.5分鐘至1分鐘，其化學反應式為：

$$SiO_2 + 6HF \rightarrow H_2 + SiF_6 + 2H_2O$$

SiF_6可溶於水中，由上述的反應式可以得知氫氟酸（HF）溶液能夠蝕刻二氧化矽，而不會蝕刻單晶矽或多晶矽，所以氫氟酸（HF）是濕式蝕刻二氧化矽（SiO_2）非常好的的選擇。

另一種二氧化矽的蝕刻溶液為二氧化矽緩衝蝕刻液（BOE），在濕式蝕刻製程的速率控制上，氫氟酸（HF）對二氧化矽（SiO_2）的蝕刻速率相較於二氧化矽緩衝蝕刻液（BOE）的蝕刻速率是比較不好控制的。故二氧化矽

緩衝蝕刻液（BOE）在溶液中加入了氟化氨（NH_4F）及適量的界面活性劑（surfactant）的混合液，作為氫氟酸（HF）對二氧化矽（SiO_2）蝕刻作用時的緩衝溶液，所謂的化學緩衝劑就是當少量的強酸或強鹼被加入時，其可抑制PH值被改變的一種溶液。氟化氨（NH_4F）是在反應過程中補充氟離子在溶液中因蝕刻反應的耗損，以確保二氧化矽（SiO_2）蝕刻時的速率穩定。且適用於有光阻圖形之二氧化矽（SiO_2）蝕刻，因其溶液內含氟化氨（NH_4F）當化學緩衝劑用，以氟化氨（NH_4F）來緩衝氫氟酸，該被緩衝的氫氟酸（HF）能提供一個可減緩且穩定蝕刻又絲毫不侵蝕光阻而可良好控制之蝕刻溶液。表2.2為一般濕式蝕刻的參數控制說明。

參數	說明	控制之困難度
濃度	溶液之濃度（如：用於蝕刻氧化物之NH4F:HF 的比例）	因為化學浴濃度持續在改變故大部分參數均難以控制
時間	晶圓浸入在濕式化學溶液的時間	相當容易控制
溫度	化學溶液的溫度	相當容易控制
老化	溶液的老化	適切的控制具適中的困難
作業次數	經過一定作業次數後，溶液必須予以更換，以減少微粒子及確保溶液強度。	相當容易控制

表2.2　為一般濕式蝕刻的參數控制說明

2.2.4.3 氮化矽（Nitride）的蝕刻

氮化矽（Nitride）可以由電漿輔助化學氣相沉積（Plasma Enhanced Chemical Vapor Deposition）及高溫低壓化學氣相沉積（Low Pressure Chemical Vapor Deposition）系統沉積而得到，氮化矽（Nitride）主要在半導體是作為LOCOS（Local Oxidation of Silicon）製程中場氧化層（Field Oxide）的成長膜的遮罩（Hard Mask），以及半導體元件製程完成之後的保護層（Passivation）。

氮化矽（Nitride）可以由加熱150℃至180℃的熱磷酸（H_3PO_4）與極少量的去離子水混合溶液來進行蝕刻。氮化矽蝕刻的化學反應式為：

$$Si_3N_4 + 4H_3PO_4 \rightarrow Si_3(PO_4)4 + 4HN_3$$

磷酸矽 $Si_3(PO_4)4$ 和氨（NH_3）這兩種副產物均可溶於水。在 LOCOS 製程的場區氧化層成長後，這個製程至今仍在絕緣形成的製程中被採用來剝除氮化矽。

2.3 化學品供應系統

半導體元件的製造上，經常使用各式化學藥品，目的是為了去除矽晶圓基板（Silicon Substrate）表面的各種污染以及濕式的蝕刻，濕式清洗與蝕刻所使用的各種化學藥品的供應與循環系統有非常嚴苛的要求，對於化學品供應管路與循環系統的設計、管件材質的化學品耐受性、化學藥品洩漏等整體安全議題等是我們所要考量的。

2.3.1 化學品分類

化學藥品在製程的使用依化學品特性可分成酸類、鹼類、有機溶劑及化學氧化性等，其各類化學藥品的運送、儲存與放置應給與妥善安排，不同屬性的化學藥品也要有不同的放置空間，若各類化學藥品之間沒有隔離，很容易產生化學反應不可不慎，酸類化學藥品會帶有氫離子（H^+），且依氫離子（H^+）的濃度高低的不同區分成強酸，例如硫酸（H_2SO_4）、鹽酸（HCL）、氫氟酸（HF）、硝酸（HNO_3）等，及比較不強的酸，例如磷酸（H_3PO_4）等；鹼類化學藥品會帶有氫氧離子（OH^-），且依氫離子（OH^-）的濃度高低的不同區分成強鹼例如氫氧化鈉（NaOH）、氫氧化鉀（KOH）等，及比較不強的鹼例如 CH_3OH；有機溶劑含有碳原子，一般使用於擦拭清潔設備機台或於濕式蝕刻機台光阻的移除應用或利用其表面張力的不同而造成斥水性的應用等等，特性是具有高度的揮發性且一般都具有毒性，使用或操作不當容易導致中毒，需要非常小心；另外還有氧化物例如雙氧水（H_2O_2）這類物質化學特性較活潑不安定，容易與其他物質產生氧化作用。化學藥品在製程或是設備機台的清潔擦拭上有諸多的用途，尤其在製程之中

的使用量非常之大，因此化學藥品供應系統的設置在半導體廠就顯得非常重要。

2.3.2 化學品供應系統

化學品供應系統就化學品供應商給的化學品來源，一般來說有桶裝（Drum Type）及槽車（Lorry Type）兩種方式，其供應系統架構、控制作用原理也不同，如圖2.6所示，為雙桶式硫酸（H_2SO_4）200L桶裝化學品供應系統，雙輸送幫浦（Pump）及精密級過濾器（Filter），系統主管路材質酸鹼類化學藥品一般使用PFA的材質為主，PFA管外部在加襯一Clean PVC外管，屬於雙重套管的設計，其目的及作用在於預防化學藥品洩漏時不致外流，避免人員接觸受到危害以及設備機台接觸洩漏的化學藥品而腐蝕毀損。

輸送的管路一般不太可能一路到底只接一台設備，通常相同的製程機台可能有好幾台，同一台設備也可能會有很多化學品的需求，這些需求也就是我們俗稱的使用點（Point of Use, POU），故管路中的需求點眾多，管路的安排上一般會有設置分歧接點閥箱（T Box）或分配供應的閥箱（Valve Manifold Box, VMB），以方便接續至多個設備使用點。

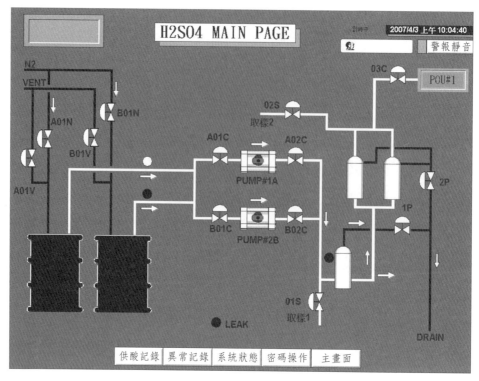

圖2.6　雙桶式化學供應系統

　　如圖2.8所示，為化學供應系統的中央監控系統架構，每個化學供應系統透過乙太網路（Ethernet）或其他通訊方式將訊號連結至主控制單元（Main Panel），由主控制單元負責與線上需求的使用點機台溝通，讓化學品供應系統知道何時須供應化學品至製程機台的使用點，何時該停止供應，建立化學供應系統與製程設備機台使用點兩者間的界面訊號溝通橋樑。如圖2.7所示，一般而言介面訊號有下列幾種：

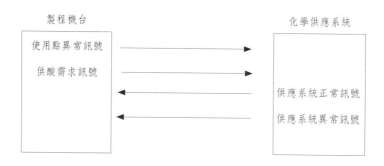

圖2.7　化學供應系統訊號介面

1. 供酸需求訊號（Request Signal）：製程機台使用點需求化學藥品的需求訊號。

2. 使用點異常訊號（EPO Signal）：製程機台使用點異常或管路發生洩漏等問題，停止供應化學品。

3. 供應系統正常訊號（Normal Signal）：化學供應系統目前處於正常可供應的狀態。

4. 供應系統異常訊號（Abnormal Signal）：化學供應系統目前處於異常無法供應的狀態。

上述訊號一般而言當化學供應系統在正常狀態下收到製程機台使用點所傳送的需求訊號時，供酸系統才會開始運作，將化學藥品經幫浦（Pump）、N_2 或其他輸送動力源輸送至製程機台使用點的化學製程槽（Process Tank）或緩衝暫存槽（Buffer Tank）；當供酸系統收到製程使用點的異常訊號或管路洩漏的漏液檢知訊號，供酸動作會立即停止，同時也會同步將異常訊號傳送至中央監控系統（Supervisor Control and Data Acquisition, SCADA）。

另外圖2.8所示知之中，近設備端控制單元（Local Panel）系統負責監控所有的管路流量、壓力與化學品洩漏的訊號回授等機制，並及時性的回傳至主控制單元，再由主控制單元下達必要處理程序與程式流程。

中央監控系統（SCADA）是化學品供應之重要系統之一，它負責收集半導體廠所有的化學品供應系統各個供應機台的狀態，是具有系統監控和資料擷取功能的軟體，中央監控系統有除了資料擷取功能之外還有圖形顯示的界面、能夠儲存與顯示即時與歷史資料、趨勢曲線顯示、警報處理及資料分析及報表輸出等多項功能，以輔助化學供應系統的整體安全性。

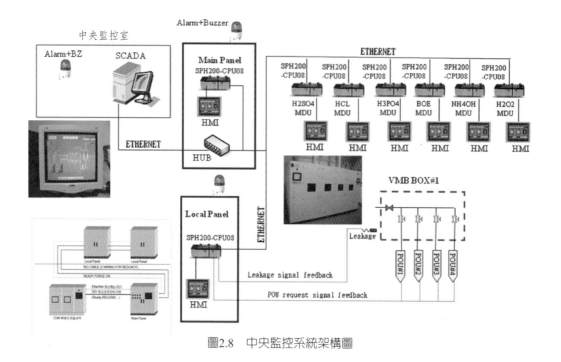

圖2.8　中央監控系統架構圖

2.4　Wet Bench結構與循環系統

2.4.1 濕式蝕刻及清潔設備（Wet Bench）結構

　　半導體製程之濕式清洗暨蝕刻的機台設備，如圖2.9為濕式蝕刻設備機台分類，可分為多反應槽式、單槽式及單晶圓式等種類，多槽式為目前半導體清洗與濕式蝕刻的主要機台，其架構龐大且複雜，無塵室的佔地面積也最大，單槽式及單晶圓式無塵室的使用空間則較多槽式的小，且因原理及機台設計關係體積小，故相對的化學藥品與去離子水（DIW）的耗用量亦少，廢水及廢氣的排放也較低，對於半導體產業事事講求成本及環保與水資源等都有正面的意義。

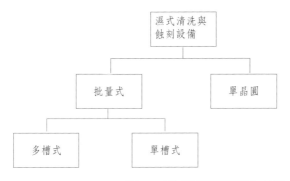

圖2.9　濕式蝕刻設備機台分類

2.4.1.1 多反應槽式濕式清洗暨蝕刻的機台設備

　　多槽式濕式蝕刻及清潔設備，其化學槽體積與容積通常都必較大，管路的設計也比較複雜，如圖2.10所示爲設備的管路系統設計，且化學槽雖然槽體上方有槽蓋（Lid），但因手臂放置晶舟時必須將槽蓋（Lid）開啓，此時酸槽處於開放的狀態，槽內的化學藥品就會因爲加熱器加熱蒸發分解及處開放狀態的關係，非常容易影響到原有系統程式所配置的化學品濃度及混合的比例，因此此類的系統設備經常需要一些儀器例如線上濃度分析儀等相關設備來控制化學品的濃度變化，以保持槽內化學品濃度及比例的穩定，當然要達到眞正的化學品濃度的自動控制，還需要其他的控制參數才算完整，例如清洗的時間、化學品的混合比例、化學槽的加熱溫度、舊酸的汰換時間及頻率等等。

　　如圖2.11，該設備會依化學品屬性及功能需求配置反應槽如SPM、SC1、SC2、HF等槽與去離子水洗淨槽（DIW Rinse Tank），屬於浸洗式化學清洗工作站，一次的批量（Batch Type）一個晶舟至二個晶舟不等，每個晶舟可以容納25片的晶圓，電腦系統可以依照不同的清洗配方程式（Recipe），由機械手臂（Robot）傳送晶舟至所設定的配方流程，一直到晶圓完成除水乾燥，最後傳送至晶圓載出系統。

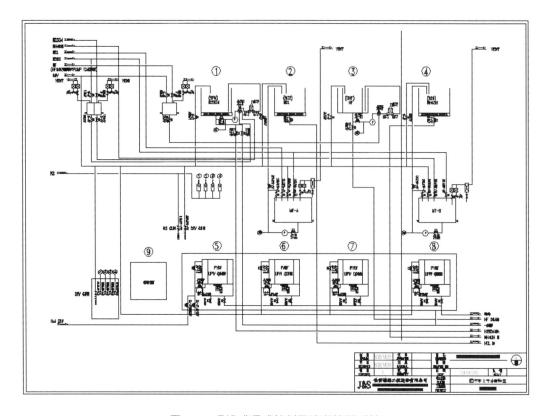

圖2.10　多槽式濕式蝕刻及清潔管路系統

多槽式濕式蝕刻及清潔設備，主要的系統結構包括有晶圓的載入及載出的系統裝置（Load/Unload Port Module）、反應槽間晶圓傳送系統（Robotic Transfer for Process Tank）、製程化學反應槽（Process Tank）、反應槽加熱系統、除水乾燥系統、管路循環系統（Circulation Module）、廢液排放（Drain Module）或廢氣排氣（Exhaust Module）系統，各系統的結構與功能的整體運作及搭配上必須以安全優先及機台能力效益為主要考量，同時系統的操作便利性，面對不同的製程條件需要可以靈活調配配方（Recipe）及參數的設定，從晶圓的載入到除水乾燥系統，再到最後的晶圓載出，可完全自動化的完成製程上所有的步驟。

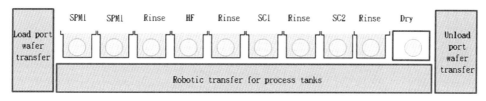

圖2.11　多槽式濕式蝕刻及清潔設備

2.4.1.2 單槽式濕式蝕刻及清潔設備

　　單槽式濕式蝕刻及清潔的設備則是將化學反應槽的功能以及DIW清洗槽的功能整合在同一反應槽體內，並加強洗淨功能，如圖2.12，所示是將槽內內置轉盤（Turntable）做旋轉運動的功能，同時在管路設計利用氮氣（N_2）加壓將管路內的不同化學藥品及去離子水（DIW）利用至於槽內中間的噴洗柱，均勻噴入槽內清洗晶圓，最後再通入氮氣（N_2）同時高速旋轉使晶圓去水乾燥。

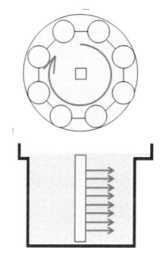

圖2.12　單槽式濕式蝕刻清潔設備

　　或是另外一種設計,如圖2.13所示為全流式密閉槽體的設計，利用清洗配方（Recipe）的洗淨程序，依序通入不同的化學藥品作晶圓清洗，之後通入去離子水將前面通入的化學藥品洗滌乾淨，清洗後最後通入IPA除水乾燥，但此種設計在化學品切換時，如果切換沒有完全或因閥件損壞而產生漏液情形，就會發生前後製程化學品的交叉汙染問題。

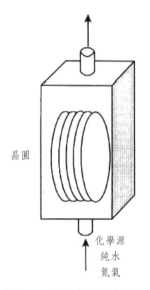

晶圓

化學源
純水
氮氣

圖2.13　全流式單槽密閉槽體

　　單槽式濕式蝕刻及清潔設備，製程能力與多槽式濕式蝕刻及清潔設備（Batch Type）相當，早期常見於擴散爐管前的清洗製程、閘極氧化層前清洗製程、磊晶前清洗製程、光阻去除製程及化學機械研磨後清洗製程，單槽式濕式蝕刻及清潔設備，最主要的清洗蝕刻功能在於各類化學的流量控制及槽體轉盤的旋轉速度，如果流量控制失當有可能造成流量比例飄移，蝕刻不均、過蝕刻及蝕刻不足的現象，另外還有洗淨的槽體轉盤因經年累月的使用，可能造成轉速失控或有震動現象產生，都會對清洗及蝕刻能力造成影響，甚至有可能發生洩漏的狀況，也因此由於市場競爭機制的關係，目前單槽式的濕式蝕刻及清潔設備已不復見。

2.4.1.3 單晶圓式濕式蝕刻及清潔設備

　　隨著晶圓尺寸的不斷變大，以及半導體元件臨界尺寸（CD）的不斷微縮，半導體元件（Devices）在矽晶圓上密度更是因此大為的提高，相對濕式的蝕刻及洗淨設備對製程的控制能力與微塵粒的要求以及對自然資源的耗損如DIW的用量及化學品的用量等都有嚴苛的要求。單晶圓式蝕刻及清潔設備是目前半導體濕式製程中，比較新的設計，為了符合上述的要求，單晶圓式

蝕刻及清潔設備有幾個特點：

1. 擁有極高的製程環境控制能力與微粒去除能力。

2. 晶圓對晶圓（WTW）的均勻度佳（Uniformity）

3. 不同清洗製程只要不污染或影響製程，可在同一腔體內完成。

4. 設備尺寸小，佔地小，無塵室空間可利用率大。

5. 化學品與去離子水的使用量與耗損量小。

6. 機台腔體極具設備機動調整彈性與可擴充性。

7. 未來濕式洗淨與蝕刻的主流。

8. 單一晶圓製程產能低。

9. 近幾年屬新發展階段，設備成熟度與應用度相對較低。

如圖2.14所示，單晶圓式蝕刻及清潔設備簡單的說原理非常類似旋塗機，但功能及腔體的設計複雜度高，製程中晶圓在腔體內處於漂浮的狀態。製程參數控制能力高，可利用化學品的流量、化學品的製程種類及製程的溫度、製程的時間及晶圓的旋轉速度等，且晶圓的乾燥能力與功能可以避免水痕（Water Mark）的問題，較不需擔心各種污染問題。可以將製程微調（Fine Tune）至最佳的水準，所得到的製程結果也比較好。

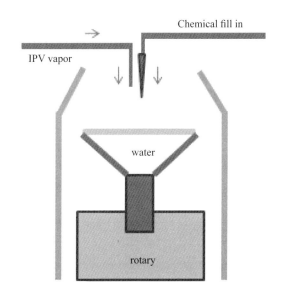

圖2.14　單晶圓式蝕刻及清潔設備製程腔體示意圖

2.4.2 濕式蝕刻及清洗設備（Wet Bench）傳動系統

濕式蝕刻及清洗設備的傳動系統，主要有傳動控制系統單元、安全互鎖單元及機械手臂單元等，其中機械手臂又包含有伺服馬達或步進馬達動力驅動單元、傳動載台（XY Table）單元、晶舟抓取單元等所構成的一個完整的傳動系統。

2.4.2.1 多槽式濕式蝕刻及清潔傳動系統

在半導體業的濕式製程中，多槽式濕式蝕刻及清潔設備機台（Wet Bench）應用範圍最為廣範，其傳動系統的機械手臂（Robot）因化學槽的多寡而有不同的配置，通常都會配合不同製程配方所下的Lot以及配方所設定的參數時間的不同設置手臂的數量來達到最佳的生產排程，以符合晶圓生產的需求，最常見的手臂配置數量為2組至4組左右，在考量到製程控制能力的精準度及最穩定的製程結果，所有的化學槽及清洗用的DIW槽的浸泡時間，系統都會精準的控制著，一但任何一個化學槽及清洗用的DIW槽的時間到達製程所設定的時間，其相關管控的機械手臂必需要立即的將處理中的晶圓取出並搬運到下一個化學槽或清洗用的DIW槽，以避免過度浸泡，對晶圓產生不良的影響。

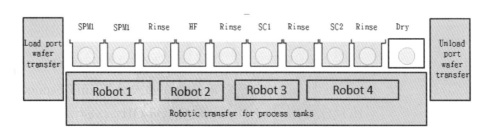

圖2.15　多槽式濕式蝕刻及清潔設備

機械手臂可能因為某些原因造成異常，此異常狀況包括機械手臂運動方向錯誤、搖晃、定位錯誤、中途停止等情況，可能造成機械手臂與機台內其餘物體撞擊之機會，若撞擊力量很大，機械手臂上夾取的晶圓可能掉落至化

學清洗槽內，導致化學液噴濺。另外傳動的馬達、滾珠螺桿，導桿、滑塊及平台（Stage）等物件有可能因此損壞，進而造成無法耐腐蝕，因此在機械手臂的維修保養上需要特別注意。

2.4.2.2 單晶圓式濕式蝕刻及清潔傳動系統

單晶圓濕式蝕刻及清潔設備，其機台構造非常類似集合式（Cluster）的腔體結構的設計方式，如圖2.16所示，傳動的機械手臂位於中間的傳送腔體（Transfer Chamber）內，晶圓傳送時只有作延伸、上下移動及旋轉的動作，且製程前後晶圓的抓取分離，傳送間不產生污染，晶圓傳送速度快，此種設計的機械手臂的安全性非常高。

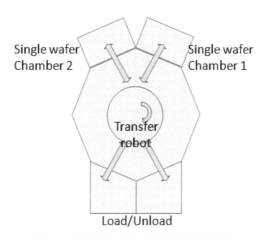

圖2.16　單晶圓式濕式蝕刻及清潔設備

2.4.3 循環系統與乾燥系統

2.4.3.1 循環系統

多槽式的化學反應槽（Process Tank）一般來說可分成兩種不同的材質，石英槽（Quartz Tank）與鐵氟龍槽（PVDF Tank），依照化學品以及清洗的製程而有所不同。石英槽（Quartz Tank）通常使用在非氫氟酸槽且槽體內的化學溶液及製程需要溫度較高的製程應用。鐵氟龍槽（PVDF Tank）則

應用在氫氟酸類如DHF製程與BOE的蝕刻製程。

　　多槽式的化學反應槽（Process Tank）一般都有液面高低的感知，防止液面低於晶圓的高度，且在一定的液面高度才可以做加熱。多槽式的化學反應槽（Process Tank）還有個重要的功能就是循環的功能，如圖2.17所示，管路由循環幫浦（Pump）啟動經過過濾器，將化學溶液的雜質及反應物去除，有些管路系統有熱交換器（Heat Exchanger）的裝置，使溫度固定在一定的溫度範圍。以及化學溶液酸鹼濃度的監測，必要時由管路補充新的化學溶液，維持該槽化學溶液的濃度比例，增加製程的穩定度。

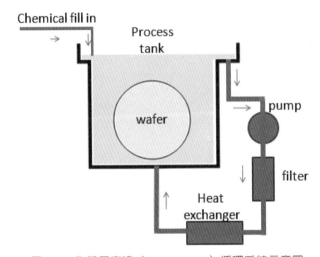

圖2.17　化學反應槽（Process Tank）循環系統示意圖

　　單晶圓式的化學反應腔體（Process Chamber）因設計原理的不同，只需要少許的化學溶液即可作蝕刻或洗淨的製程。通常機台內部會置放化學溶液暫存桶，也有液面高低的感知，同樣在一定的液面高度才可以做化學溶液的加熱。

　　循環功能，如圖2.18所示，管路由循環幫浦（Pump）啟動經過過濾器，將化學溶液的雜質去除。管路系統有熱交換器（Heat Exchanger）的裝置，使溫度固定在一定的溫度範圍。以及管路進入製程腔體的前端化學溶液通常有超音波震盪，使化學溶液分子更小，增加清洗及蝕刻的效果。當機台在非製程狀態（Idel）的時候，會切換至內部另一管路回流至暫存槽使化學溶液

一直處在混合的狀態。

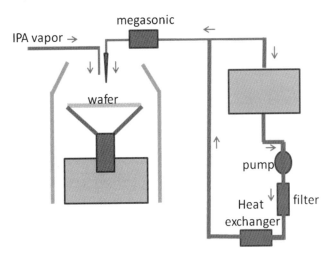

圖2.18　單晶圓管路循環系統示意圖

2.4.3.2 乾燥系統

所有的濕式清洗及蝕刻完成之後，最後一道流程必須使用去離子水清洗，且清洗完成之後一定要做晶圓的乾燥處理。目前半導體製程的晶圓乾燥技術主要有層流式旋乾技術、異丙醇（IPA）乾燥技術以及馬南根尼（Marangoni）乾燥技術等。

層流式旋乾技術主要原理是將去離子水洗淨後的晶圓置入乾燥腔體內，在以高速旋轉的方式產生離心力將水分去除，除此之外還會通入加熱過的微熱氮氣（N_2）通過靜電消除裝置，使氮氣氣體進入腔體，幫助水分去除。且機台在高速旋轉之下，須保持平穩，不可有任何振動產生，避免晶圓在腔體內有任何破損或污染的狀況發生。

如圖2.19所示，異丙醇（IPA）乾燥技術，主要原理是將去離子水洗淨後的晶圓置入乾燥腔體內，異丙醇（IPA）由氮氣氣體作為載氣（Carrier Gas）載入至乾燥腔體內，乾燥腔體有加熱裝置，使異丙醇（IPA）因熱而維持在蒸氣狀態，晶圓接觸到異丙醇（IPA）蒸氣，由於異丙醇（IPA）具有高度的揮發性，可以將晶圓表面的水分脫水乾化，達到乾燥晶圓的目的。

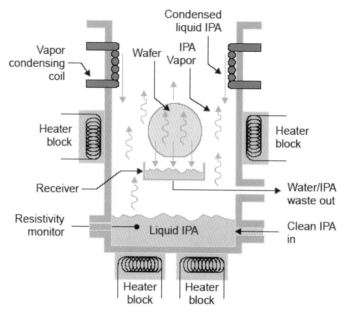

圖2.19　異丙醇（IPA）乾燥系統示意圖

　　馬南根尼（Marangoni）乾燥技術如圖2.20馬南根尼（Marangoni）乾燥技術原理所示，主要是利用異丙醇（IPA）與去離子水（DIW）的表面張力的不同來達到去除水分的目的。當晶圓在最後的去離子水（DIW）槽完成的時候，晶圓由水槽中緩慢的移出水面，此時由於異丙醇（IPA）由氮氣氣體作為載氣（Carrier Gas）載入並且吹向晶圓的表面，異丙醇（IPA）會因為濃度的關係而擴散至水槽中的水面，由於晶圓表面的異丙醇（IPA）濃度大於水槽水面的濃度，因此產生晶圓表面異丙醇（IPA）張力小於水槽中的水面的表面張力，而將水分排入水槽中達到去除水分的目的。這中因濃度不同而產生的表面張力的差異，我們稱為馬南根尼效應（Marangoni Effect）。此種方法也是晶圓元件尺寸微縮之後，移除水分最有效的方法。

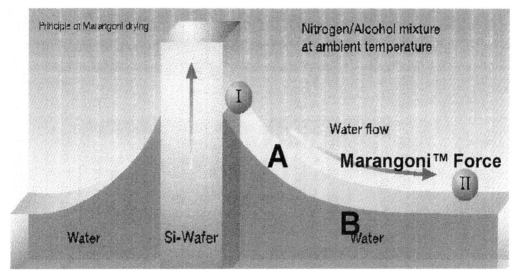

圖2.20　馬南根尼（Marangoni）乾燥技術原理示意圖

參考文獻

1. 張俊彥，1997，積體電路製程及設備技術手冊，中華民國電子材料與元件協會。

2. 張勁燕，2001，半導體製程設備，五南圖書出版。

3. 原著前田和夫，編譯魏聚嘉，半導體製造程序，普林斯頓國際有限公司。

4. 林啓發，先進積體電路清洗製程技術，經濟部工業局九十六年度設立半導體學院分項計畫講義。

5. 彭馨誼，國家奈米元件實驗室設備儀器見習班濕式清洗與蝕刻工作站講義。

6. 佳信環保工程股份有限公司，濕式清洗與蝕刻工作站操作說明與維修手冊。

7. 佳信環保工程股份有限公司，中央供酸系統及化學品監視系統維修手冊。

第 3 章

薄膜設備（Thin Films）篇

3.1　電漿（Plasma）

3.2　化學氣相沉積設備系統（Chemical Vapor Deposition, CVD）

3.3　物理氣相沉積設備系統（Physical Vapor Deposition, PVD）

　　薄膜製程主要就是將薄膜覆蓋在晶片所需的地方，而這個製程通常可分為薄膜成長（Thin Film Growth）以及薄膜沉積（Thin Film Deposition）兩種方式。其中，薄膜成長也就是如1.1.2節的乾式或濕式氧化裡所作的說明，此種方式會消耗部分的基底材料（Substrate）；而後者，薄膜沉積的方式是指在薄膜形成的過程中，並不會消耗基底材料。薄膜沉積製程主要又分為化學氣相沉積（Chemical Vapor Deposition, CVD）和物理氣相沉積（Physical Vapor Deposition, PVD）。除此之外，CVD又可利用高溫熱能（約500℃以上）或低溫電漿（約300℃上下）兩種方式，其中，利用爐管設備的高溫熱能方式在1.1.2節的LPCVD已作說明。所以此章節我們將針對電漿形成的基本原理、CVD（不包含LPCVD）以及PVD去作說明。

3.1　電漿（Plasma）

　　電漿（Plasma）是部分或完全游離的氣體，包含離子、電子、自由基、與分子等。在適當低壓下，施加於氣體的電場強度夠大時，藉由電子撞擊反應，會使氣體分子崩潰而游離化成電漿態。整體來說，電漿的內部是呈電中性的狀態，也就是帶負電粒子的密度與帶正電粒子的密度是相同的。

3.1.1 電漿產生的原理

粒子碰撞

　　在電漿中，粒子間的碰撞可分為彈性（Elastic）碰撞（Collision）和非彈性（Inelastic）碰撞兩種方式。由於電子的動能較小，當與原子或分子碰撞時，並無法使原子或分子達到激發態或離子化，碰撞的雙方只有發生動能交換以及動能保持守恆，此種碰撞稱為彈性碰撞。但是當電子的動能達到約12eV以上時，碰撞會造成原子或分子產生離子化（Ionization）、原子激發（Excitation）及分子分解（Dissociation）等等，此種碰撞稱為非彈性碰撞。而非彈性碰撞對於氣體放電（Discharge）和電漿的維持非常的重要。

　　而在反應室（Chamber）裡的粒子都是處於凌亂的運動狀態，所以我們

通常以平均自由徑（Mean Free Path, MFP）來定義粒子與粒子在產生碰撞之前所移動的平均距離，通常以λ符號來表示之，如（3-1式）所示。

$$\lambda \propto \frac{1}{P}$$

（3-1式）

其中P為氣體分子所在的反應室壓力（Pressure）。所以從（3-1式）我們可得知，當反應室裡氣體分子的流量增加時，反應室裡的壓力會增高，也就代表氣體分子的碰撞頻率較高，使得氣體分子在產生碰撞之前所移動的平均距離 λ 變小；反之，當反應室裡的壓力降低時，反應室裡氣體分子的數量較少，也就代表氣體分子的碰撞頻率較低，使得氣體分子在產生碰撞之前所移動的平均距離λ變大。平均自由徑在電漿裡是很重要的，而我們可以藉由控制反應室裡的壓力來影響製程的結果。

直流（DC）式電漿

圖3.1為直流式電漿的示意圖，而反應室內的壓力（Pressure），可以藉由氣體的流量以及真空幫浦（Pump）的抽氣速率（Pumping Speed）來控制。當反應室裡的壓力接近於1大氣壓（Atmospheric, Atm）時，電極板上將會吸附相反的帶電荷粒子於電極板表面上使其電荷密度飽和，而形成一個平行板電容器，此時電極板之間沒有帶電荷粒子流動，所以電流為0安培，如圖3.2所示。反之，如果我們降低反應室內的壓力，那整個反應室內的粒子數量會降低，所以電極板表面將不會到達電荷密度飽和狀態，以至於帶電荷粒子會在電極板間移動而產生電流，如圖3.3所示。

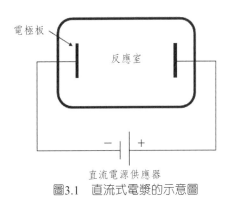

圖3.1　直流式電漿的示意圖

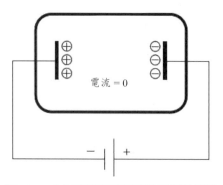

圖3.2　1大氣壓時的帶電荷粒子移動狀態

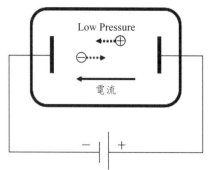

圖3.3　低壓（Low Pressure）時的帶電荷粒子移動狀態

　　當一反應室操作於一特定區間的低壓（Low Pressure）狀態時，如圖3.4所示，直流電源的負極接往左電極板，正極接往右電極板。此時帶正電荷的氣態離子會因為兩電極板之間所提供的電場，而使正離子加速往左電極板移動，去對帶負電的左電極板做轟擊（Bombardment），進而產生二次電子（Secondary Electron, 2nd e^-）。因二次電子帶負電，所以也將在電場的加速下往帶正電的右電極板前進。因兩電極板之間的距離遠大於電子的平均自由徑，所以當二次電子往右電極板前進的途中，便會與其他氣體分子產生碰撞。如（3-2式）所示，使氣體分子A_2因二次電子的撞擊而產生原子A的解離（Dissociation）反應，其此解離反應發生所需的二次電子能量通常小於10eV。而原子A也會因二次電子撞擊所提供的能量，被激發成激態（Excited State）原子A^*，如（3-3式）所示。另外，當二次電子撞擊所提供的能量高於10eV時，氣體分子將會被離子化（Ionization）而產生帶正電荷的氣態離子，如（3-4式）所示。所以在氣體分子被離子化之後，將使電子的數量，

比撞擊前的還多，且這個正離子也同樣的會在電場的加速下，往左電極板移動，去對帶負電的左電極板進行轟擊，然後又繼續產生二次電子。所以電子和離子就繼續進行這樣相同的一連串反應，當到達一定的數量時，便會造成電崩潰（Breakdown）的狀態，然後產生輝光放電（Glow Discharge），也就是電漿區（Plasma），如圖3.5所示。因為當離子在激態（Excited State）時是極不穩定，很容易回復到基態（Ground State）然後以光的形式釋出能量而放出光子，如（3-5式）所示。所以發光的現象主要是由（3-3式）及（3-5式）所致。其中$h\nu$表示光子能量，h為蒲郎克常量，ν為決定電漿發光顏色的發光頻率，不同的原子有不同的軌道結構和能階，因此發光的頻率也都不相同，所以不同的氣體，所表現出的顏色也就不同。

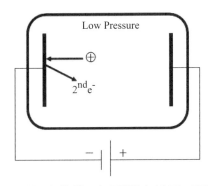

圖3.4　帶正電荷的氣態離子在電場的加速下，轟擊電極板的情形

$$e^- + A_2 \rightarrow 2A + e^- \hspace{2cm} （3\text{-}2式）$$

$$e^- + A \rightarrow A^* + e^- \hspace{2cm} （3\text{-}3式）$$

$$e^- + A_2 \rightarrow A_2^+ + 2e^- \hspace{2cm} （3\text{-}4式）$$

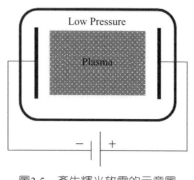

圖3.5 產生輝光放電的示意圖

$$A^* \rightarrow A + hv \qquad\qquad （3\text{-}5式）$$

圖3.6為直流輝光放電下，一個典型的分佈示意圖，但當我們將陽極和陰極的間距縮短，使陽極貼近於負態發光區，如圖3.7上圖所示，這也就是目前直流式（DC）濺鍍製程中所使用的方法（詳情參考3.3.3節），所以此處只針對圖3.7往下繼續作說明。因為電子的質量遠小於離子，所以在相同的直流電壓下，電子的移動速度是遠比離子還來的快，所以電子會快速的往陽極方向移動，並造成電漿區裡的離子濃度會高於電子的濃度。這將使得電漿區的電位Vp會略高於陽極，而這個電漿區的Vp電位，又會促使離子往陰極方向移動，並減緩電子從電漿區移出。所以當電漿內的離子和電子到達平衡狀態時，離子流出電漿的流量會等於電子流出電漿的流量，這樣才能維持電漿區Vp電位的穩定。也因為如此，所以電漿區內沒有任何電荷的差距，也就沒有電場產生，所以電漿區內的電位都為Vp。而離子流出電漿往陰極方向移動時，會經由陰極暗區所提供的電場，然後加速去對陰極板的表面做轟擊，又繼續產生二次電子，如圖3.7所示。在直流式電漿的應用上，很重要的一點就是陽極和陰極的材質必須要為導體，這樣當離子去撞擊陰極板面或電子去撞擊陽極板面時，電荷才能被排出去，而不會累積在板面上。因為例如陰極板為非導體的材質時，當太多帶正電的離子累積在陰極板面上而無法被排除時，那離子便無法再去對陰極板的表面做轟擊而產生二次電子，所以之後一

連串維持電漿的反應變無法再繼續，而電漿也就會消失中止。

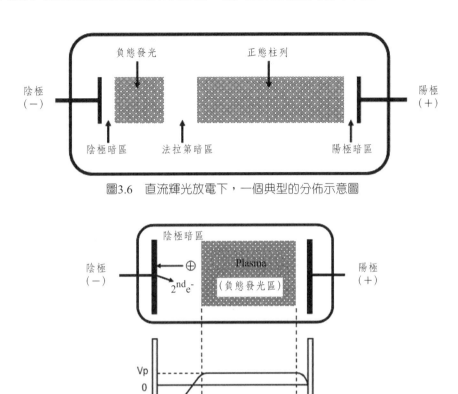

圖3.6　直流輝光放電下，一個典型的分佈示意圖

圖3.7　當陽極和陰極的間距縮短後的直流輝光放電情形，以及其相對應的電壓分佈

交流（AC）式電漿

交流式電漿主要是利用交流的方式使兩電極板可以做正負的不停切換，以避免電荷累積在電極板上，而切換速度主要是視切換的頻率而定。如圖3.8所示，當我們假設交流電壓為正週期時，是左電極板為陰極、右電極板為陽極，那反應室裡的電子便會往右電極板移動，而帶正電的離子也會往左電極板移動。反之，當交流電壓轉為負週期的時候，將使得左電極板轉變為陽極，右電極板轉變為陰極，所以電子會變成往左電極板移動，而帶正電的離子也會往右電極板移動，如圖3.9所示。所以當切換的頻率升高時，二種相反帶電粒子便會在兩電極板之間來回不停的振盪（Oscillation），而不會

使粒子累積在板面上，進而使粒子間的碰撞反應可以持續進行，而形成輝光放電的電漿區，如圖3.10所示。因此，採用交流的方式也就不用受限於電極板的材質限制了。通常100KHz是維持交流式電漿的最低頻率，當頻率升高至1~3MHz時，會因為離子的質量遠高於電子，所以在電場的作用之下，離子的移動速度會遠低於電子，所以在此頻率下，離子已不再因電極板正負的不停切換而去做加速移動。反之，電子持續來回振盪進行碰撞反應以維持電漿，而此頻率我們通常稱為離子過度頻率（Ion Transition Frequency）。

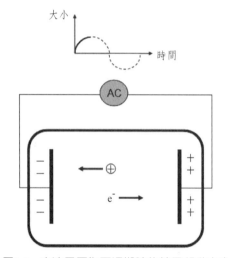

圖3.8　交流電壓為正週期時的粒子移動方向

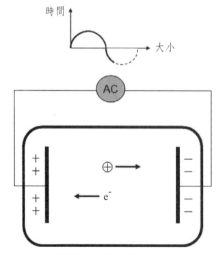

圖3.9　交流電壓轉為負週期時的粒子移動方向

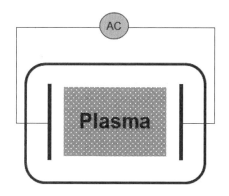

圖3.10　利用交流的方式所形成輝光放電的電漿區

　　目前在半導體業最常使用的是13.56MHz的無線電波頻率（Radio Frequency, RF），此頻率所產生的電漿又稱為RF電漿。所以在RF這個頻率下，離子依然無法回應電極板的正負切換而去做移動。主要還是靠著電子在RF切換下的振盪來獲得能量，去進行撞擊反應以維持電漿。在RF電漿系統的應用上，除了需要RF產生器（RF Generator）之外，還需一個匹配網路（Matching Networks 或 Matching Box）去降低反射功率，使電源功率（Power）能夠最大的轉移到反應室，以保護RF產生器，如圖3.11所示。

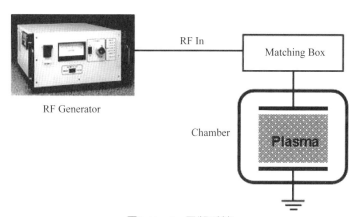

圖3.11　RF電漿系統

　　在RF電漿系統中，兩電極板的板面積是影響電漿電位的主要因素。當接往RF電源的電極板板面積和接地的電極板板面積相等時，如圖3.12上圖所示，接著我們來觀察圖3.13的RF電位及電漿電位的曲線圖，當RF電位為

正週期時，電漿電位會高於RF電位，這是如之前所說的由於電子的移動速度遠快於離子，所以任何電漿附近的東西都會帶負電，因此電漿電位會永遠高於電漿附近的其他東西。當RF電位為負週期時，電漿電位就會維持一個比接地（Ground）電位還高一點點的位置。所以電漿與電極板之間的暗區（Dark Space 或 Sheath）就會保持一個直流電位的差值，稱為直流偏壓（DC Bias），如圖3.12下圖及圖3.13所示。而當RF功率（Power）增加時，RF電位的振幅也會跟著增加，所以電漿電位與直流偏壓也會增加，如圖3.14所示。

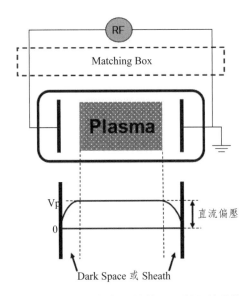

圖3.12　相同電極板板面積的RF電漿電位分佈

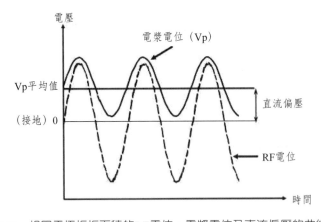

圖3.13　相同電極板板面積的RF電位、電漿電位及直流偏壓的曲線圖

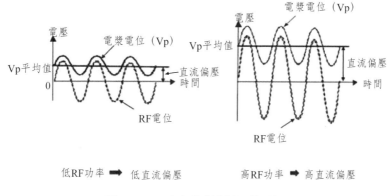

低RF功率 ➡ 低直流偏壓　　　　高RF功率 ➡ 高直流偏壓

圖3.14　RF功率與直流偏壓的關係

　　當接往RF電源的電極板板面面積A1小於接地的電極板板面面積A2時，如圖3.15上圖所示。接著我們來觀察圖3.16的RF電位及電漿電位的曲線圖，因為A2大於A1的原故，會使更多的電子流向接地電極板A2。所以在一開始時，電漿區裡的離子濃度會高於電子，這時接往RF電源的電極板A1將會自動調降電漿電位，讓更多的離子往A1移動，以使電漿內的離子和電子達到平衡狀態，也就是離子流出電漿的流量會等於電子流出電漿的流量，這樣才能維持電漿電位的穩定。這種獨特的電位自動調降，稱為自我偏壓（Self-Bias），如圖3.15下圖及圖3.16所示，自我偏壓可以趨使離子通過A1電極板與電漿之間的暗區時，獲得高能量而去對A1電極板做離子轟擊。所以大部分的電漿乾蝕刻（Dry Etching）製程都採用非對稱電極板，並將晶圓（Wafer）放置於A1電極板上，以獲得乾蝕刻製程所需的離子轟擊。而電位與板面面積會有一個關係式，如（3-6式）所示，V_1為直流偏壓，也就是A1電極板與電漿之間的暗區電位，V_2為電漿到接地的電漿電位，也就是A2電極板與電漿之間的暗區電位，而A1和A2則分別為兩個電極板的板面面積，n值則依反應室的設計約在1～4之間。

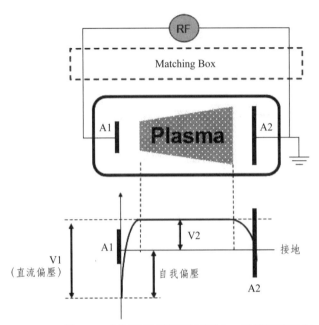

圖3.15　非對稱電極板板面積的RF電漿電位分佈

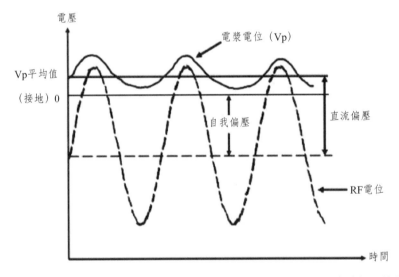

圖3.16　非對稱電極板板面積的RF電位、電漿電位、直流偏壓及自我偏壓的曲線圖

$$\frac{V_1}{V_2} = \left(\frac{A_2}{A_1}\right)^n \qquad\qquad (\text{3-6式})$$

3.1.2 射頻電漿電源（RF Generator）的功率量測儀器

精確的控制射頻電漿電源（RF Generator）的功率傳輸，是電漿製程

中關鍵的要素之一。圖3.17為一個簡單的射頻（Radio Frequency, RF）電漿電源系統示意圖，半導體設備大部分採用13.56MHz頻率的射頻電漿電源，並且於反應室（Chamber）之間會有一阻抗匹配器（Impedance Matching Box），此阻抗匹配器會將複數阻抗（實數和虛數）轉換為負載阻抗50Ω，使射頻電漿電源能夠將最大功率轉移至反應室，且將反射功率降至最低。而一般我們如果想得知射頻電漿電源的實際功率及效能，然後去對阻抗匹配器進行校正，以得到最大功率的轉移至反應室，那我們就可先採用圖3.18的量測連接方式來得知射頻電漿電源的實際功率。首先，先將射頻電漿電源連接至轉換器（Transducer）的射頻電源輸入端，而假負載（Dummy Load）連接至轉換器的負載端，然後將射頻功率量測儀表（RF Power Meter）也連接至轉換器，便可以從RF Power Meter得知實際RF Generator的功率，這樣我們就可得知我們所設定的RF Generator的功率與實際所量測出來的功率是否相符合。而當得知RF Generator的實際功率後，我們便可以去對機台端的Matching Box 進行調校，以得到最大功率的轉移至反應室，並且將反射功率降至最低。

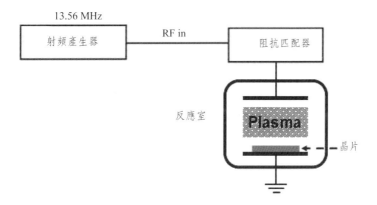

圖3.17　一個簡單的射頻（RF）電漿系統示意圖

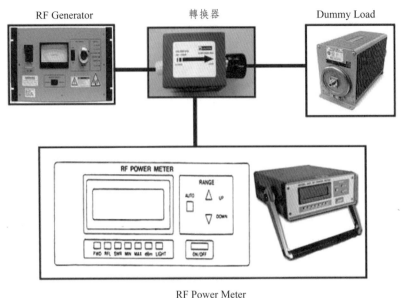

RF Generator　　　　　轉換器　　　　　Dummy Load

RF Power Meter

圖3.18　得知射頻產生器實際功率的量測連接方式

3.2 化學氣相沉積設備系統（Chemical Vapor Deposition, CVD）

3.2.0 簡介

　　化學氣相沉積利用氣態反應物與基板表面發生沉積鍍膜過程，其原理與機制請參閱擴散章節。化學氣相沉積設備包含所有的常壓與低壓爐管，因應不同的製程需求又分為高真空或超高真空化學氣相沉積系統或磊晶系統、電漿輔助化學氣相沉積（Plasma Enhance CVD, PECVD）、原子層沉積系統（Atomic Layer Deposition, ALD）、分子束磊晶系統（Molecular Beam Epitaxy, MBE）、有機金屬化學氣相沉積系統（Metal-Organic CVD, MOCVD）等等。

3.2.1 電漿輔助化學氣相沉積（PECVD）

　　電漿輔助化學氣相沉積系統主要是為了降低反應所需的溫度，以達到調降製程的熱預算（Thermal Budget）為目的所發展出的低溫沉積技術，尤其

在完成離子植入活化製程後與多層金屬連線製程更顯得重要，如表3.1所示，我們可以輕易判別一般CVD製程與電漿輔助化學氣相沉積（PECVD）對製程溫度的要求差異。隨著電漿密度差異又可區分為高密度電漿化學氣相沉積（High Density Plasma CVD, HDPCVD），所使用的電漿腔體技術可參閱蝕刻章節所介紹的各式電漿腔體設計原理，圖3.19為電漿輔助化學氣相沉積腔體，反應氣體經由氣體分配組件均勻導入腔體內，電極板提供能量給電子撞擊氣體分子形成電漿態，氣體解離成高活性的單原子態、自由基態或離子態，透過CVD的反應機制在基板表面發生低溫的沉積鍍膜反應，生成物與副產物則由系統幫浦抽至廠務廢氣端，溫控系統維持基板表面溫度藉以控制薄膜沉積均勻性。一般腔體會設置幾個監控視窗（View Port）可架設即時監控設備，如膜厚監測、表面應力監測、電漿輝光波長與強度監測等等。

薄膜	反應式	沉積溫度（LPCVD）	沉積溫度（PECVD）
Si_3N_4	$SiH_4 + NH_3 \rightarrow Si_3N_4$	850℃	200～400℃
SiO2	$SiH_4 + N_2O \rightarrow SiO_2$	800℃	200～400℃
SiO_2	$TEOS + O_2 \rightarrow SiO_2$	720℃	350℃

表3.1　LPCVD與PECVD薄膜沉積溫度比較表

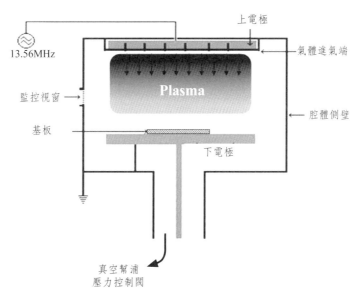

圖3.19　電漿輔助化學氣相沉積腔體，包含上下電極、氣體分配盤、基板承載（加熱與冷卻功能）、射頻產生器與匹配箱等組件

電漿輔助化學氣相沉積系統

此系統為多腔體式設計的電漿輔助化學氣相沉積系統，架構分為一個批式晶圓放置卡匣（Cassette LoadLock）、晶片傳輸腔體（Transfer Chamber）及兩個製程腔體（Process Chamber），結構如圖3.20所示。製程腔體（Process Chamber）裡的電漿是由晶片承載器上方的RF上電極配合反應氣體、腔體壓力所產生，此系統的2個製程腔體分別為：以SiH_4為主要反應氣體的氮化矽（SiN_x）沉積腔體，及TEOS為主要反應氣體的氧化矽（SiO_x）沉積腔體。

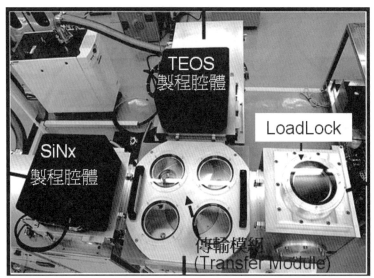

圖3.20　電漿輔助化學沉積系統（PECVD System），包含兩個薄膜沉積腔體、傳輸腔體及Loadlock腔體

製程腔體內部結構：

腔體內部設計如圖3.21所示，一般在頂端配置電極，串接匹配箱（Match Box）與射頻產生器（RF Generator），射頻產生器所使用的功率與頻率，可因應製程需求與特性選用。反應氣體經由氣體分散盤面進入腔體，氣體分散盤面可分為花灑型（Showerhead）和噴射氣流型（Injector），一般腔體內會設置擋板使氣流更均勻分布，降低反應氣體濃度的差異性。晶圓乘

載盤提供加熱或冷卻功能，確保晶片表面進行恆溫反應，降低反應速率差異性。而反應腔體通常具有加熱功能，降低反應物或副產物冷凝與沉積在腔壁上，而增加製程不穩定性與保養頻率。

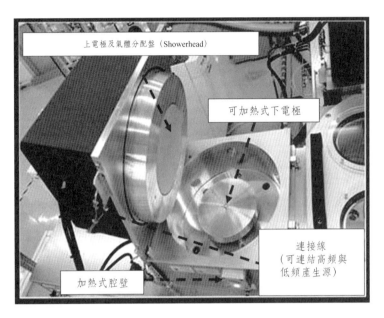

圖3.21　製程腔體內部結構包含基板承載盤（包含加熱功能）、上電極（包含氣體混合與分散系統）、腔體管壁加熱

晶圓傳輸系統模組：

　　如圖3.22所示，晶圓傳輸系統模組主要由預承載室（LoadLock）與真空傳輸手臂腔體（Robot Transfer Module）所進行，晶圓放置卡匣內並置於承載室，將承載室的環境壓力預抽至低真空，由雷射偵測器判斷卡匣內的晶圓放置狀況。機械傳輸手臂將依每片晶圓的製程設定傳輸至所需的腔體，一般把多製程腔體與晶圓傳輸系統模組統稱爲集結式系統（Cluster Tool），如此設計可降低環境水氣與污染物直接與製程腔體接觸，增加製程間穩定性與製程速度。

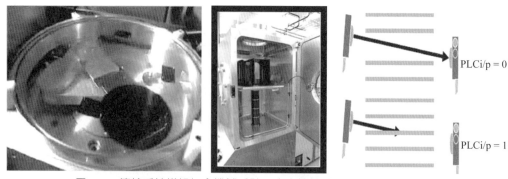

圖3.22　傳輸系統模組包含機械手臂、真空傳輸腔體及晶圓對準系統

腔體內鍍膜與腔體內清潔製程（Coating and In-situ Clean）：

　　隨著對製程穩定性的要求，系統在達到穩定的製程環境前並不會進行製程，一般在全新的腔體環境下先進行腔體內烘烤與鍍膜製程，當系統已完全去除不純附著氣體與製造一穩態環境下，才可確保每一片晶圓獲得穩定的鍍膜品質，依機台或製程屬性又區分為：(1)清潔→腔體鍍膜→製程鍍膜；(2)清潔→腔體鍍膜→製程鍍膜x數次製程（或達到一定厚度再進行清潔）。此類製作流程皆為了獲得極小的製程偏差，增加總體產品的生產良率。如圖3.23所示，過量的鍍膜在氣體分配盤將導致花灑平板（Showerhead）的氣流孔洞變小或阻塞，影響氣體流速與分配均勻性及產生微粒疑慮；沉積薄膜材料的光學性質與熱傳性質亦與腔體內組件不同，如果薄膜沉積於腔體組件表面將影響氣體分配盤控溫能力，容易在腔體進行深降溫過程中，因為熱應力效應造成薄膜龜裂與掉落產生汙染問題。

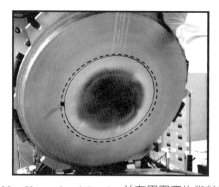

圖3.23　Showerhead Coating並在周圍產生微粒沉積

PECVD製程介紹：

薄膜沉積速率調整：

圖3.24所描述的成長速率與基板溫度的關係，無論應用在何種薄膜沉積設備皆可適用，(1)當基板溫度處於低溫狀態下，即使有大量的反應前驅物與基板表面接觸，基板並無足夠的能量使前驅物發生沉積反應，僅發生表面吸附（Absorption）、表面遷移（Migration）然後於基板表面脫附（Desorption），此時反應動力學處於表面反應限制條件下，直接增加前驅物濃度對成長速率並無貢獻，此條件下僅需要逐步提高基板溫度參數即可增加沉積速率。(2)基板溫度到達一定溫度以上，沉積速率不再受能量所侷限，最主要由前驅物傳遞至基板的速率所限制，增加溫度對薄膜成長速率不再那麼顯著，此時表面能量對沉積速率的影響不大，所以參數調整往低壓力環境可減少前驅物傳遞阻力，成為增加成長速率的方法之一，或直接增加前驅物濃度亦可以獲得較快的成長速率。

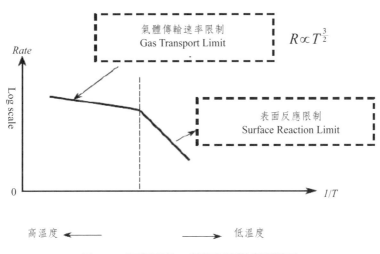

圖3.24　沉積速率 vs 基板反應溫度關係圖

階梯覆蓋能力：

一般需要進行薄膜沉積的製程並非使用平整的表面結構，原始表面已有其他結構，如圖3.25所示，結構上任何位置的薄膜沉積厚度由階梯覆蓋能力（Step Coverage）所決定，階梯覆蓋能力則由物理與化學特性所決定，反

應前驅物在氣相中發生多次碰撞後到達基板表面，由圖3.25可以輕易判別在沉積速率為A區>B區>C區。而另一重要因素則是反應前驅物的表面遷移率（Surface Mobility）所決定，此因素由基板溫度、前驅物種類（如TEOS前驅物移動率較高）及物理轟擊（Ion Bombardment）能量等參數決定，基板溫度與物理轟擊能量都是提供前驅物在表面具有更多的移動能量，獲得較佳的階梯覆蓋能力。

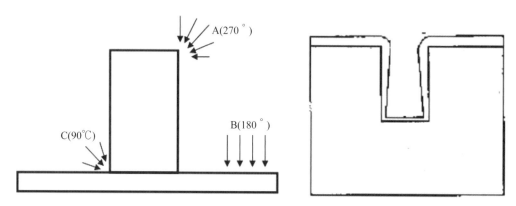

圖3.25 不同的表面結構影響前驅物到達表面的機率與沉積速率

(1) 氮化矽（SiN$_x$）沉積反應介紹：

反應前驅物SiH$_4$與NH$_3$為沉積氮化矽（SiN$_x$）為主的氣體組合，經過電漿活化後的可能前驅反應物為SiH$_3$、SiH$_2$與NH，基板溫度則控制在250～400℃，反應壓力控制在0.5～3 Torr，一般由電漿輔助化學氣相沉積的氮化矽薄膜稱為PE-Nitride。由於前驅物含有大量的氫鍵，所以PE-Nitride薄膜含有大量的氫原子，可使用高密度電漿源技術減少氫原子含量。另外PE-Nitride薄膜具有應力可控制的特性，使用低頻電漿源可產生壓應力的薄膜，而使用高頻電漿源可產生拉應力的薄膜。PE-Nitride常用於表面保護層、蝕刻終止層、擴散阻擋層，在薄膜電晶體領域亦可應用於低溫介電閘極層。製程程序步驟（Recipe）介紹如下，如表3.2所示：（製程程序步驟以及參數會依不同廠牌設備而有些許不同）

Step	Name	Time (sec)	HF/ LF Power (W)	5%SiH$_4$/N$_2$ (sccm)	NH$_3$ (sccm)	N$_2$ (sccm)	Pressure (mT orr)	Temperature (°C)
1	Pump down	30					30	300
2	preheat	1200				2000	8000	300
3	Slow pump down	120					5deg	300
4	Gas flow	20		250	4	900	750	300
5	SiNx	1800	HF 100 (14sec) /LF 100 (6sec)	250	4	900	750	300
6	Pump down	30						300

表3.2　PECVD-SiNx製程程序步驟介紹

(2) 氧化矽（SiO$_x$）沉積反應介紹：

TEOS主要用於沉積二氧化矽（SiO$_x$），TEOS中文全名為四乙基正矽酸鹽（Tetraethyl Orthosilicate），化學式為Si-(C$_2$H$_5$O)$_4$，目前CVD製程上使用最頻繁的有機矽源，TEOS因沸點較高（常壓下約168°C）以液態的方式儲存並搭配載氣（Carrier Gas）使用，通常對裝盛的不銹鋼容器恆溫加熱增加其飽和蒸氣壓與維持濃度穩定性，如圖3.26所示。常用的載氣選用不會參與反應的氬氣或氮氣，通入定量的載氣進入容器並攜帶出所需的TEOS濃度，搭配額外的氧原子前驅物來源有O$_2$、NO或N$_2$O，於氣體分配盤內混和後進入電漿腔體，由電漿活化前驅物後發生化學氣相沉積反應於基板表面。製程程序步驟（Recipe）介紹如下，如表3.3所示：（製程程序步驟以及參數會依不同廠牌設備而有些許不同）

Recipe	Step 1 TEOS Pump	Step 2 TEOS Heat Up	Step 3 O$_2$ Plasma	Step 4 TEOS Dep.	Step 5 Repeat 3	Step 6 Pump	Step 7 Purge	Step 8 Loop	Step 9 Pump Down
Ar (sccm)	0	0	0	0		0	500		0
O$_2$ (sccm)	0	300	250	300		0	0		0
TEOS (sccm)	0	0	0	50		0	0		0
Pressure (mTorr)	0	1500	500	500		0	500		0
LF RF Power (w)	0	0	40	40		0	0		0
Temp. (°C)	350	350	350	300		350	350		350
Time	1 min	5 min	1 min	2 min		1 min	1 min		2 min

表3.3　PECVD-TEOS SiOx製程程序步驟介紹

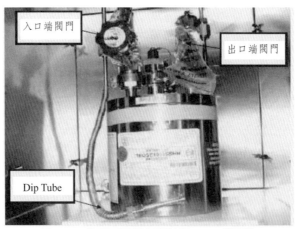

圖3.26　使用不鏽鋼鋼瓶填裝TEOS前驅物

3.2.2 新穎化學氣相沉積系統與磊晶系統（ALD、MBE、MOCVD）

針對CVD製程的缺點、元件結構、薄膜特性等需求所設計的新穎化學氣相沉積或磊晶系統，主要針對階梯覆蓋能力、新穎材料與化合物半導體材料開發、異質接面磊晶、薄膜品質改善等需求所發展出的設備。

3.2.2.1 原子層薄膜沉積系統（Atomic Layer Deposition, ALD）：

早期原子層沉積（Atomic Layer Deposition）由於Aleskovskii和Suntola致力於技術發展，使ALD技術目前已經廣泛運用到學術研究及工業運用。ALD設備最關鍵部分在於「自限成膜」（Self-limiting Growth）的表面成長特性，此技術有機會在每次成長循環中只完成單層原子層排列於表面。藉由依序注入適當的前驅物（Precursors）與表面進行反應，並藉由惰性氣體（Ar）去除腔體內殘餘物與副產物後，通入另一種前驅物完成薄膜成長，使得ALD技術可成長高品質且高均勻性之薄膜。由於獨特的成長機制，ALD沉積薄膜具有下列幾項特殊的優點：

1. 對於內孔、凹槽與高深寬比結構具良好的沉積均勻性，如圖3.27所

示。

2. 膜厚可精準控制達一個原子層。

3. 大面積製程可達到無孔洞薄膜（Pin Hole Free）。

4. 極高之重複性及穩定性。

5. 材料缺陷密度低。

6. 可成長非晶型或結晶薄膜（溫度選擇）。

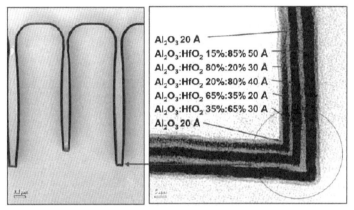

圖3.27　於2002年 Thin Solid Film期刊中所發表的ALD薄膜在高深寬比孔洞內鍍膜的特性，由TEM檢測可發現階梯覆蓋能力與薄膜厚度均勻性皆是一般薄膜沉積技術無法抗衡的表現[4]

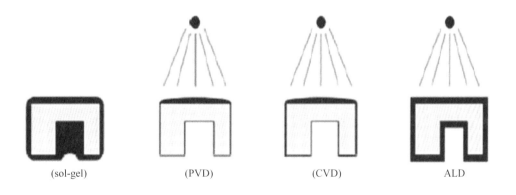

圖3.28　不同的薄膜沉積技術下，表面覆蓋均勻性的表現比較

傳統ALD及PE-ALD之原理：

ALD主要有兩種不同技術，傳統ALD技術藉由熱動能驅動前驅物完成反應。相較其他薄膜成長方式，傳統ALD技術相較於其他薄膜沉積方法屬於低溫沉積設備，但電漿輔助式原子層沉積（PE-ALD）也被廣泛在應用在新

材料開發，優點在於更低溫的製程環境下，製作過去無法實現的特殊薄膜材料。

原子層沉積技術機制：

最佳的例子以利用水（H_2O）及Trimethylaluminum（$Al(CH_3)_3$：TMAl）兩種前驅物成長氧化鋁薄膜的製程為例，成長反應一般可以分成四個步驟，如圖3.29所示：

1. 將第一種前驅物注入系統中並吸附於基板表面：注入前驅物TMAl與基材表面的羥基（-OH）反應，並釋出甲基分子（CH_4）。此反應具有自限制（Self-limiting）表面反應特性，其餘過剩前驅物並不會再吸附於$Al(CH_3)_2$分子表面。

2. 清除多餘未反應之前驅物及副產物：藉由持續注入惰性氣體及幫浦抽氣，將未反應之前驅物及副產物（甲基分子）帶離腔體。

3. 將第二種前驅物注入並吸附基材表面：水和吸附於表面的$Al(CH_3)_2$分子反應，並形成甲基形成副產物，同時形成Al-O-Al鍵結並提供新的羥基做為下次TMAl反應的鍵結位置。

4. 清除多餘未反應前驅物及反應後之副產物。

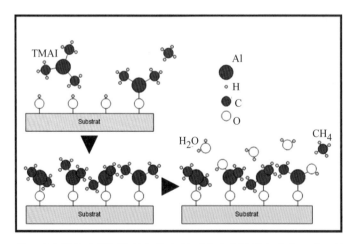

圖3.29　利用具自限反應機制的前驅物交替引進反應腔體完成原子層沉積（ALD）

其他材料如氮化物或硫化物具相似的機制，藉由前驅物的化學特性吸附

於特定官能基上，形成選擇性薄膜成長機制及具有飽和機制的可控制單一原子層成長條件。

前驅物之選擇：

ALD製程對前驅物的要求具下列三項關鍵特性：(1)第一個前驅物具有自限反應能力、(2)反應後釋出副產物、(3)第二種前驅物可和第一個前驅物反應，並提供新的反應表面於下次之反應循環。建構ALD製程必須全盤了解前驅物的化學性質及表面反應機制，一般前驅物包含了鹵素元素（Cl、Br、I）、烷氧基（$-OC_xH_y$）、烷基（$-C_xH_y$）、胺基（$-N(C_xH_y)_2$）、環戊烷基（$-C_5H_5$）等。在選用前驅物時須依照材料的化學與物理特性，考量結構元件的應用需求而選用，例如具有鹵基官能基的前驅物（Precursor）並不適合電子領域的薄膜應用，此類前驅物會釋放出強反應性的副產物（如HCl、HBr）進而侵蝕成長之薄膜影響表面型態。選擇第二種前驅物亦很重要的，製程需依照薄膜特性及基材性質來選擇前驅物，例如氧化物成長可藉由不同具有氧分子的前驅物來達成，譬如疏水性基材成長氧化鋁薄膜時，選用醇類作為第二種前驅物成長；當選用水作為第二種前驅物時，在疏水性的基材上成長的薄膜則較為粗糙，然而在親水性之基材上結果則為相反。利用n-Butanol作為第二前驅物成長氧化鋁於有機自組之單層膜上，其薄膜的平滑度可以大幅的改進。另外前驅物必須具備高度的活性，使其吸附於基材表面並與另一種前驅物反應。反應條件須不斷地微調最佳沉積速率並減少熱裂解效應侵蝕沉積的薄膜。由於ALD成長的化學特性，並不是每種固態材料都可找到適用前驅物，因此藉由電漿輔助方式亦有機會打破化學特性的侷限且實現無法使用傳統方式成長的薄膜材料。

設備設計與架構：

圖3.30為原子層沉積系統基本架構，除了反應腔體與真空系統外，需選用具自限反應的前驅物，除了氣體（Gas）前驅物，另有固態（Solid）與液態（Liquid）等有機金屬前驅物可選用。系統經常利用脈衝（Pulses）的方式將不同的自限反應前驅物導入製程環境，在不同前驅物導入的區間需有額

外的鈍性氣體進行清除（Purge）動作，將剩餘前驅物與副產物帶離腔體，並進行下一個循環。因應製程需求亦有不同的幫浦系統（渦輪分子幫浦、乾式幫浦）配置、抽氣速率設計、廢氣處理系統及增購即時監測裝置。

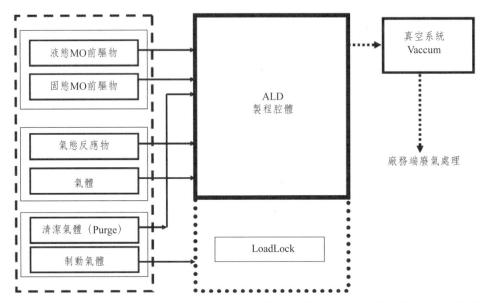

圖3.30　ALD設備架構包含反應腔體、真空設備、廢氣處理設備、各式反應前驅物質量流量控制系統

配合原子層反應沉積的特性與前驅物特性，增進系統的控制準確性與生產速率，許多設備組件需選用特殊規格，常用的組件如下：

質量流量計（MFC）：

精準控制反應氣體與攜帶氣體（Carrier Gas）流量，快速的反應時間（Response Time）及大範圍的可操作壓力，達成高準度的前驅物攜帶量完成每次循環的單層分子（Monolayer）覆蓋。

可加熱型及高性能閥件（Valve）：

脈衝（Pulses）導入前驅反應物的操作特性（圖3.31）、閥件的開關速度（圖3.32）、可靠度及壽命會決定機台的性能與維護費用。由於使用有機金屬前驅物（Metal-Organic Precursors）且此類物質通常為液態或固態，需使用恆溫與恆壓裝置獲得穩定的蒸氣壓，藉由攜帶氣體（Carrier gas）流量

控制，穩定地攜帶特定莫爾分壓的前驅物進入腔體，此方式攜帶反應物進入腔體的過程，仍需考慮流經的閥件或管件是否在傳輸的過程中，將前驅物冷凝在管壁或閥件內，間接影響參數的穩定性，所以可加熱型閥件與管件或增設加熱衣與加熱帶都是常見的設計。

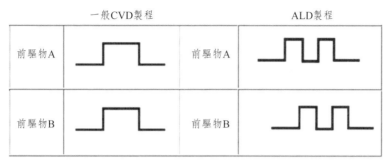

圖3.31　傳統CVD與ALD閥件運作比較圖，CVD為多種反應物同時開關且維持長時間，而ALD為短時間以脈衝方式交替開關且作動頻繁

標準氣動　　多通道氣動
常開閥（NO）　常關閥（NC）

圖3.32　為ALD常使用的氣動閥件，且需符合高速運作、可加熱至200℃及超過兩千萬次的開關壽命等運作特性

過濾器（Trap or Filter）：

此裝置主要用於避免汙染物回灌至腔體及延長幫浦使用壽命，因為未完整反應的前驅物與副產物可能冷凝並沉積在後端排氣管路與幫浦轉子或葉片上，將此類汙染物吸附在過濾器內僅需定期保養此裝置或更換上經過保養的過濾器，系統即可迅速回復到量產狀態。

節流閥（Throttle Valve）：

ALD製程需要進行鈍氣清除（Purge）動作，在每次切換前驅物時即須進行一次鈍氣清除殘餘氣體，所以整個薄膜成長過程需消耗長時間在此清除動作。如有精準控制的節流閥控制壓力升降，則可以有效減少每個循環所需的製程時間。

去離子水蒸氣傳送系統（DI Water Vaporizer）：

去離子水蒸氣常用於高介電金屬氧化層，做為可提供氧原子的自限反應前驅物，且需可精準控制每次循環的水分子莫爾分量，反應快速與可靠穩定的組件常被使用於增進設備性能。

臭氧產生器（Ozone Generator）：

臭氧是一種常被使用的氧原子來源，選購此類產生器通常需考慮幾個要素，包含臭氧產生速率、潔淨度及設備穩定性，濃度影響薄膜成長速率，潔淨度影響薄膜品質，穩定性及可靠性則影響ALD設備整體可量產的時間。

遙控電漿產生器（Remote Plasma）：

遙控電漿源可提供原子層薄膜成長更多的選擇與彈性，有機會完成更多種類的化合物製作、減少製程溫度或改善薄膜品質，許多種類的前驅物在一般的反應條件下，活性不高而造成過低的反應速率，影響其原有製程的可利用價值，利用電漿輔助提供自由基態分子則可改善低反應速率的缺點，提升部分ALD薄膜的品質及可利用性。

3.2.2.2 分子束磊晶設備原理（Molecular Beam Epitaxy, MBE）：

分子束磊晶成長方法由J.R. Arthur和A.Y. Cho於1969年發展出來，一種歸類為物理氣相磊晶技術，主要使用靶材蒸鍍提供原子束或分子束，另有使用化學氣相磊晶的系統稱為CBE（Chemical Beam Epitaxy），分別以物理或化學的方式將磊晶核種傳遞至基板表面，MBE使用單一或多種熱分子束至加熱基板表面進行表面沉積反應。

MBE在基板表面磊晶機制：

沉積速率主要由基板溫度、基板種類及分子束流量所決定，入射原子與基板的作用不是被基板吸附就是反射回真空環境，反射率由入射原子能量與基板溫度決定，入射原子一般可視為單原子（Adatom）狀態，吸附於基板表面並發生擴散、遷移（Migration）至能量最低的最適晶格點並發生沉積反

應，而未發生反應的原子則脫離表面回到眞空環境下，故MBE的磊晶成長於基板表面反應的模型主要分爲四種過程如下：

(1) 吸附：入射原子於基板表面吸附，形成可移動的核種狀態（Precursor）。

(2) 脫附：核種狀態原子經過一段時間後從表面脫附，此週期稱之爲生命期（Lifetime）。

(3) 鍵結：核種原子與基板發生化學吸附（Chemisorption），隨後與基板表面發生鍵結。

(4) 解離：表面原子由鍵結狀態被釋放，再次成爲核種於基板表面移動，稱之爲解離（De-adsorption）。

圖3.33爲MBE系統腔體配置圖，包含超高眞空腔體需配置初抽乾式幫浦系統（Dry Pump）、渦輪分子幫浦（Turbo Molecule Pump）及冷凍幫浦（Cryo Pump），各式分子束加蒸鍍源（Effusion Cell），即時監控系統反射式高能電子繞射儀（RHEED），溫控系統與基板載台，遙控電漿源等等。

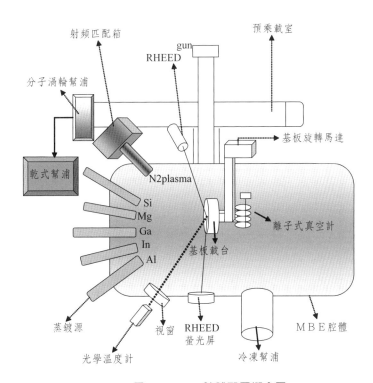

圖3.33　MBE腔體配置概念圖

蒸鍍源（Effusion Cell）：

盛裝蒸鍍物質的坩鍋可分為兩種材料，一種是高純度石墨材（Graphit），另一種為高純度氮化硼（BN），皆使用鉭線（Ta Wire）做為加熱電阻絲，並於坩鍋外圍包覆鉭箔阻絕熱源往外擴散與維持恆定溫度，所有蒸鍍源瓶置於冷卻阱（Cold Trap）中避免相互熱干擾，以氣動式鉬（Mo）遮板（Shutter）控制分子束開啟與關閉。利用PID溫控器控制蒸鍍源溫度，可調整分子束流量至設定值，其分子束流量強度公式如下：

$$J(\phi) = 1.11 \times 10^{22}(\frac{P}{\sqrt{M \times T}})(\frac{A}{L^2})\cos\phi \text{ molecules/cm}^2\text{-s}$$

P:	蒸鍍瓶內平衡蒸氣壓
A:	蒸鍍瓶頂端面積
M:	蒸鍍瓶氣體原子量
T:	蒸鍍瓶溫度（K）
L:	蒸鍍瓶開口至基板位置間距
ϕ:	蒸鍍瓶中心線與基板平面法線夾角

離子真空計（Ion Gauge）：

離子真空計可用來偵測蒸鍍源分子束等效壓力值，可將真空計置於基板位置量測各別分子束蒸氣壓值，如此可設計複合物半導體組成比例，例如三五族或二六族複合物半導體，可用於設計磊晶成長速率及相關摻雜物質濃度的設計，分子束流量比例計算公式如下：

$$\frac{J_{VI}}{J_{II}} = \frac{p_{VI}}{p_{ii}} \frac{i_{II}}{i_{VI}} \sqrt{\frac{T_{VI}}{T_{II}} \frac{M_{II}}{M_{VI}}}$$

J:	流量密度（atoms/cm^2-s）
P:	分子束等校壓力（Torr）
T:	分子束源瓶絕對溫度（K）
M:	原子（分子）重量（g）
i:	離子化效率（ionization efficiency），相對於氮氣測得。
	i/iNi = [（0.4Z / 14+0.6）]「Z為原子量或分子量」

反射式高能量子繞射儀（Reflected High Energy Electron Diffraction）

10-30KeV的電子沿著近乎平行表面的角度入射，如圖3.34所示，此時入射角約僅有3-5度，電子的穿透深度約2-3層原子深度，因爲電子的波性質導致與表面原子發生繞射現象，因此反射電子的訊號只攜帶表面的繞射訊號。若試片表面是單晶結構，反射電子會在螢幕上形成條狀的繞射圖，可由繞射原理（k' - k = Ghkl）來解釋其繞射圖。

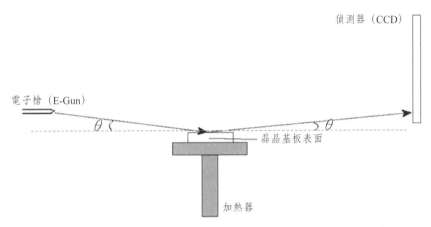

圖3.34　反射式高能電子繞射儀的架設，搭配CCD或螢光屏可觀測繞射圖形，亦可以由強度檢測器紀錄反射電子強度判讀成長速率

試片在反射式高能量電子繞射實驗的反晶格與在低能量電子繞射一樣，若是單晶表面其反晶格呈規則竹林狀，此時Ewald sphere的電子入射方向，也就是k向量的方向，依照實際空間方位入射，此時Ewald sphere與反晶格相切處爲一系列的直條圖形，相當於從電子入射方向看反晶格，此可視爲反晶格的側視圖稱爲直條繞射圖形。

反射式高能量電子繞射技術在磊晶成長的實驗上非常有用，繞射圖可用來判斷表面是否是單晶，若繞射圖是直條狀代表磊晶品質很好且呈現單晶型態，但不能定量計算磊晶速度，若監測繞射強度隨時間的變化可反推出磊晶成長速率，此技術稱爲反射式高能電子繞射震盪圖形（RHEED Oscillation），此技術可控制磊晶的準確度到0.1層原子。RHEED Oscillation的基本原理是在磊晶成長時，當磊晶的厚度每增加一原子層覆蓋層時，其表

面狀況應與未磊晶上此層原子時相同，所以RHEED的訊號強度隨著厚度增加而改變，每次達成1完整磊晶層循環時訊號強度回到原先強度，若磊晶厚度持續隨時間增加時，其訊號強度隨時間的變化而呈現震盪圖形，如圖3.35所示，在固定成長速率的條件下呈現週期性震盪的圖形，因此可以準確地控制磊晶厚度。

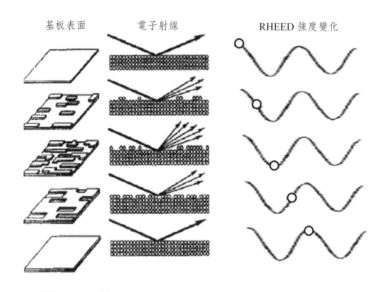

圖3.35　反射式高能電子繞射儀對MBE磊晶成長表面的監測圖形

MBE製程壓力：

在超高真空（內壓<10^{-10} torr）腔體環境內加蒸鍍源（控溫需精準掌握與計算）蒸鍍其分子或原子，使氣體分子在成長腔體內的平均自由路徑大於蒸鍍源至基板間距離，可視為蒸鍍物質以分子束型態直線行進至基板表面進行磊晶成長。由於MBE系統要求達到超高真空，對靶材純度要求至少達到6N（99.9999%），故具有防止其他雜質污染的最大優點，可成長高品質半導體薄膜與新穎材料研發，應用在光電和通訊電子元件結構。

基板選擇：

任何的磊晶製程中基板具有決定磊晶品質的重要關鍵因素之一，其中最常被探討的兩種物理性質分別為：(a)晶格不匹配（Lattice Mismatch）與(b)

熱不匹配（Thermal Mismatch）。

(a) 晶格不匹配（Lattice Mismatch）

在單晶基板表面有方向性地磊晶成長另一種材料稱為異質磊晶（Hetroepitaxy），例如ZnSe-GaAs或GaN-Al₂O₃等結構，晶格常數差異以晶格不匹配率（f）表示：

$$f = \frac{a_s - a_e}{a_s}$$

a_s與a_e分別為基板與磊晶層在熱平衡下的晶格常數，在大多數的異質磊晶製程中，晶格不匹配是常遭遇的挑戰，導致磊晶層晶格發生形變並於介面處產生應力。例如ZnSe晶格常數為5.668A，GaAs基板的晶格常數為5.653A，不匹配率為0.26%；GaN晶格常數為5.185A（c-plane），Al₂O₃基板的晶格常數為4.785A，不匹配率為8.36%。

假設基材為無限厚的磊晶製程，晶格不匹配對磊晶薄膜層造成介面晶格扭曲，在磊晶過程中因不匹配所聚積的應力能量，全由磊晶層晶格形變來調整或產生錯位缺陷，如圖3.36所示，此時在平行於GaAs基板接面位置的ZnSe晶格常數變小，而垂直於接面的晶格常數變大，此狀態稱

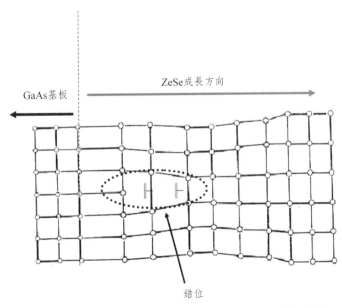

圖3.36　於晶格不匹配的基板上進行異質磊晶，磊晶層與基板晶格變化趨勢

之爲假晶（Pseudomorphic）。在磊晶厚度增加後則會導致各種錯位缺陷（Dislocation），並不斷釋放應力使磊晶層逐漸回復至ZnSe原晶格常數。

(b) 熱不匹配（Thermal Mismatch）

在異質磊晶的領域中，常需比較磊晶材料與基板間的熱膨脹係數，即使基板與磊晶材料具有相同晶格常數，熱膨脹係數亦不盡相同此稱爲熱不匹配。此參數往往在製程結束後溫度降回至室溫時，對基板或磊晶層產生應力並有可能導致磊晶層破裂。

3.2.2.3 有機金屬化學氣相沉積設備（Metal-Organic CVD, MOCVD）：

使用有機金屬前驅物（Metal-Organic Precursors）做爲反應前驅物的薄膜沉積設備皆可稱爲MOCVD，如果沉積設備以製作單晶薄膜爲目的，常稱爲有機金屬氣相磊晶系統（Metal-Organic Vapor Phase Epitaxy, MOVPE）。在矽積體電路製程中使用MOCVD技術進行金屬填洞製程，因屬於化學表面反應具有更佳的填洞能力。在此單元中我們將重點聚焦在MOVPE製程，目前MOVPE製程最主要應用在化合物半導體領域，最爲大家熟悉的應用莫過於發光二極體（Light Emitting Diode, LED）。

製程原理與機台種類：

MOVPE製程原理與CVD相似，僅將氣態反應物更換爲有機金屬前驅物，在室溫環境下有機金屬前驅物通常爲液態或固態，但物質無論處於何種相態皆有相對的氣相蒸氣壓，可利用流動的氣體將前驅物蒸氣攜帶進入反應腔體，在適當的條件下完成化學氣相沉積。

第一個利用MOVPE製程成功將高品質GaN磊晶薄膜生長在藍寶石基板上的腔體，稱爲雙流腔體（Two Flow MOCVD）設計，如圖3.37所示，由中村秀二（Nakamura）等人利用低溫GaN緩衝層在異質磊晶介面上削減晶格不匹配所產生的應力，成功在異質基板上（藍寶石基板；Al_2O_3）完成高品質氮化鎵磊晶薄膜生長。此腔體因爲具有額外向下流場（Down Flow）設計，

更具效率地將反應前驅物壓制在磊晶層表面區域，因爲磊晶基板表面溫度高達1050～1080℃使反應氣流發生熱對流現象，降低反應物接近基板的濃度與其均勻性，使磊晶反應速率不均勻並產生三維島狀結晶，如圖3.37所示主要氣流攜帶反應物TMGa、NH₃與H₂於基板平行方向進入，另一支流則由基板上方引進H₂與N₂混和氣體，可將反應物均勻壓制在接近基板表面，抑制島狀結晶並減少晶格錯位成長，提升薄膜結晶品質與載子遷移率（Mobility）。垂直流場亦可減少在基板表面的流動停滯層（邊界層；Boundary Layer）厚度，增進反應前驅物的傳輸效率，搭配不同的流量與製程壓力條件可完成提升GaN磊晶速率與結晶品質。

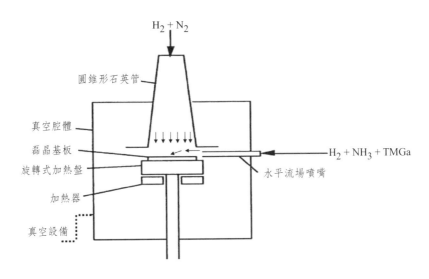

圖3.37　雙流MOCVD反應腔體概念圖，由上方的支流減少熱對流效應對磊晶製程的影響[5]

商用量產設備：

　　爲提供生產能量而有別於單基板乘載設計，一般商用設備使用大面積加熱乘載盤（Susceptor），可於單一製程中同時完成多基板磊晶製程並降低製程成本。目前商用量產設備主要分爲兩種，分別爲垂直流場設計（Vertical Flow Design）和水平流場設計（Horizontal Flow Design）。

垂直流場設計（Showerhead）：

垂直流場腔體設計一般使用如同蓮蓬頭的氣體混和分散設計，在基板的表面上方設計多孔道的氣體分散盤面，一般稱為Showhead組件，將反應前驅物與攜帶氣流均勻分散並垂直流下至基板表面。氮化鎵（GaN）薄膜製程中主要利用TMGa與NH_3做為前驅反應物（Precursors），為了減少前驅物於傳輸過程中發生過多的氣相中預反應，消耗反應前驅物濃度及伴隨而來的微粒汙染問題。通常將此兩反應物分開導入腔體，進入反應腔體才開始混和反應前驅物，提升反應物沉積在磊晶基板表面的比例。利用熱交換器控制Showerhead組件的溫度在60℃附近，降低有機反應物於輸送過程冷凝附著於組件內部，降低Showerhead表面產生薄膜沉積的速率。如圖3.38所示，NH_3與TMGa反應前驅物由不同管線進入上下夾層，再由數以萬計的微導管進入反應腔體並開始混和，此設計可以有效將兩反應物混和在接近基材表面位置。搭配可調整高度的加熱盤，可調整至更佳的磊晶成長條件，因為加熱盤與花灑表面的間距可決定氣體流速，在相同的反應壓力與氣流量下調整邊界層厚度，改變反應前驅物於此介面的輸送效率，直接影響薄膜沉積速率與反

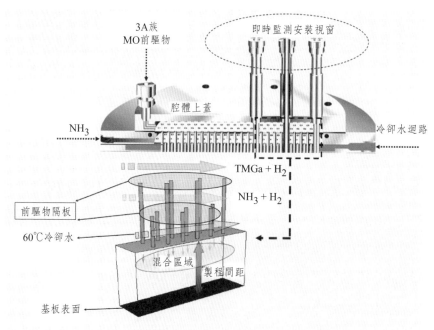

圖3.38 利用CCS（Close Couple Showerhead）概念所設計的氣體分散盤面系統

應前驅物使用效率。

水平流場設計：

水平流場腔體設計使用特殊噴嘴（Injector）或隔板作為氣體均勻分散的組件，以Injector為例隨著設備的演進分為二區流場與三區流場，分別將有機金屬化合物（TMGa、TMIn、TEGa、Cp_2Mg等等）和NH_3於不同區域引進腔體內部，並個別混和所需的H_2與N_2氣體流量，平衡各區域的流體流速與流體動量達到層流傳輸（Laminar Flow）的狀態，如此可避免產生氣體擾流或靜滯流，此類現象使前驅物進行氣相預反應，消耗反應物濃度與產生不必要的微粒汙染。

a. 三區噴嘴（Triple Injector）：

圖3.39為三區噴嘴分為上、中、下不同的氣體出口端，此設計主要將有機金屬化合物置於中間，避免沉積反應發生在氣體出口端，上下兩區則由NH_3混和不同的氫氣或氮氣比例，調整此三區的流速與動量可獲得一線性遞減的成長速率曲線，配合可旋轉式的加熱盤即可獲得厚度均勻的薄膜，如圖3.40所示。

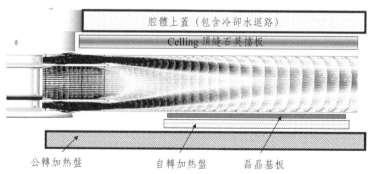

圖3.39　三區噴嘴將有機金屬前驅物、NH_3及其他氣體於腔體內混合

b. 行星加熱盤系統（Planetary Heating System）：

假設水平流場搭配圓柱形石英管其產能非常有限，目前商用量產的設計由噴嘴提供穩定的流場，搭配冷壁（Cold Wall）腔體並置入如行星運轉般的加熱盤配置，如圖3.41所示，分為公轉系統與自轉系統。公轉系統由形狀

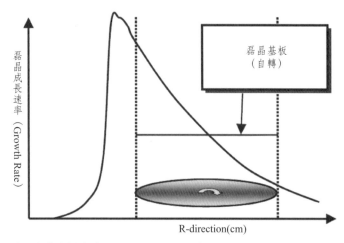

圖3.40　成長速率與軸向位置關係圖，利用基板旋轉的方式獲得均勻的成長厚度

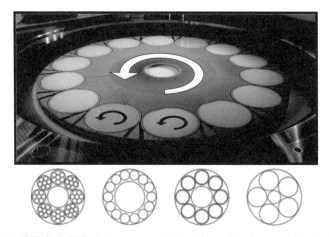

圖3.41　目前商用設備中產量最大的MOCVD磊晶系統，利用行星運轉概念整合公轉與自轉加熱
　　　　盤，達成大面積溫度均勻性控制，可應用在2、4、6、8吋的基板設定，如上圖分別為
　　　　56x2"、14x4"、8x6"與5x8"的基板放置量

如同甜甜圈的同心圓石墨加熱盤（Graphite Susceptor）構成，由底層的加熱
器加熱獲得能量，由於加熱面積龐大需旋轉加熱盤獲得更均勻的溫度分布。
自轉系統在大型Susceptor加熱盤上放置小型加熱盤，一般稱爲行星加熱盤
（Satellite Disc）用於乘載磊晶基板，並在Satellite底層通入適量的氫氣或氮
氣，由氣流帶動行星加熱盤旋轉，此驅動方法有別於機械齒輪帶動，可有效
避免產生微粒粉末。因爲驅動氣流量決定行星加熱盤浮起高度，產生不同的
熱傳效果與表面溫度，可藉由此方法來控制個別的基板表面溫度，達成晶圓

對晶圓間僅低於1℃的溫度差異，獲得極低的磊晶品質差異。

內襯（Liner）與排氣（Exhaust）設計：

腔體內氣體混合的狀態、溫度梯度及流場的微觀現象皆會影響整體製程的良率與品質，利用花灑系統或噴嘴（Injector）設計氣體流場分布。但一般設備腔體為圓柱形或立方型，如果沒有適當的內襯或檔板設計，容易在特定區域產生滯留區或迴流區，進入此區域的前驅物無法輕易傳輸到其他區域，發生氣相成核反應並產生微粒汙染，會降低前驅物在基板表面完成磊晶反應的比例，損耗製程前驅物的使用效率。另外MOCVD屬於高溫反應腔體，組件與反應區的溫度差異會影響氣流的溫度梯度變化，內襯層組件需預先模擬好熱傳效應與適當的溫控需求。一般此組件放置在接近腔體冷壁端，因為溫度相對低於加熱盤容易產生鬆散的沉積物，影響反應腔體環境的維護能力與可控制性，此狀況可選用導熱良好的加熱板材質，將熱傳效率不佳的氮氣導入加熱板與冷壁之間隙，此時氮氣具有熱絕緣效果減緩熱散失，可改善此效應對設備維護所需的人力與金錢。設計不良的排氣通道容易在接近內襯組件時，氣流方向轉向或阻力過大而發生回流現象（Back Flow）或破壞原本的層流條件（Laminar Flow），對製程區域產生無法估計的影響，譬如導致晶圓內外區域具有不同的物理特性與電性、表面平整性差異等等。

加熱盤大小與產能：

因為發光二極體磊晶製程需要冗長的製程時間，大面積的乘載加熱盤（圖3.42）可於單一製程內完成批式反應，減少設備腔體的需求量降低硬體成本，目前商用設備已開發批式121片兩吋晶圓、31片四吋晶圓或12片六吋晶圓製作腔體（可參考圖3.41）。

加熱器與溫度均勻性：

加熱器為MOCVD另一個重要元件，其包含了溫控器、加熱單元及加熱盤，因應產能所需不斷地推出更大尺寸加熱盤，但磊晶品質、摻雜濃度與溫度有絕對的關係，控制溫度均勻性、加熱器穩定性成為評估設備能力的重要參數。加熱單元有傳統的熱阻絲加熱式、遠紅外線加熱燈、射頻感應加熱式

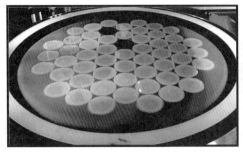 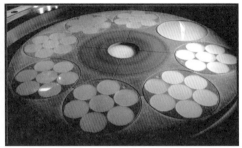

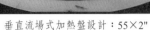
垂直流場式加熱盤設計：55×2"　　　　　　水平流場式加熱盤設計：56×2"

圖3.42　大面積乘載加熱盤可在同一製程中，放置多片基板增加機台的量產速率

等設計，搭配電源供應器或射頻產生器。

熱阻絲加熱式：

因應大尺寸加熱盤（圖3.43），通常分為兩區或三區式獨立控制加熱器，可藉由調整不同區域的加熱參數與熱平衡，獲得大面積的均勻性加熱，因為反應氣體流場與冷壁腔體（Cold Wall Chamber），使得各區域的熱消耗速率不同，藉由不同功率的熱能輸送達成最佳的熱均勻性。

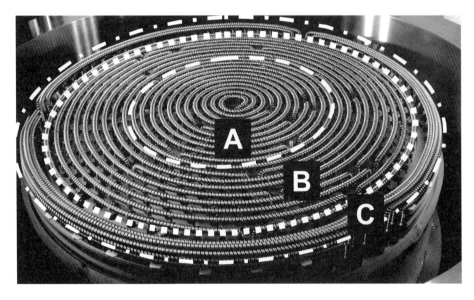

圖3.43　三區式熱阻絲加熱器，可輸入不同的功率相互補償，一般C區接近腔體管壁容易散失熱量，需採用較大功率以平衡整體加熱板溫度

射頻感應加熱式：

使用電磁感應原理，利用特定射頻電場對特定阻抗下的材料進行加熱，一般為石墨（Graphite）材料加熱板搭配射頻線圈（RF Coil），如圖3.44所示。由於石墨加熱板各區域的散熱效率不同，在接近進氣端與接近腔體管壁區容易傳遞熱量給氣體與腔體，為了彌補熱散速率較快的區域對製程良率的影響，此區域使用較密的線圈間距設計或減少線圈與加熱盤間距，藉此獲得較大的熱量供給量，減少整體加熱盤的溫度梯度。

圖3.44　射頻感應加熱式加熱源之射頻線圈，透過線圈間距調整加熱盤的溫度均勻性

溫度均勻性：

溫度均勻性不僅具有控制單晶圓或多晶圓產品的物理均勻性，亦直接影響組件的生命週期（Life Time），因為溫度梯度對加熱盤材料產生熱應力，在不均溫的情況下此機械應力將逐步破壞材料結構特性，在溫度控制不佳的條件下將逐漸降低加熱盤組件的可靠度，及晶圓對晶圓間因為溫度不均所產生的製程差異。

氣體混和系統（Gas Mixing system）：

氣體混和系統主要由閥門（Valve）、質量流量計（MFC）、壓力控制

計（PC）及管線所組合而成。由於MOCVD設備使用多種類有機金屬前驅物、攜帶氣體（Carrier Gas）及反應氣氛，有別於一般半導體設備僅專注於單層薄膜成長設計，MOCVD磊晶設備於製程參數內完成PN接面或多層量子井元件結構。以發光二極體元件而言，至少須完成20～50層薄膜，所以反應氣體如何精準地切換至各層結構，並減少氣體切換間對腔體壓力與流場的影響，對於固態元件完成後的品質與良率具有直接相關性。

氣動閥門：

由於氣體切換非常的頻繁，一般常用於MOCVD的氣動閥件可分為2/2、3/2、4/2和5/2閥件，如圖3.45所示。斜線前方的數字代表連接氣體管路的數量，斜線後方的數字代表可切換的數量。如下圖3/2閥件所示，此閥件具有三個管線連接點，分別為NH_3管線、N_2/ H_2管線及Run/Vent管線，利用常關閥（Normal Close）與常開閥（Normal Open）閥件組合而成。當氣體驅動3/2閥件時，NC端形成通路NH_3管線與Run/Vent管線形成通路；當沒有氣體驅動3/2閥件時，NO端形成通路N_2/ H_2管線與Run/Vent管線形成通路，一般NO端的迴路為鈍性氣體，當系統處緊急狀態底下或停電停氣狀態下，系統會自動阻擋危險性氣體進入反應腔體。

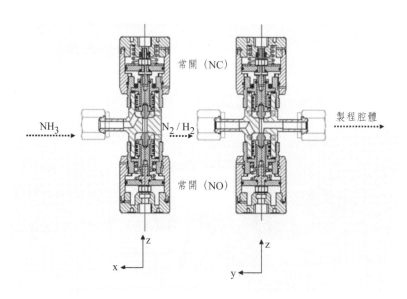

圖3.45　3/2閥件用於及時切換不同的製程氣體條件

有機金屬前驅物濃度控制：

　　有機金屬前驅物一般被儲存於高潔淨度鋼瓶內，並利用恆溫槽控制其溫度並藉此固定其蒸氣壓，所以流經鋼品的攜帶氣流量正比於前驅物蒸氣量，利用質量流量計（Source MFC）精準控制並攜帶前驅物流至反應腔體。因為化合物半導體需要精準控制混和濃度，有時結構上需要極低濃度的前驅物濃度，故又在出口端增設壓力控制計（PC）、稀釋用氣體質量控制器（Dilute MFC）與出口氣體質量控制器（Output MFC 或 Inject MFC），用於穩定氣體壓力、混和出適當濃度與萃取適當流量作為反應用氣氛濃度，同時多餘的反應物藉由壓力控制器排放至廢氣端（Vent Line）。如圖3.46所示，有機金屬前驅物利用一系列的管件、閥門、質量流量計與壓力控制流量計組合而成，達到精準控制前驅物濃度的目的。

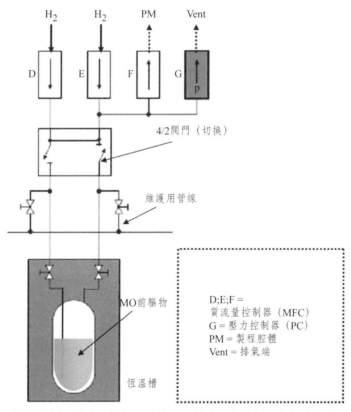

圖3.46　利用MFC精準控制有機金屬蒸氣壓攜帶量，並由壓力控制器與額外的質量流量計精準控制有機金屬前驅物分壓或濃度

即時監控系統（In-situ Monitor）：

常用於MOCVD製程的即時監測系統，如圖3.47所示，主要有三種分別為表面溫度監測、磊晶薄膜反射率變化監測及基板翹曲度變化監測。表面溫度影響前驅物於磊晶表面的行為，如吸附與脫附性質影響成長速率、摻雜濃度特性影響三元合金濃度均勻性等等。反射率變化監測可透過計算公式即時監控各區域的成長速率。基板翹曲變化影響基板各區域的溫度變化，一般會藉由加入應力釋放薄膜層，在特定反應溫度下獲得平整的磊晶表面。

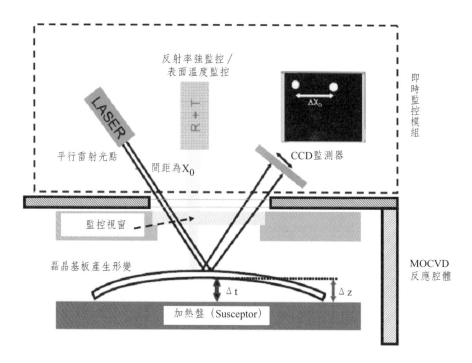

圖3.47 MOCVD常使用的即時監控系統，包含表面溫度監測、光反射率強度監測及基板翹曲度監測

表面溫度監測原理：

利用普郎克黑體輻射方程式（Planck's Equation）可由監測特定波長的輻射強度換算至表面溫度，如圖3.48所示利用950nm波長在不同溫度下的強度變化，利用此波段的光學偵測器讀取表面放射出950nm的光強度，透過計算公式獲得黑體輻射源相對應的表面溫度，由於加熱板表面為黑色的碳化矽

材質，且950nm的輻射光源可直接穿透藍寶石基板與氮化鎵磊晶層，故監測系統所獲得的溫度為加熱基板表面的溫度變化。

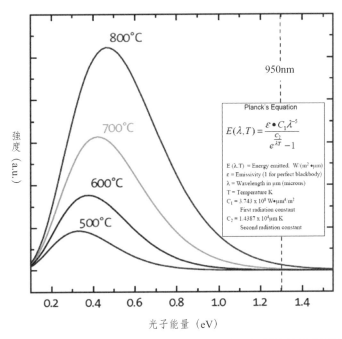

圖3.48　普郎克黑體輻射方程式下，各溫度下輻射能的分布圖形

反射率變化監測：

對於任何材料的沉積反應或磊晶製程能獲得即時成長速率的監控數據是相當重要的，利用光學反射率強度即時解析成長速率僅需要反應腔體具有透明視窗，架設入射源（Incident）與反射率（Reflectance）強度接收器，獲得時間對反射率強度（圖3.49）的即時監測圖形（圖3.50），此數據對時間的變化作圖，理論上可獲得成長速率、薄膜厚度、三元材料的組成比及判別薄膜表面的粗糙程度。

如圖3.49裡的關係式所示，反射率強度（R）為反射線（Reflectance）強度與入射線（Incident）強度的比率，其中n為介質折射係線（Refractive Index），k為介質消光係數（Extinction Index），此兩係數與材料組成、溫度有關。

利用Fabry-Perot干涉現象中的建設性（Constructive）干涉與破壞性

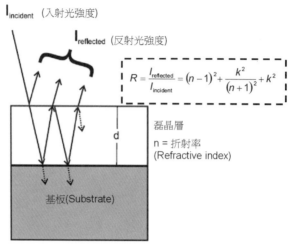

圖3.49　單波長光源於薄膜入射與反射關係圖與反射光強度關係式

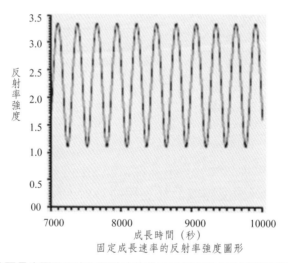

圖3.50　平整磊晶表面再固定沉積速率條件下可獲得的反射率強度對時間的關係圖

（Destructive）干涉，當光行差等於整數倍（m）的入射光波長時可獲得最大反射率值，即$2nd=m\lambda$，在隨時間的變化曲線位於最高點；當光行差等於奇數倍的半入射光波長（λ/2）時可獲得最小反射率值，即$2nd=（m+1/2）\lambda$，隨時間的變化曲線位於最低點。在固定成長速率（Growth Rate, GR）的條件下，由即時監測觀察反射率強度對時間的變化，如圖3.50所示的週期性震盪圖形（Oscillation Pattern），並可由震盪週期換算出薄膜成長速率與估算

整體厚度，以在△T時間內完成最大反射率波峰至下一個波峰為例子，此狀況即m=1，假設GaN薄膜的折射係數為n=2.4估算，入射光波長λ=950nm帶入2nd=mλ，即可獲得薄膜厚度d=成長速率（GR）×△T=mλ/2n。

翹曲率（Bowing）變化監測：

在恆溫製程中翹曲率變化來自於晶格不匹配（Lattice Mismatch），在磊晶過程中沉積薄膜隨著厚度增加對基板所造成的應力增加現象，而表現出不同程度的翹曲率。另一因素則反應在於基板與磊晶層熱膨脹係數（Thermal Expansion Coefficient）不匹配，在升降溫的過程晶格膨脹程度不同對基板產生應力所造成。

如圖3.51所示，基板翹曲率的定義為Rc且常用單位1/km或公尺，相關的資料可對照參閱圖3.52，當R_c大於零代表基板形成凹面（Concave），而Rc小於零代表基板形成凸面（Convex）。及時量測的方法一樣是簡單的光學裝置即可完成，利用兩平行雷射光點（距離為△X_0）由反應腔體視窗入射至基板表面，藉由電荷耦合元件（CCD）獲得反射後雷射點間距（距離為△X_D），透過關係式即可在結構成長時獲得翹曲率變化資訊。

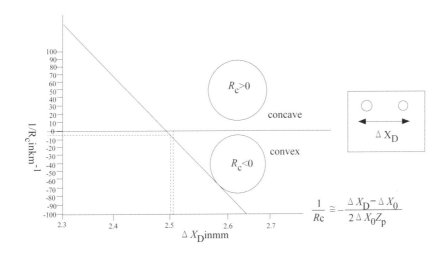

圖3.51　基板翹曲率關係式與量測方法

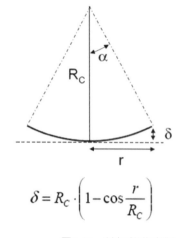

Curvature Radius [m]	Curvature [1/km]	Bowing: 2 inch [μm]	Bowing: 4inch [μm]
10000	0.1	0.03	0.13
2500	0.4	0.13	0.50
1000	1	0.32	1.25
500	2	0.65	2.50
250	4	1.29	5.00
100	10	3.23	12.50
50	20	6.45	25.00
25	40	12.90	50.00
10	100	32.26	125.00
5	200	64.52	250.01

$$\delta = R_C \cdot \left(1 - \cos\frac{r}{R_C}\right)$$

圖3.52　基板翹曲率對應在不同尺寸基板下，基板中心點與邊緣的高度差關係表

MOCVD GaN製程程序步驟及利用反射率進行表面監控範例：

　　平面型藍寶石基板（C-plane Sapphire Substrate）上面生長氮化鎵（GaN）是屬於晶格不匹配（Lattice Mismatch）和熱膨脹係數不匹配（CTE Mismatch）的有機化學氣相沉積系統，需要特定的製程程序來避免基板破裂和過度的基板翹曲，最終實現表面平整（Pinhole Free）的氮化鎵磊晶層。

　　表3.4是GaN製程程序步驟（圖3.53表示對應的溫度及特氣閥門開關），步驟1是藍寶石基板裝載完成後，MOCVD系統進行初始化及淨化腔體氣氛，步驟2將腔體準備至低壓的製程條件並開始通入氫氣（H_2），步驟3把基板加熱器升溫至1100℃並維持在此溫度5～10分鐘（步驟4），目的是去除藍寶石基板表面上的有機雜質與汙染物。接著加熱器降溫至550℃～560℃成長低溫GaN薄膜（步驟5～7），步驟7可比對圖3.54的反射率（Reflectance），隨著成長時間增加，低溫GaN薄膜厚度增加改變了表面反射率，此低溫GaN薄膜被稱為成核層（Nucleation Layer），它屬於非結晶相（Amorphous）的低溫GaN薄膜沉積，與藍寶石基板無晶格匹配問題，可以輕易在基板上沉積平整的薄膜，如圖3.55的SEM圖①為表面平整的MOCVD製程。步驟8在NH_3與H_2的環境下升溫至1140℃，原本表面平整、非結晶相結構及富含碳氫化合物（Hydrocarbon）雜質的GaN薄膜，隨著高溫回火和H_2蝕刻機制逐漸轉換成

粗糙表面的結晶相GaN晶種，如圖3.54的步驟8（S8）所示，隨著高溫處理時間表面反射率逐漸下降。接著步驟9的TMGa（三甲基鎵Trimethylgallium, Ga(CH$_3$)$_3$）開始通入反應腔體，此時製程條件使用高壓（> 400mTorr）和低流量NH$_3$來達成3D-Growth GaN磊晶生長氣氛，如圖3.54的步驟9（S9）所示，反射率降至最低點（並對照圖3.55的SEM圖②），SEM圖②表示GaN磊晶在3D的磊晶成長過程中，一般被認為是島狀GaN分布最密或未接合的島狀GaN具有最大高度差異的位置，隨之反射率逐步上升到最大值並產生Fabry-Perot干涉現象中的建設性和破壞性干涉（如圖3.55的SEM圖③），SEM圖③表示GaN磊晶中的癒合過程（Coalescence），此時GaN表面尚未形成完美的薄膜表面，仍有些許未接合的孔洞。步驟10將製程參數進一步降低壓力到300mTorr和高流量的NH3氣氛，進入更趨近於2D-Growth的製程條件，在步驟10的過程中從起始點SEM圖④經過約20～40分鐘的GaN磊晶到SEM圖⑤，氮化鎵表面的孔洞將被完全癒合，最終完成表面平整的GaN薄膜。步驟11是磊晶成長參雜型氮化鎵表面（Si-doped GaN），利用稀釋過的矽甲烷（SiH4）氣體，控制通入反應腔的流量，達成不同濃度的N型參雜GaN薄膜。而步驟12～14則是停止GaN沉積製程後，在加熱器持續降溫的過程中，固定GaN薄膜厚度的反射率受溫度下降及基板形變（熱脹冷縮）的變化。以上為GaN的MOCVD磊晶過程中的光學即時監控系統應用範例。

（製程程序步驟以及參數會依不同廠牌設備而有些許不同）

Step	Temp. (°C)	Pressure (mTorr)	Time (min)	TMGa	NH3	H2	SiH4	Description
S1	25	760	2	Off	Off	Off	Off	Initialization & Pump/purge cycles
S2	25	100	5	Off	Off	*On*	Off	Low Pressure and toxic gas introudce
S3	1100	100	15	Off	Off	*On*	Off	Heat-up
S4	1100	100	5	Off	Off	*On*	Off	Desorption
S5	560	100	8	Off	Off	*On*	Off	Temp-down
S6	550	100	12	Off	Off	*On*	Off	550C Stablization
S7	550	500	5	*On*	*On*	*On*	Off	Nucleation deposition
S8	1140	500	10	Off	*On*	*On*	Off	Heat-Up and Recrystallization
S9	1140	500	45	*On*	*On*	*On*	Off	3D-mode GaN Epitaxy
S10	1140	300	60	*On*	*On*	*On*	Off	2D-mode GaN Epitaxy

S11	1140	300	15	*On*	*On*	*On*	*On*	2D-mode Si: GaN Epitaxy
S12	600	300	20	Off	*On*	*On*	Off	Cooling down (NH3 passivation)
S13	200	100	20	Off	Off	Off	Off	Cooling down and close toxic gases
S14	60	760	30	Off	Off	Off	Off	Cooling down to 60C (wafer handle)

表3.4　GaN製程程序步驟

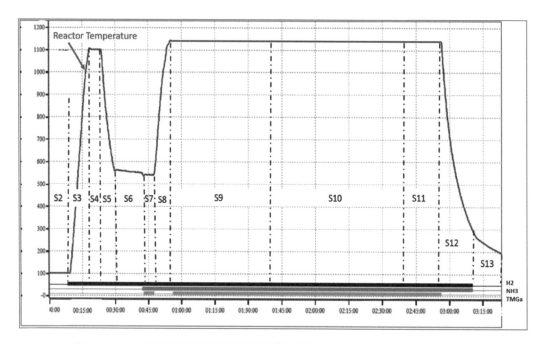

圖3.53　GaN製程程序步驟所對應的溫度及特氣（H_2, NH_3, TMGa）閥門開關

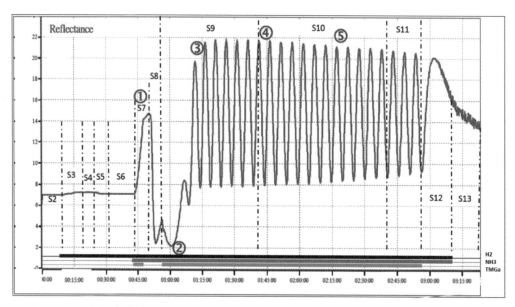

圖3.54　GaN製程程序步驟所對應的反射率（Reflectance）以及對應圖3.55的SEM圖①～⑤

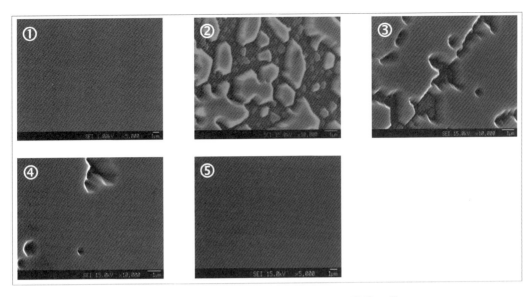

圖3.55　GaN製程程序步驟所對應的SEM圖①～⑤

3.3　物理氣相沉積設備系統（Physical Vapor Deposition, PVD）

　　物理氣相沉積（PVD）主要是應用於半導體製程中的金屬化（Metallization）製程。PVD製程是採用固態金屬材料作為蒸鍍源（Evaporation Source）或靶材。藉由在真空環境的反應室中，採加熱或濺鍍（Sputtering）的方式將固態的金屬材料轉變成氣態的粒子然後沉積在所定義好的區域上。而大致上可分為熱蒸鍍（Thermal Evaporation）、電子束蒸鍍（Electron Beam Evaporation）及濺鍍（Sputtering）等三種方式。

3.3.1 熱蒸鍍

　　圖3.56為一個熱蒸鍍真空系統的示意圖，固態金屬材料的蒸鍍源被放置於高熔點的導電材料所製成的坩堝（Crucible）內，坩堝將連接於一直流電源，當電流通往坩堝後，會藉由電阻效應所產生的熱，如（3-7式）所示，進而將低熔點的固態蒸鍍源加熱，一直加熱至固態蒸鍍源的熔點附近時，原子或分子便會從表面熱蒸發出來，蒸發的數量與溫度和壓力有關。而在蒸鍍

源和晶片之間會放置一個機械擋板（Shutter），因為這些原子或分子會在溫度低於蒸鍍源的地方凝結沉積，所以在製程一開始時，擋板是關閉的，此時一些易揮發的雜質、不純物或金屬蒸鍍源表面的氧化物，便會凝結沉積在擋板的下方，經過一小段時間後，將擋板打開，此時金屬蒸鍍源所蒸發出來的原子或分子便會到達晶片的表面進行金屬薄膜的沉積。

在金屬薄膜沉積的進行中，除了會同時旋轉晶片架以改善薄膜沉積的均勻性（Uniformity）之外，也會同時利用石英晶體（Quartz Crystal）膜厚量測器來監控蒸鍍速率及厚度，如圖3.56及圖3.57所示，石英晶體是一種壓電性（Piezoelectric）的材料，在膜厚量測器的上下方加上一組5MHz的電源，當下電極的部位沉積一些金屬層之後，會由於壓電效應的原故，而造成輸出信號的改變，然後利用其變化量去換算目前每秒的蒸鍍速率。

在早期時，熱蒸鍍主要是應用於鋁（Aluminum, Al）金屬的沉積，當增加通往坩堝的電流，沉積率也會跟著提高。熱蒸鍍的主要優點為設備操作簡易且維護費用低。而缺點就是只能侷限在低熔點的金屬蒸鍍源材料，因為金屬蒸鍍源材料是與熱電阻式加熱的坩堝直接接觸，在高溫之下，兩者有可能產生化合或擴散而形成一些不純物造成污染，所以坩堝通常採用高熔點與低化學性的金屬，例如：鉬（Molybdenum, Mo）、鉭（Tantalum, Ta）以及鎢（Tungsten, W）等，如表3.5所示。但最大的缺點就是無法提供均勻的階梯覆蓋（Step Coverage）能力，所以便無法應用於高深寬比（High Aspect Ratio）的製程。另外，如果要沉積合金的薄膜也是非常困難的，如：鋁矽銅（Al-Si-Cu）的合金，因為這樣需要多個坩堝，且不同的材料有不同的熔點及蒸氣壓，以至於合金的組成及成分比例是非常難以控制的。所以之後便發展出電子束蒸鍍的技術。

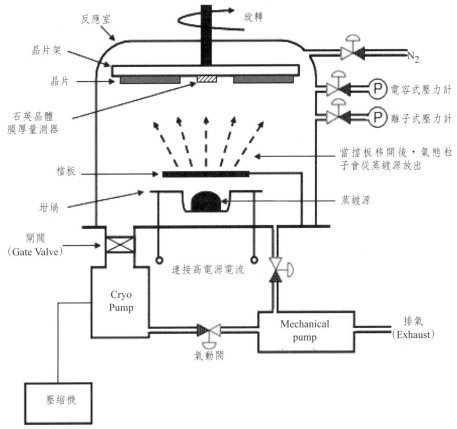

圖3.56　熱蒸鍍的示意圖

$$P = I^2 \times R \qquad\qquad （3\text{-}7式）$$

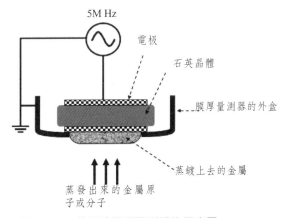

圖3.57　石英晶體膜厚量測器的示意圖

材料	熔點（℃）
鋁（Al）	660
銅（Cu）	1083
矽（Si）	1412
鈦（Ti）	1670
鉬（Mo）	2579
鉭（Ta）	2997
鎢（W）	3377

表3.5　各種材料的熔點

3.3.2 電子束蒸鍍

　　圖3.58為電子束蒸鍍的結構示意圖，在10^{-5}～10^{-7} Torr的真空環境中利用電子束（Electron Beam, E-Beam）的方式去對固態金屬蒸鍍源做局部性的加熱，以避免對整個坩堝以及蒸鍍源加熱而產生一些不純物的污染。而產生電子束的電子槍（Electron Gun, E-Gun）是由陰極負電位的熱燈絲從燈絲表面發射出熱電子，如圖3.59所示，電源輸出功率一般為1KW～1200KW，電子束的能量可達30KeV以上，熱電子會被前方的陽極所吸引而加速射出，然後在外加磁場的影響下，會使電子束270°的彎曲撞擊在局部的固態金屬蒸鍍源上，將動能轉換成熱能，使此區域形成熔融態，而外圍的金屬蒸鍍源仍然保持在固態，因此可得到較好的金屬薄膜純度。水冷式的坩堝上方有一個機械擋板，如圖3.60所示，在製程一開始時，擋板是關閉的，我們可藉由機台外的一個小視窗，去觀察所選擇好預鍍金屬的熔融狀態，如圖3.61所選擇好的1號坩堝的鈦（Titanium, Ti）金屬蒸鍍源，此時一些易揮發的雜質、不純物或金屬蒸鍍源表面的氧化物，會凝結沉積在機械擋板的下方，經過一小段時間後，再將擋板打開，此時金屬蒸鍍源所蒸發出來的原子或分子便會到達晶片的表面進行金屬薄膜的沉積，以確保金屬薄膜的品質。在金屬薄膜沉積的進行中，除了會同時旋轉晶片架以改善薄膜沉積的均勻性（Uniformity）之外，也會使用紅外線燈管提升晶片的溫度，以增加吸附的原子數目和提高原子的表面遷移率，同時利用石英晶體膜厚量測器來監控蒸鍍時每秒的速率去控制電子束的電流大小，以達到每秒所設定的蒸鍍速率及厚度。

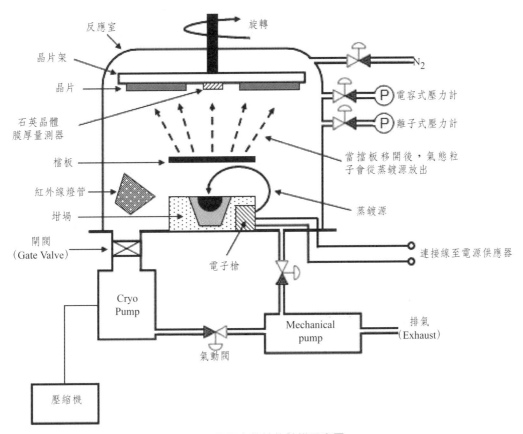

圖3.58　電子束蒸鍍的結構示意圖

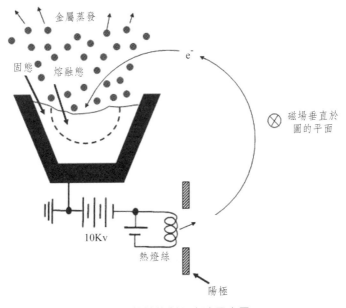

圖3.59　電子束蒸鍍的製程方法示意圖

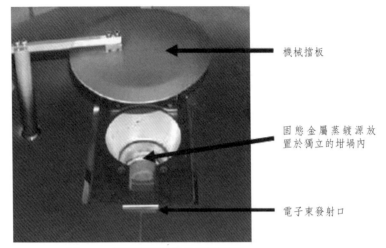

機械擋板

固態金屬蒸鍍源放置於獨立的坩堝內

電子束發射口

圖3.60　電子束蒸鍍的內部結構圖

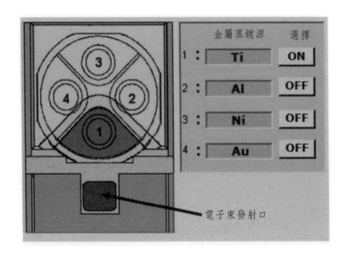

圖3.61　坩堝俯視圖以及所對應的固態金屬蒸鍍源位置示意圖

3.3.3 濺鍍

直流（DC）濺鍍系統

　　濺鍍法是目前半導體的後段金屬化（Metallization）製程中最常使用的方法，而且直流式（DC）濺鍍系統更廣泛的應用於商業生產及學術研究，如圖3.62所示，直流式（DC）濺鍍系統的兩電極板材料必須為導體，以避免帶電粒子累積在兩電極板面上，而無法被排出（可參考3.1.1節的直流式電漿產生原理）。而因為在金屬濺鍍的過程中，我們希望可以得到較好的金屬薄膜

品質，因此對於反應室裡的水氣和氧氣的抽離，是金屬濺鍍前所必須要先執行的步驟。一般我們會先利用機械泵浦（Mechanical Pump）或乾式泵浦（Dry Pump），將壓力從1大氣壓（1Atm = 760Torr）抽至10^{-2}～10^{-3}Torr左右，然後再藉由低溫泵浦（Cryopump）將壓力抽至底壓（Base Pressure）約10^{-6}～10^{-7}Torr左右，當反應室到達底壓後，我們便可以開始通入所需的製程氣體，一般我們所採用的製程氣體通常為氬氣（Argon, Ar），是因為氬氣為惰性氣體，它不會與其他東西產生反應而去影響金屬薄膜的品質，另外它的質量夠大，較容易把金屬靶材（Target）的金屬原子給轟擊出來。然後會有一組直流（DC）電源供應器與放置金屬靶材的陰電極板相接提供一個負電位，此時反應室裡帶負電的自由電子會被兩電極板之間的電場所加速，然後去撞擊中性的氬原子，進而產生一個自由電子和一個帶正電的氬離子（Ar^{+}），所產生的自由電子將繼續參與中性氬原子的碰撞，而帶正電的氬離子便會去對負電位的陰電極板上的金屬靶材做轟擊，然後會轟擊出金屬原子及二次電子（Secondary Electron, $2^{nd}\ e^{-}$），金屬原子則會到達晶片表面進行金屬薄膜的沉積，而二次電子也會被兩電極板之間的電場所加速，去參與中性氬原子的碰撞，繼續產生自由電子和帶正電的氬離子，這樣相同的一連串重複反應就會產生電漿（Plasma），這就是金屬濺鍍的原理。在濺鍍的過程中，當帶正電的氬離子去轟擊金屬靶材時，會有80%的動能轉換成熱能，為了防止靶材過熱產生熔融，所以通常會採用銅背板散熱較快以及循環的冷卻水去冷卻靶材。另外，在銅背板的後方會加入一組磁鐵，因為在濺鍍的製程中，我們希望帶正電的氬離子往靶材的方向移動準備做轟擊時，在移動的過程中能獲得足夠的能量去將金屬原子給濺擊出來，所以我們必須增加氬離子的平均自由徑（Mean Free Path, MFP），但平均自由徑又與反應室的壓力成反比，所以要使氬離子的平均自由徑增加，必須將反應室的壓力降低，而反應室的壓力降低代表Ar氣體分子的數量降低，導致電漿裡的氬離子濃度也會下降，那轟擊金屬靶材的氬離子數變少，沉積速率也會降下來，甚至有可能離子濃度太低而使電漿消失製程停止，所以為了要改善這個現象，在銅背板後面會加入磁鐵，然後利用電磁力使自由電子束縛在磁力線附近呈螺旋式

運動,如圖3.63所示,增加自由電子與Ar氣體分子的碰撞次數,以維持反應室在低壓時離子濃度不會因為壓力的降低而減少。

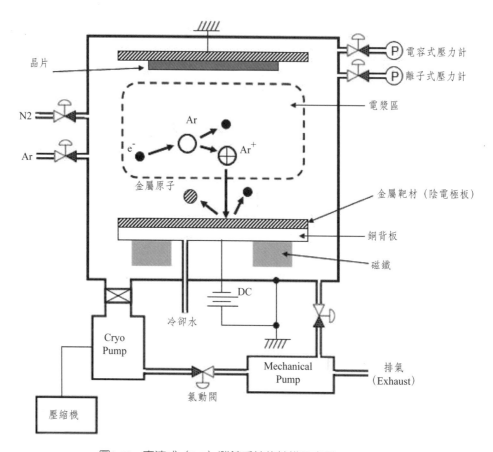

圖3.62 直流式(DC)濺鍍系統的結構示意圖

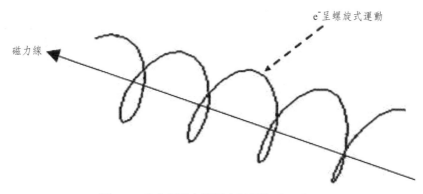

圖3.63 自由電子在磁場中呈螺旋式運動

圖3.64為一台群集式腔體(Cluster Chamber)的金屬濺鍍系統俯視

意圖，而為了確保金屬薄膜的品質，整個系統都是在真空的環境下進行。一開始時，我們會先使用可裝載約25片晶片的卡式盒（Cassette），裝滿晶片然後放置於已破真空（Vent）完成的晶片裝載／卸載腔體（Load lock Chamber），接著將Load lock Chamber抽真空（Pumping 或 Evacuate），晶片之後所有的傳送都會由傳輸腔體（Transfer Chamber）裡的機械手臂（Robot）去動作。一般我們要將晶片送入金屬濺鍍腔體（Sputtering Process Chamber）做製程時，都會先執行二個預清潔（Pre-Clean）的步驟：1.除水氣製程（Degas或 Pre-Heating），在高溫下通入N_2將晶片上的水氣帶走；2.軟蝕刻製程（Soft Etch），利用射頻交流式電漿（RF Plasma）將Ar氣體給離子化（Ionization）產生電漿，而電漿中的Ar^+會受到Bias射頻功率的影響而加速去轟擊矽（Si）晶片的表面，將表面上很薄的原生氧化層（Native Oxide）去除，以防止之後金屬薄膜的沉積會因為原生氧化層而使界面的阻值提高，影響金屬連線的品質。當預清潔（Pre-Clean）的步驟完成後，就可以將晶片傳送至所指定的直流式金屬濺鍍腔體執行金屬薄膜的沉積製程，待沉積製程完成後再將晶片傳送至冷卻腔體（Cool-down Chamber），將晶片降溫後再傳送回Load lock Chamber破真空取出晶片。製程參數如表3.6所參考（製程參數會依不同廠牌設備而有些許不同）。

　　從圖3.64的濺鍍製程腔體−3，我們可得知是執行氮化鈦（Titanium Nitride, TiN）的沉積，而通常是採用反應性濺鍍製程（Reactive Sputtering），此製程所使用的是鈦（Titanium, Ti）金屬靶材，在製程時除了通入Ar之外，也會通入N_2，當經過解離後，電漿中的Ar^+會去轟擊Ti金屬靶材，而解離後的氮原子則會與Ti反應形成TiN，然後將TiN沉積於晶片表面上。製程參數如表3.6所參考。

　　從圖3.64的濺鍍製程腔體-2，我們可得知是執行鋁矽銅合金AlSi（1%）Cu（0.5%）靶材的濺鍍沉積，而在鋁（Aluminum , Al）靶材裡面加入1%的Si主要目的就是為了改善尖峰效應（Spiking），因為如果直接將純鋁沉積於Si晶片上時，在高溫下會約溶解約1%的Si於Al裡面，然後Al會因擠壓而產生尖峰效應，如圖3.65所示。所以為了改善這個現象，就直接先加入約1%的

Si於Al靶材裡面，讓這個現象飽和，而不會去影響到晶片裡的Si。而在Al靶材裡面加入0.5%的Cu主要是爲了防止電子遷移（Electromigration, EM），電子遷移通常發生於細而長的鋁金屬導線，因爲此處的電流密度最大，所以當高電流通過時，電子的流動會導致鋁金屬原子移動，使鋁金屬原子逐漸被置換，此時就會產生電子遷移的問題，所以鋁金屬原子逐漸耗盡的地方就會開始形成空洞（Void），而鋁金屬原子聚集的地方也會開始出現小丘（Hillock）。在夠多的鋁金屬原子被置換後，便會產生斷路（Open）或短路（Short）。當產生的小丘觸及鄰近的其他金屬導線時，就會出現短路並引發晶片失效。所以爲了改善這個現象，便直接先加入約0.5%的Cu於Al靶材裡面去防止之，如圖3.66所示。

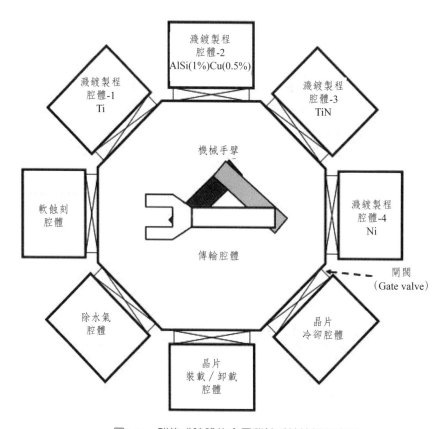

圖3.64 群集式腔體的金屬濺鍍系統俯視示意圖

除水氣腔體	軟蝕刻製程
・製程溫度：100~250 ℃ ・氣體：N₂	・氣體：Ar ・製程壓力：20 mTorr ・RF Power：100 W ・Bias Power：400 W
金屬濺鍍腔體-1	金屬濺鍍腔體-2
・製程：鈦（Titanium , Ti） ・氣體：Ar ・製程壓力：6 mTorr ・DC Power：2 kW ・製程溫度：室溫~200℃	・製程：鋁矽銅合金 　AlSi(1%) Cu(0.5%) ・氣體：Ar ・製程壓力：3 mTorr ・DC Power：2 kW ・製程溫度：室溫~200℃
金屬濺鍍腔體-3	金屬濺鍍腔體-4
・製程：氮化鈦（Titanium Nitride , TiN） ・氣體：Ar、N₂ ・製程壓力：3 mTorr ・DC Power：5 kW ・製程溫度：室溫~250℃	・製程：鎳（Nickel , Ni） ・氣體：Ar ・製程壓力：3 mTorr ・DC Power：1 kW ・製程溫度：室溫~200℃

表3.6　各腔體的製程條件

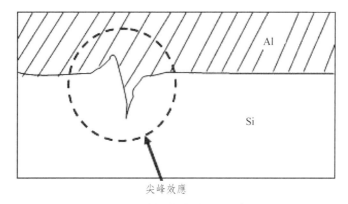

圖3.65　尖峰效應（Spiking）

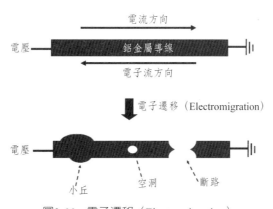

圖3.66　電子遷移（Electromigration）

　　當深寬比（High Aspect Ratio）愈高時，沉積金屬導線依然容易會有空洞（Void）的問題發生，如圖3.67所示。所以傳統的濺鍍法也無法避免階梯覆蓋（Step Coverage）不佳的情況發生，因此我們藉由以下的方法去改善濺鍍金屬的填洞（Gap Filling）能力以及得到較佳的階梯覆蓋：

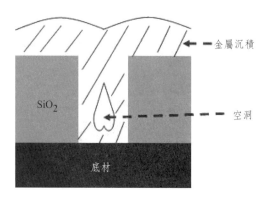

圖3.67　階梯覆蓋不佳所形成的空洞

(1) 準直管（Collimator）

　　準直管是一個類似蜂巢狀的六角形中空組件，如圖3.68所示，通常放置於靶材與晶片之間。如圖3.69所示，利用準直管讓大角度往晶片方向前進的金屬原子可以被擋住在準直管上，只有較垂直於晶片的金屬原子才能通過準直管到達晶片表面去做沉積，以得到較佳的階梯覆蓋，但沉積率會降低。而因為大角度的金屬原子會直接沉積於準直管上，所以當準直管上沉積的太厚時，準直管的六角形中空管徑會變小，而且沉積於準直管上的金屬膜太厚時也有可能會脫落而掉落在晶片上形成微粒子（Particle）污染，所以必須定期更換準直管。

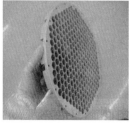

圖3.68　準直管（Collimator）

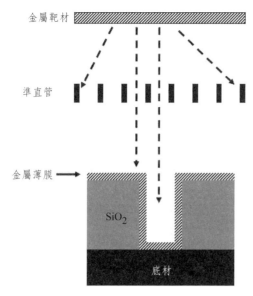

圖3.69　較垂直於晶片的金屬原子才能通過準直管到達晶片表面去做沉積

(2) 增加靶材與晶片之間的距離

　　增加靶材與晶片之間的距離，如圖3.70所示，同樣可以提升金屬原子垂直入射的方向性，以得到較佳的階梯覆蓋能力。此法通常製程壓力會比其他方法來的更低，這樣可得到較高的粒子平均自由徑，減少粒子間互相碰撞的頻率，以提高金屬原子垂直入射於晶片上的方向性。但因為其他角度比較大的金屬原子大部分都會沉積在腔體的壁上，所以沉積率也會跟著降低。此外，在同一片晶圓上會有中間區域與周邊區域的金屬薄膜不對稱性的問題，而且不同位置的晶圓也會有一些金屬薄膜覆蓋率的差異。

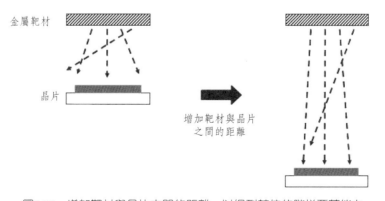

圖3.70　增加靶材與晶片之間的距離，以得到較佳的階梯覆蓋能力

(3) 高溫濺鍍

一般當我們執行濺鍍製程時，溫度都約控制在室溫到200℃之間。當採用高溫濺鍍時，通常會因不同的金屬靶材，而將晶座的溫度控制在300～550℃之間，以增加晶片進行金屬薄膜沉積時的表面溫度，使金屬原子在接近其熔點得溫度下有較佳的表面遷移（Surface Migration），然後逐漸將如圖3.67所示的凹槽內的空洞（Void）給填滿，以提升階梯覆蓋能力。但請記得，增加晶座的溫度並不會使沉積速率變高，要增加沉積速率主要還是反應室裡Ar⁺的數量，因為我們必須靠Ar⁺去把金屬原子給轟擊出來。

射頻（RF）濺鍍系統

射頻濺鍍系統是採用交流的方式，所以靶材可以採用導電性及非導電性的物質。如圖3.71所示，採用13.56MHz的射頻（Radio Frequency, RF）產生器（Generator），並且於反應室（Chamber）之間會有阻抗匹配器（Impedance Matching Box），而因為在RF電漿裡電子的移動速率很快，所以在非導電性的靶材表面會累積一些負電荷，然後就會去吸引帶正電的氬離子（Ar⁺）往非導電性靶材的表面去做轟擊，以進行沉積。

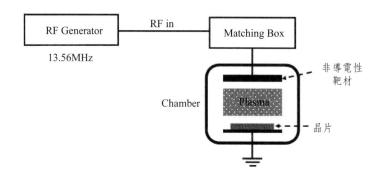

圖3.71　射頻濺鍍系統

參考文獻

1. Michael A. Lieberman and Allan J. Lichtenberg, *Principles of Plasma Discharges and Materials Processing*, John Wiley & Sons,INC., New

York, 1994.

2. H. Xiao, *Introduction to Semiconductor Manufacturing Technology*, Prentice Hall, New Jersey, 2001.

3. M. Quirk and J. Serda, *Semiconductor Manufacturing Technology*, Prentice Hall, New Jersey, 2001.

4.「真空技術與應用」，儀器科技研究中心出版。

5.「半導體製程設備」，張勁燕，五南圖書出版。

6.「VLSI製造技術」，莊達人，高立圖書出版。

7. 楊子明、吳其昌，「新建置之電漿輔助化學氣相沉積系統（PECVD）簡介，」*NDL Newsletter*, No.3, PP. 6-7 , February 2007。

8. H. Xiao, *Introduction to Semiconductor Manufacturing Technology*, Prentice Hall, New Jersey, 2001.

9. J.D. Plummer, M.D. Deal and P.B. Gruffin, *Silicon VLSI Techology-Fundamental, Practice and Modeling*, Prentice Hall, New Jersey, 2000.

10. 楊子明、吳其昌，「電漿輔助化學氣相沉積系統（Oxford PECVD）製程簡介及驗收結果，」NDL Newsletter, No.7, PP. 2-4 (2007).

11. Ofer Sneh, Robert B.Clark-Phelps, Ana R.Londer gan, Jereld Winkler and Thomas E.Seidel, Thin Solid Films, Vol.402, 248–261(2002).

12. Shuji Nakamura, Jpn. J. Appl. Phys., Vol.30. 1705~1707, (1991).

13 Michael A. Lieberman and Allan J. Lichtenberg, *Principles of Plasma Discharges and Materials Processing*, John Wiley & Sons,INC., New York, 1994.

14. M. Quirk and J. Serda, *Semiconductor Manufacturing Technology*, Prentice Hall, New Jersey, 2001.

15. H. Xiao, *Introduction to Semiconductor Manufacturing Technology*, Prentice Hall, New Jersey, 2001.

16. R. J. Hill, *Physical Vapor Deposition*, Temescal.

17. D. L. Smith, *Thin Film Deposition*, McGraw Hill, 1995.

第 4 章

乾式蝕刻設備 (Dry Etcher) 篇

4.0　前言

4.1　各種乾式蝕刻腔體設備介紹

4.2　晶圓固定與控溫設備

4.3　終點偵測裝置 (End Point Detectors)

4.4　乾式蝕刻製程 (Dry Etching Processes)

4.5　總結

4.0 前言

　　蝕刻製程大略分為濕蝕刻製程與乾式蝕刻製程兩種，當半導體積體電路製程邁向奈米尺度後，乾式蝕刻製程更顯重要。並廣泛地應用於介電層蝕刻（Dielectric Layer Etching）、多晶矽蝕刻（Poly-Si Etching）、金屬蝕刻（Metal Etching）、光阻去除（P.R. Stripping）、光阻削薄（P.R. Trimming）、表面與介面處理（Surface Treatment）及多層金屬連線常使用的雙鑲嵌結構（Dual-Damascene）等製程。除了應用在微奈米電子產品，許多產業亦利用這樣成熟的製程，將各式各樣的機械結構微型化，微機電感應器因而如雨後春筍般不斷地推出更符經濟效益與具可靠度的產品，例如圖4.1的任天堂Wii主機所使用的加速度器（Accelerometer）、蘋果電腦的iPhone和iPad與衛星導航所使用的陀螺儀（Gyro Sensor）及更多未來陸續推廣可應用的微型零件，可見乾式蝕刻技術對消費性電子產品的重要性。

圖4.1　微機電元件-微型加速度計SEM檢測圖

4.0.1 乾式蝕刻機（Dry Etcher）

　　蝕刻是將塊材去除多餘材料的過程，且獲得想要的材料結構，如同將檜木雕刻成佛像的過程。在微奈米的尺度下，藉由微影技術定義光阻位置與光阻結構圖騰，選定蝕刻區域與光阻保護區域後，再利用化學反應或物理轟擊

的方式將多餘的材料去除並獲得想要的微奈米結構。所以不同的材料（被反應物）蝕刻就會使用不同的蝕刻物質（反應物）與不同的粒子轟擊力道。蝕刻劑主要分為液體和氣體兩種，所以蝕刻設備主要區分為濕蝕刻與乾蝕刻。一般使用氣體做為反應物的設備都可以稱為乾式蝕刻機，為了增加蝕刻的精準度與效率，一般會將蝕刻控制在低壓（增加氣體的平均自由路徑）與高能氣體（電漿態）的環境。所以乾式蝕刻設備常會有使用到真空腔體、真空幫浦（Dry Pump、Turbo Pump）和電漿產生設備（RF Generator）。由圖4.2可清楚認識乾式電漿蝕刻設備的基本構造，蝕刻氣體經由管線進入真空腔體並保持在低壓的狀態。將電能輸入反應氣體而形成高活性的電漿團（Plasma）與基材反應後，由後端管線（Exhaust）排出。然而電漿是什麼呢？它具有第四項態之稱，是具有更高能量的自由基或帶電離子所構成的氣體團。具有很高活性的電漿氣體可與基材反應形成化合物，選擇適當的蝕刻氣體搭配被蝕刻基材，即是我們所常見的各類乾式蝕刻設備。

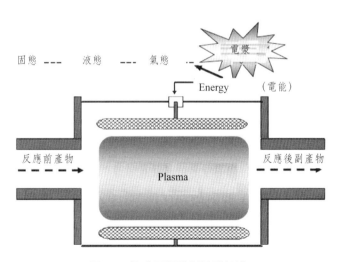

圖4.2　乾式電漿蝕刻腔體架構

4.0.2 蝕刻腔體設計概念（Design Factors）

延續摩爾定律（Moore's Law）的發展方向，每隔18～24個月需將相同元件面積下電晶體數量倍增。此目標迫使機台設備商不斷開發大尺寸機台或優化腔體效能，而晶圓廠不斷整合出更小線寬的製程技術，不斷追求更高效

能與更具成本優勢的消費IC產品。

　　爲了提高製程良率與降低產品成本，腔體尺寸、電漿密度和均勻性、蝕刻速率快慢、蝕刻均勻性（Uniformity）、蝕刻選擇比（Etch Selectivity）、蝕刻輪廓（Etch Profile）都是被拿來評估設備效能的重要因子。也是設備開發的重要概念與出發點，腔體朝向12吋或更大尺寸、更均勻的電漿分布、可控制的氣體流場分布設定、晶圓表面溫度控制（單區控溫→雙區或三區控溫）、多頻式RF產生器（Multi RF Generators）等等，藉以提供製程可調變空間。以下章節將聚焦在不同蝕刻腔體作介紹及其優缺點與應用。

4.1　各種乾式蝕刻腔體設備介紹

4.1.1 反應式離子蝕刻機（Reactive Ion Etcher, RIE）

　　平行板電漿源腔體設計如圖4.3所示，蝕刻系統包含圓柱狀的眞空腔體（接地），製程基板（Wafer）放置在底層的電性絕緣的控溫板上（稱爲下電極，串接射頻產生器RF Generator、匹配箱 Matching Box、電容Capacitor），反應氣體通常經由腔體上方的氣體分布盤進入到電漿反應區域。反應過程中之生成物或副產物由眞空幫浦經廢氣管路離開系統。製程壓力通常被控制在10～100mtorr，依據不同的製程通入反應氣體、流量分配，並由腔體端的壓力計（Pressure Controller）與眞空幫浦前端的節流閥門（Throttle Valve）進行回饋控制（Feedback Control），達成一恆穩態的製程環境（Steady State Condition）。平行電極板可選擇直流或射頻電漿產生器將能量施行於反應器體，藉由電磁效應將能量傳遞給腔體內的電子並激發電子加速運動，撞擊腔體內的反應氣體使其游離化形成自由基態與帶電離子態。高活性的自由基態與基板上的薄膜反應造成蝕刻或表面改質，而帶電離子則可撞擊基板達到非等項性蝕刻（Anisotropic Etching）或去除結構不佳的表面物質。使用平行板電極的反應式離子蝕刻機（RIE）因爲結構簡單具有維護簡單、低設備成本等優點。但高製程壓力（>100mTorr）、低電漿密度

（Low Plasma Density）、高陰極偏壓、單調的電漿產生頻率（13.56MHz）
都限制了高階產品的應用性（圖4.4）。

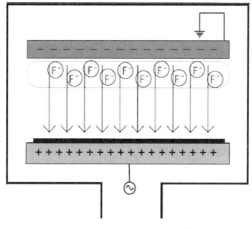

圖4.3 平行板電漿源腔體

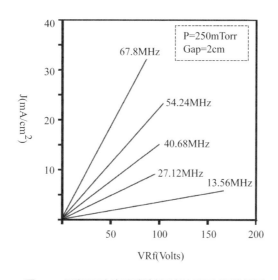

圖4.4 電漿電流密度與射頻產生源功率關係圖[1]

　　因為平行電極板僅有一組電漿產生器產生電容偶合電漿（Capacitive-
Coupling Plasma）與兼具偏壓（V_{dc}）控制，電漿密度與偏壓產生無法獨立
控制，在電容偶合機制下提高RF Power將使能量大量消耗在偏壓產生，僅
少量能量傳遞至電漿態。理由在於高壓製程環境下的電容偶合電漿僅有3～
5%傳遞給電子並激發游離電漿濃度。所以想藉由大功率RF Power來增進電

漿密度並無法得到更高效能，高能量輸入造成過大的偏壓（離子轟擊強度；Ion Bombardment）而導致結構損壞（Damage）。如何增進蝕刻腔體的性能主要有下列幾種方法並逐一在下面章節介紹：(1)三極式（Triode Capacitive-Coupling Plasma）；(2)磁場增進式平行板電極（Magnetically Enhance RIE, MERIE）；(3)高密度電漿腔體（High Density Plasma, HDP）。

4.1.2 三極式電容偶合蝕刻系統（Triode RIE）

如圖4.5所示，三極式電容偶合蝕刻系統將二極式平行板電極接地端，再區分出射頻源電極（RF Power 或 Source Power）與接地電極（Ground），在設計上又分爲上蓋接地或腔體側壁接地，如此多了一組電漿來源電極可以獨立控制電漿密度與偏壓電極的強度，有效地提升傳統RIE的效能。但三極式RIE仍具有電容偶合（Capacitive-Coupling）電漿源的缺點，(1)利用射頻（RF）振盪方式使電子在鞘層（Sheath）內加速再撞擊反應物形成電漿態，此過程會造成能量損失故無法產生高密度電漿；(2)兩組能量雖可獨立控制但仍相互影響，在實務上不易調變參數與增加製程可控窗口（Process Window）。

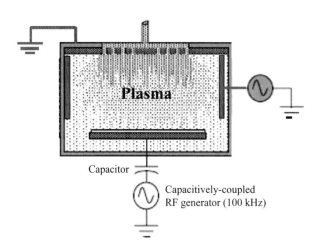

圖4.5　三極式電容偶合蝕刻系統，電漿產生源與基板偏壓獨立控制

4.1.3 磁場增進式平行板電極（Magnetically Enhance RIE, MERIE）

如圖4.6所示，平行電極板結構上方放置靜磁鐵或在側壁兩緣放置，使磁場方向正交鞘層產生的電場方向，利用勞倫茲力（Lorentz Force）增加電子在鞘層內被加速的滯留時間與增加運動距離，藉此增加每個電子的動量並增加鞘層內的電子濃度，同時降低不同電性粒子在鞘層內的濃度（低偏壓 V_{dc}），所以在MERIE的機台通常可輕易控制到低偏壓與較高電漿濃度的操作條件。

由文獻中的數據（圖4.7）可看出增加磁場強度可有效降低偏壓與增加電漿濃度，或者可在低製程操作的壓力條件下得到相同的解離率，增加自由基的平均自由徑（Mean Free Path）提升蝕刻小線寬結構與深溝槽的能力。

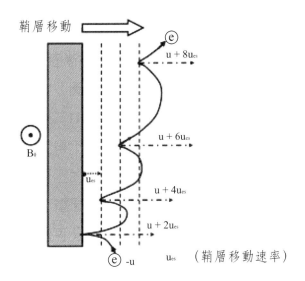

圖4.6　電子於磁場增進式平行板電極腔體內獲得能量示意圖[2]

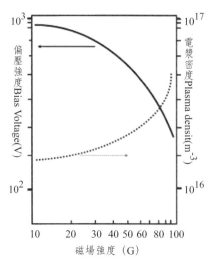

圖4.7　磁場增進式平行板電極腔體內，磁場應用強度對電漿密度與基板偏壓的影響趨勢

4.1.4 高密度電漿蝕刻腔體（High Density Plasma Reactors）

　　爲什麼需要高密度電漿腔體？在蝕刻設備應用上有以下幾個重要理由：(1)增加電漿密度，提升蝕刻效率；(2)減少產生污染粒子（Particles）；(3)增加蝕刻輪廓（Etching Profile）控制能力；(4)減少Micro-Loading、Loading、RIE-lag等效應。RIE與HDP腔體的主要參數比較（如表4.1所示），RIE腔體（圖4.8）通常將射頻電源裝置在基板端，同時提供電漿（包含Ion and Radical）與偏壓（Bias）；高密度電漿系統一般會將原本接地端替換成高效率的電漿產生源（Source Power），且有別於平行板電容偶合的電漿產生方式，例如多極式磁場侷限式電漿（Magnetic Multipole Confinement, MMC）、電子迴旋共振加速（Electron Cyclotron Resonance, ECR）、電感應偶合電漿源（Inductive Couple Plasma, ICP）、螺旋微波電漿源（Helicon Wave Plasma, HWP）。

	低密度電漿源	高密度電漿源（HDP）		
電漿技術	RIE	TCP/ICP	ECR	HWP
頻率	13.56MHz	13.56MHz	2.45GHz	13.56MHz
製程壓力（mTorr)	~100	1~10	1~10	1~10
電漿密度（cm^{-3})	~10^{10}	~5×10^{11}	~3×10^{11}	~5×10^{11}
離子電流密度（mA/cm^2)	~1	~10	~10	~10
離子能量（eV）	200~1000	可調整	可調整	可調整

表4.1　傳統RIE電漿源與高密度電漿源比較

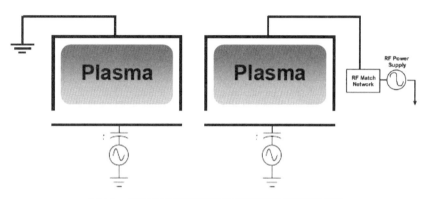

圖4.8　平行板電漿源與高密度電漿源的腔體比較

4.1.5 多極式磁場侷限式電漿（Magnetic Multipole Confinement, MMC）

如圖4.9所示，多極式磁場侷限式電漿選擇適當磁力強度的永久磁鐵交錯排列在腔體外圍，產生的磁場圍繞在腔體內圍附近且刻意製造出低磁場干擾的區域（晶圓放置區域）。腔體周圍的磁場可以有效的減少電子因碰撞腔體壁並反射回電漿區激發出更多的離子和自由基，在相同的條件下提升整體的電漿密度。從物理的角度上當熱電子能量（Hot Electron's Energy）高於鞘層位能（Sheath Potential）可以有效地被侷限在特定區域，即使在低壓的環境內也能有效的激發區域內的氣體游離化形成高密度電漿。

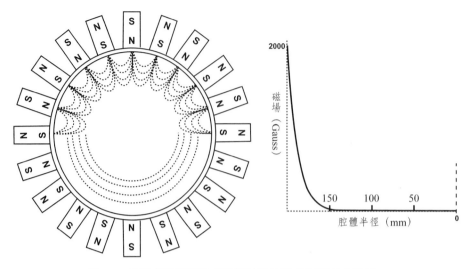

圖4.9 多極式磁場侷限式電漿腔體結構與磁場分布範圍[3]

4.1.6 電感應偶合電漿（Inductive Couple Plasma, ICP）

　　電感應偶合電漿源設備的配置是將絕緣層（導體會屏蔽電磁場）放置於感應線圈與電漿源之間，如圖4.10所示，基本上有兩種配置：(1)線圈放置在圓柱腔體外圍稱為圓柱形（Helical Reactor）；(2)線圈放置在腔體頂端稱為平面型（Spiral Reactor）。如圖4.11所示，將射頻電源輸入線圈產生感應射頻電磁場（B），再由射頻磁場於電漿腔體內感應產生與RF電流反向的射頻電場，如此射頻源（RF Source）負責感應偶合產生電漿並控制電漿密度，使用石英或陶瓷材料等絕緣層主要避免金屬屏蔽效應，有效將射頻電源提供的能量導入腔體中的電子，並藉由高能電子碰撞游離化反應氣體，搭配偏壓射頻電源（Bias RF）獨立控制離子轟擊（Ion Bombardment）能量大小。由於此電磁感應機制與傳統的變壓器原理相同，可將射頻線圈視為變壓器的一次側（Primary），電漿端則視為二次側（Secondary），所以又稱為變壓器偶合式電漿源（Transformer Coupled Plasma, TCP）。

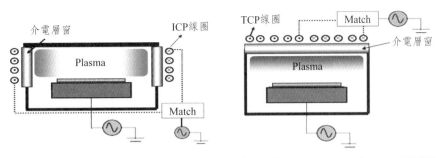

圖4.10　ICP線圈配置方式主要分為兩種類型：(a)圓柱形（Helical Reactor）；(b)平面型（Spiral Reactor）

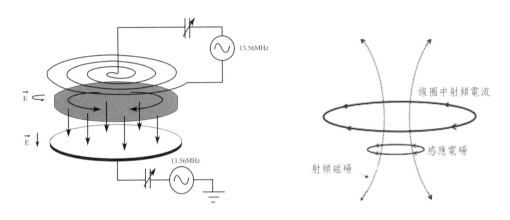

圖4.11　平面型ICP腔體內射頻電流感應偶合的過程

　　我們再以更簡單的方式來說明，如圖4.12所示，在上方的石英介電層窗（Quartz Window）利用安培右手定則來觀察電流流進及流出的地方，會分別產生各自的磁場方向，然後在腔體（Chamber）內會因為法拉第的楞次定律（又稱冷次定律，如圖4.13所示）感應出一個反方向的磁場，所以一樣利用安培右手定則我們就能觀察出腔體內的電流流進及流出的方向。而電子（e⁻）移動的方向剛好會與電流方向的相反，所以電子會被控制在腔體內的某區域做移動，就不太容易撞擊到腔體，也就增加了電子撞擊氣體分子的機率，進而產生高密度電漿（HDP）。

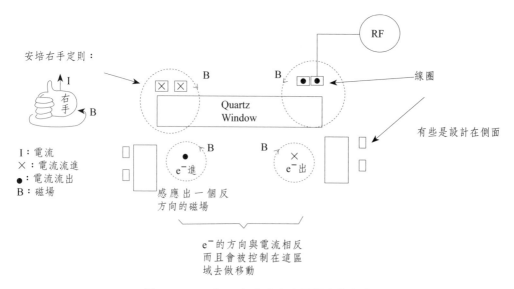

圖4.12　ICP（TCP）的高密度電漿產生方式

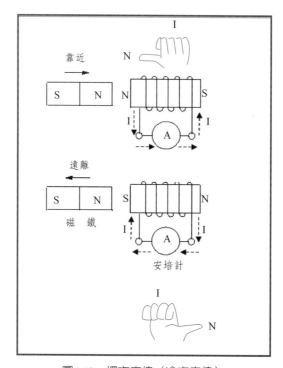

圖4.13　楞次定律（冷次定律）

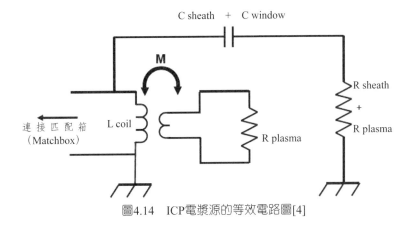

圖4.14　ICP電漿源的等效電路圖[4]

　　圖4.14為ICP電漿源的等效電路圖，射頻感應線圈與電漿產生類似變壓器的電感應結構；與腔體真空區域和鞘層區域形成一電容偶合結構，RF電源經由Match Box被輸入電漿系統與電容偶合方式進入腔體鞘層，最後能量被電漿與鞘層電阻給消耗掉。使用Transformer Model可以簡化出（4-1式）電感應電漿源消耗能量的表示式：

$$P_{ind} = B\,(\,I_{rf}^{\,2} - I_{th}^{\,2}\,)^{1/2} \qquad\qquad （4\text{-}1式）$$

式中的磁場B和I_{th}是由反應腔體所決定的參數。由此關係式可以知道，當電漿電流（I_{rf}）大於底限電流（I_{th}）產生電感應電漿，稱為H-mode（電感應偶合電漿機制）；當電漿電流（I_{rf}）小於（I_{th}）時，系統所產生的電漿是由電容偶合電漿機制所產生的，稱為E-mode（電容偶合電漿機制）。ICP電漿源低功率輸入時，射頻功率偶合是藉由線圈與電漿之間的高電位差形成的電容式電漿源，直到電漿電流大於底限電流值（I_{th}）由電感應偶合機制主宰產生電漿。當電漿機制由E-mode轉換至H-mode時，電漿密度可以提升近100倍，原因在於電容偶合電漿（E-mode）低功率與低偏壓具有高能量轉換效率；在高功率條件下電漿具有低電阻，如電漿藉由電容偶合機制產生，將使大部分能量消耗在鞘層而非提升電漿密度。此時H-mode是更具效率的電漿產生方式，電漿密度將由傳統電容式（n~10^{9}-10^{10} cm^{-3}）提升至電容偶合機制（n~10^{10}-10^{12} cm^{-3}）。

趨膚深度（Skin Depth）：

一般而言假設感應RF電流流動區域僅存在一個趨膚深度（Skin Depth）的深度，且此區域介於感應線圈與電漿邊界之間，趨膚深度的計算式（4-2式）：

$$\delta_s = (2/\omega\sigma\mu_0)^{1/2} \qquad\qquad (4\text{-}2\text{式})$$

δ_s：趨膚深度（Skin Depth）

σ：射頻電漿源的電導度（Conductivity of AC Plasma）

μ_0：介質導磁性（Permeability of Medium）

因為使用的射頻電源（RF Power）頻率小於電漿頻率（Plasma Frequency），所以感應線圈所產生的電磁波無法穿透電漿區域（圖4.15）。射頻電源提供的能量大部分會損耗在電漿邊界約一個趨膚深度的範圍內，此區域亦是電子由感應電場獲得能量的區域。在射頻電場中電子獲得能量的機制分為兩種[1]：(1)歐姆加熱（Ohmic Heating）與(2)隨機加熱（Stochastic Heating）。歐姆加熱即電子獲得能量的過程來自於碰撞，當一電子於週期性電場中運動且無發生任何碰撞，電子受電場加速所獲得的淨能量為零，並無法提升電子動能。在低真空的環境中氣體碰撞頻率高，低能量電子可與中性原子或分子發生完全碰撞，行徑方向改變並因此在週期性電場中獲得動能。理論上當碰撞頻率與射頻電源頻率相同時，腔體中部分的電子有效率地從週期性射頻電場中持續獲得能量；但在高真空的環境下，中性粒子濃度過低，電子加熱機制轉回隨機加熱為主。圖4.16為ICP電漿源內電子獲得能量的過程簡介，射頻電場的分布僅限於趨膚深度的範圍內。電漿中往鞘層移動的電子因為鞘層電位較低而以電子轉向離開，電子僅單存的反向運動且無發生碰撞（高真空環境）。若電子通過趨膚深度的時間低於射頻電場的週期，電子將獲得一次性的單方向電場加速而獲取能量，只要增加電場強度即可有效加速電子，此稱為電子的隨機加熱機制。ICP腔體設計將線圈置於特定的高度以上，將製程晶片放置在遠離線圈數個Skin depth的距離外，避免製程晶圓受電磁場的影響。

圖4.15 射頻電流所引發的電磁波分布[4]

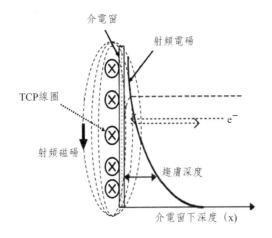

圖4.16 電子於電感偶合機制下獲得能量的過程

電感偶合電漿常見效應：

ICP相對於其他高密度電漿源具有結構簡單、不須額外增加電磁場元件、不須昂貴微波電漿源組件等優勢，但在電容偶合（Capacitive Coupling Effect）過程中產生濺射腔體的現象與電漿均勻性控制等問題。如圖4.17所示，當感應線圈處於正電狀態，電子將被加速濺射到絕緣層而消耗電子數量；反之當線圈處於負電狀態，帶正電離子將被轟擊至真空介電窗（石英或陶瓷材料）的蝕刻並減少使用壽命，造成潛在的腔體內汙染因素。

電容偶合效應（Capacitive Coupling Effect）可透過靜電屏蔽層（Electrostatic Shielding Layer）來減少對ICP電漿源的影響，如圖4.18所示。

將金屬薄片切割出狹縫（Slots），讓狹縫的方向與電場方向垂直（與電磁場方向呈水平），並置於絕緣層與感應線圈之間可以有效去除電容偶合現象，且狹縫密度越高屏蔽效果越佳。

圖4.17　電子與離子濺射效應對腔體所造成的損傷機制[4]

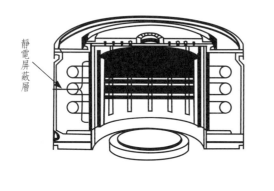
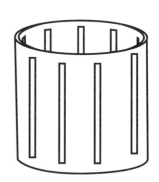

圖4.18　利用靜電屏蔽層來減少電容偶合效應的腔體設計[4]

電感偶合電漿均勻性 ：

　　常見的電感偶合電漿腔體可分為兩類設計：(1)平面型電感式電漿源；(2)圓柱型電感式電漿源。平面型電感式腔體將線圈置於真空介電窗上，此設計可藉由調變線圈的疏密分布、線圈與真空窗距離、反應氣體流場分布、磁場侷限方式（Magnetic Multipole Confinement）來調整電漿分布的均勻性，如圖4.19所示。亦可透過基板多區控溫的方式，改變不同區域的反應速率，補償電漿密度所造成的蝕刻速率差異。圓柱型電感式腔體將線圈置於圓柱型真空介電窗外圍，其感應電場位於管壁附近最大，電漿亦集中分布在此區

域，無法在晶圓上方製造出一均勻分布的電漿，通常透過擴散管（Diffusion Tube）與適當的流場設計，來達成製程的均勻性。在應用上亦須選用自由基存活時間（Life Time）較長的反應物爲主，或使用在化合物或奈米材料合成、光譜分析、廢棄物處理、表面清潔與處理等不須高度均勻分布的製程。

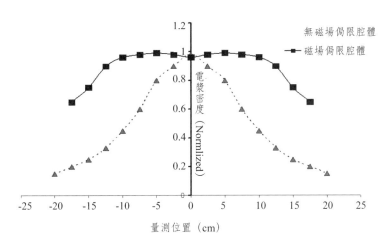

圖4.19　利用磁場侷限方式改善ICP電漿均勻性比較圖[5]

4.1.7 電子迴旋共振式電漿（Electron Cyclotron Resonance, ECR）

ECR電漿源（圖4.20）於1960年代被Miller等人所提出，共振腔內的電漿電子隨著的高磁場磁力線被加速，利用帶電粒子在磁場中會受勞倫茲力（Lorentz Force）而隨磁力線形成迴旋運動軌跡。其中電子轉動的頻率稱作爲電子螺旋轉動頻率ω_e（Gyrofrequency），並由磁場強度來決定如同下列方程式（4-3式）。如果我們使用商用化最常見的2.45GHz的微波源，即需要875高斯的磁場相對應。

$$\omega = eB/m_e \text{ 或 } \omega(MHz) = 2.8B \text{ (Gauss)} \qquad （4\text{-}3\text{式}）$$

當微波頻率等於電子的螺旋轉動頻率即可發生電子迴旋共振現象，此時電子在運動的過程獲得微波供給的能量。電子的運動軌跡不斷地因共振獲得能量並加大迴旋半徑，於低壓環境下產生足夠的電漿電子數量，將反應氣體

粒子游離化形成高密度電漿態。

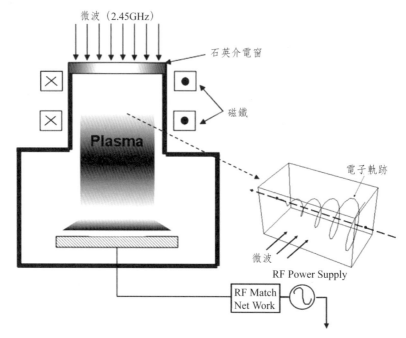

圖4.20　ECR腔體配置圖與電子受勞倫茲力於共振腔內的運動軌跡

電子迴旋共振式加熱（ECR Heating）：

　　如式子（4-4式）電子從微波共振腔體內獲得能量的表示式，電子可於運動中不斷地獲得能量。此時電子在相同的週期內將運行更長的距離，迴旋半徑越大代表電子速率越高，如圖4.20所示。電子受右手極化旋波或左手極化旋波作用下，能量的損失與獲取關係圖，如圖4.21所示，當我們在腔體內提供一右手極化旋波（Right Hand Polarization, RHP），電子可與微波共振加熱；相對地左手極化旋波（Left Hand Polarization, LHP）作用下獲得的總能量為零。

$$S_{ECR} \propto (\partial B / \partial z)^{-1} \qquad （4\text{-}4式）$$

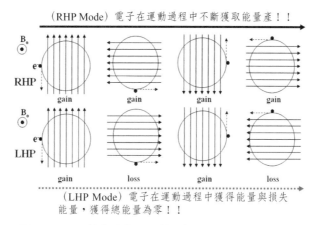

（RHP Mode）電子在運動過程中不斷獲取能量產！！

（LHP Mode）電子在運動過程中獲得能量與損失能量，獲得總能量為零！！

圖4.21　電子於旋波作用下能量損失與獲取示意圖[4]

ECR的優缺點：

優點有(1)在簡單的微波腔體內非由激烈碰撞的電子產生電漿，可於低壓狀態下於共振區產生密度為$10^{12}cm^{-3}$的高密度電漿；(2)可變參數較為簡化，改變磁場線圈內的電流強度即可控制共振位置與調整電漿源的均勻性；(3)共振區域由磁場決定，容易達成大平面積均勻電漿；(4)不需要電極所以沒有電極污染的問題；(5)如需提高反應速率亦可操作再較高壓環境，如下吹式（Down Stream）或遙控電漿（Remote Plasma）可選擇存活時間較長的O_2或O_3作為反應氣體，進行光阻去除或晶圓表面清潔等應用。缺點則有(1)磁力線分布限制了離子和電子側向的運動，易於局部區域產生高電漿位能，造成電漿損傷機制破壞電晶體結構；(2)少數電子於低壓下持續獲取能量且無能量傳遞，最終因為碰撞產生X-ray射線；(3)結構複雜需較大的腔體空間容納所有組件，且左手旋波（LHP）亦在特殊狀況或區域下產生電漿，產生不可重複性的製程結果。

4.1.8 螺旋微波電漿源（Helicon Wave Plasma Source, HWP）

螺旋微波（Helicon Wave）電漿源具有(1)高密度（$10^{12}\sim10^{14}cm^{-3}$）；(2)高效率（加速電子的方法：讓電子如同在螺旋微波上衝浪，迅速將波能量傳遞給電子並激發氣體離子化）；(3)低磁場（100~300G, ECR是875G）；(4)

無腔體內電極（無Sputtering和Contamination Issues）；(5)獨立控制離子能量；(6)可控電子能量（可藉由天線長度與輸入頻率控制Helicon Waves的相速度；(7)可使用DC偏壓和(8)低壓操作。

　　螺旋微波（Helicon Wave）並不屬於電磁波（EM Wave）。我們可藉由射頻產生器將能量導入特殊設計的天線（RF-driven Antenna），跨過一絕緣腔壁後產生螺旋微波（Helicon Waves），電子可藉由與波的運動藉由碰撞Collisional（Ohmic）或阻尼震盪Damping（Landau）獲得更高的能量並增加電漿源密度。圖4.22是螺旋微波處在均勻電漿腔體內當角向量為m=+1和m=-1的磁力線（Solid Lines）與電場分布（Dashed）圖，一般腔體會有一DC磁場，隨著磁場B_0（k>0）方向（z軸）的所產生與應變的電場分布，如圖4.23所示，將看到電場分布在不同的z軸位置呈順時鐘旋轉（稱為右手波；Right-Hand Wave）；當m= -1時，旋轉方向將會與m= +1相反並形成左手波又稱為左手極化（Left-hand Polarization）；當m=0時，如圖4.24所示，看到電場分布圖將隨著z軸變化而非旋轉，可將其視為靜電場與電磁場相互轉換。

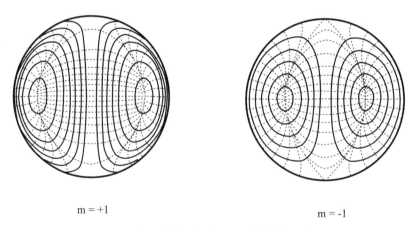

m = +1　　　　　　　　　　　　m = -1

圖4.22　磁力線（實線）與電場（虛線）分布圖[4]

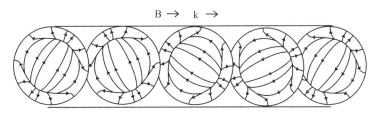

圖4.23　角向量為m=+1，不同的z軸位置的電場分布圖[4]

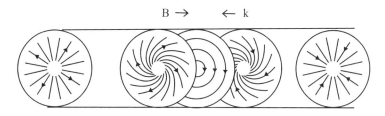

圖4.24　角向量為m= 0，不同的z軸位置的電場分布圖[4]

朗道阻尼與能量吸收（Landau Damping and Energy Absorption）：

　　Landau Damping是一種非碰撞式的機制，波能量可以非常有效地傳輸至電子，如圖4.25所示，波具備位能（Potential：單位：-eV），不同波長的螺旋微波可承載各種不同數量的電子。當電子進行熱運動且運動行為近似波的向速度（$V_p=w/k$）時，電子將被捕獲並被原有的電場給加速，只有這些恰好處在正確相位的電子，可以隨著波進行長時間地運動而非碰撞，波能量也將被電子吸收，這樣的機制將有助於工程人員去調整w或k匹配出適當的相速度V_p。如式子$E_r = 1/2mV_p^2$所定義的共振能量E_r，當E_r很接近電子平均熱能量時，將可激發系統中多數的電子吸收Helicon Wave所導入的能量，但電子動能過低並無法有效離子化反應氣體；一般會將共振能量設定在50～150eV之間且接近氣體游離能，並調整到最佳參數。

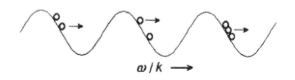

圖4.25　Landau Damping對電子所產生的加速機制

天線（Antennas）與腔體（Chambers）設計：

如圖4.26所示，利用共振螺旋微波（Resonantly Helicon Wave）的電漿腔體會置入一組磁鐵於共振腔周圍，產生一z軸方向且強度為B_0的磁場，設計製程所需的電漿密度，藉由色散關係式（Dispersion Relation Formula，如4-5式）求出所需

$$\alpha = (\omega/k) (\omega_p^2 / \omega_C c^2) = (\omega/k) (ne\mu u_0/B_0) \qquad （4\text{-}5式）$$

其中：ω 為射頻產生器頻率；ω_p為電漿頻率；α為常數；B_0為磁場。

頻率與波長，設計適當的天線（圖4-27）置於石英鐘罩周圍，藉此產生所需要的波長長度。透過Matching Box將射頻電源RF Power注入系統產生Landau Damping機制，系統中符合此相速度（Phase Velocity）的電子可輕易的藉由與Helicon Wave共振獲得能量並游離化反應氣體。

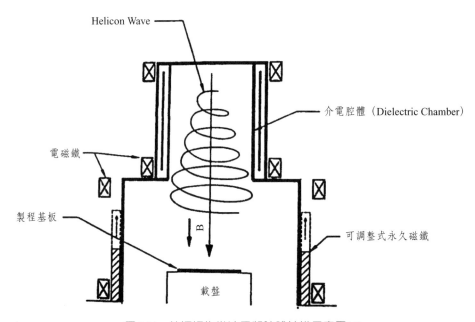

圖4.26　共振螺旋微波電漿腔體結構示意圖[4]

蝕刻訊號，單色光源（雷射光源或發光二極體光源）入射晶圓表面並反射回光學偵測器判讀並產生光路徑，與參考光源路徑重疊合成分析。如圖4.30所示，兩光源路徑所合成的干涉條紋，經由電腦分析可判讀膜厚與終點位置，製程上可以設定蝕刻停止位置與後續製程步驟，此方法亦可應用在薄膜沉積系統判定鍍膜厚度。

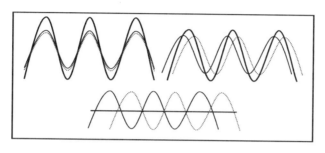

圖4.30　干涉儀檢測原理，如圖所示由實線與虛線的疊合圖形進行判別

雷射終點偵測器（Laser Endpoint Detector）：

雷射終點偵測器（圖4.31）利用單色雷射光源聚焦在晶圓表面上。雷射頭需架設在晶圓正上方，所以使用此儀器需在腔體頂端設計視窗，從雷射反射光強度判讀反射率與干涉現象，由於不同的薄膜厚度會在反射率圖形上產生建設性干涉與破壞性干涉，可藉由此現象判讀蝕刻速率與薄膜剩餘厚度；不同的材料具有不同的反射率與震盪圖形，藉此可判定是否蝕刻至底層介面。

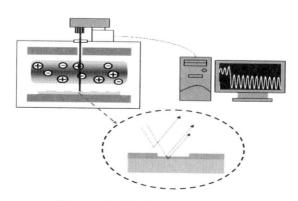

圖4.31　雷射終點偵測器架構與原理

光學頻譜分析儀（Optical Spectrometer）：

　　蝕刻過程所產生的生成物在電漿氣氛內，因高能電子撞擊氣體分子產生能階躍升現象，並由激發態回復至基態過程中產生特定波長光子，影響整體電漿輝光的顏色（光波長不一樣）。此機制可藉由光學頻譜分析監測蝕刻狀態，當監測系統發現底層物質參與蝕刻反應，底層副產物所屬的波長增強或蝕刻層特有波長減弱時，即可判定已接近至底層介面。電漿光譜藉由光纖傳遞至菱鏡將光源分散（圖4.32），並由感光電荷耦合元件（Charge-coupled Device, CCD）判讀250nm至800nm間波長強度分布並記錄成一頻譜。由資料庫比對可分辨各波長可能的來源產物，新型的光學頻譜分析儀可記錄與監控全波段的強度變化，並適時地引導製程進入過蝕刻步驟。而另一種簡易裝置則在視窗前加裝濾鏡分析單一波長，僅由感光元件分析特定波長的強度變化，當偵測到強度迅速下降時即判定為蝕刻終點，此裝置僅用在單一材料蝕刻製程的蝕刻腔體，且無法使用多波段相互比對資料正確性。

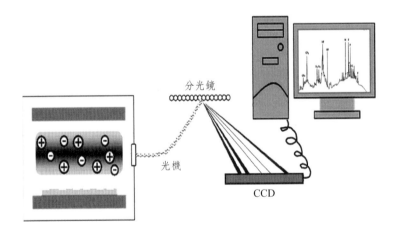

分光鏡

光機

CCD

圖4.32　光學式頻譜分布分析儀

4.4　乾式蝕刻製程（Dry Etching Processes）

　　接下來我們跳脫各式電漿腔體設計的差異，簡介乾濕式蝕刻差異，並討論電漿蝕刻機制、製程上常遇見的現象及簡易的製程調整趨勢與概念。介紹下列各種半導體製程結構常使用的乾蝕刻製程：多晶矽蝕刻（Poly-Si

Etching）、深反應離子蝕刻（Deep Reactive Ion Etch, DRIE）、介電層蝕刻（Dielectric Layer Etching）、金屬蝕刻（Metal Etching）、光阻去除（P.R. Stripping）、光阻削薄（P.R. Trimming）及多層金屬連線常使用的雙鑲嵌結構（Dual-Damascene）等製程。

4.4.1 乾式蝕刻與濕式蝕刻的比較

乾、濕式蝕刻最大差異在於圖形控制能力和量產成本。濕式蝕刻使用高濃度強活性化學溶劑於反應槽內大量生產，一般使用批式反應。但無法控制反應槽內的反應粒子行徑方向，故蝕刻反應為等向性並產生側壁方向蝕刻（如圖4.33），形成所謂的底切現象（Undercut），無法將光阻圖形完全轉換至底層結構，不適用於次微米或奈米尺度元件結構製作。乾式蝕刻一般使用氣體為蝕刻劑，藉由氣流流動方向控制主要蝕刻方向。當導入電漿技術之後，不僅可透過電漿功率調整蝕刻速率，亦可透過偏壓與製程壓力調整蝕刻輪廓，成為次微米積體電路元件製作的主流蝕刻方式。

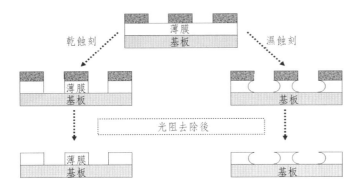

圖4.33　乾式、濕式的蝕刻輪廓比較

4.4.2 乾式蝕刻機制

如圖4.34所示，電漿蝕刻機制大致可分為三類：(1)物理式蝕刻、(2)化學式蝕刻及(3)活性離子蝕刻（Reactive Ion Etch, RIE）。

(1)物理式蝕刻機制利用電漿腔體游離化惰性氣體，一般游離化惰性

氣體（Ar; Xe）形成帶電離子態，並在晶圓表面形成一偏壓，引導高能離子朝晶圓表面撞擊（Sputtering Etch），破壞表面原子鍵結與撞離表面原子達成蝕刻目的。具有高度的非等向性蝕刻特性（Anisotropic），不易產生底切現象（Undercut）。如表4.2所示物理式蝕刻離子需具備高動能。但易造成晶圓損傷且其蝕刻選擇比（Selectivity）不佳，蝕刻速率慢，因此不適合於應用在複雜結構製程。

離子能量（eV）	表面物理反應
<3	離子表面吸附或反彈
3~10	晶片表面發生破壞現象
10~5000	物理蝕刻反應
>10000	離子佈植

表4.2　物理反應所需離子能量[8]

(2) 化學式乾蝕刻機制為利用電漿游離原本較不活潑的反應氣體，使其解離成反應性強的帶電離子、原子狀態或自由基態。藉由擴散或流場設計將這些活潑的粒子均勻的傳輸至晶圓表面，與表面原子發生吸附（Absorption）、反應（Reaction; Etch）、脫附（Desorption）等表面反應機制。再由真空設備將蝕刻生成物（易揮發物質）抽離。因屬於化學蝕刻機制，與濕式蝕刻一樣具有高選擇比，屬等方向性蝕刻（Isotropic）產生底切現象。在乾式蝕刻的操作環境下，選擇的蝕刻劑需與底層材料形成易揮發生成物，提高蝕刻速率與降低殘餘物質。

(3) 活性離子蝕刻機制結合化學反應與物理濺射機制的乾式蝕刻技術（圖4.35），可調控蝕刻速率、選擇性與非等向性蝕刻等特點。適當的離子轟擊可破壞化學鍵與加速化學脫附（Desorption）提升化學蝕刻速率，加上各式電漿腔體的設計，可有效獨立控制電漿密度（控制自由基濃度、離子濃度及中性粒子濃度直接影響蝕刻速率）與基板偏壓強度（控制離子能量完成不同要求的非等向性蝕刻程度），完成各式艱困製程條件與蝕刻輪廓。

228

物理式蝕刻機制

高能量離子進行物理性蝕刻
非等向性蝕刻／低選擇比／高表面破壞能力

化學式蝕刻機制

高活性的自由基／單原子態進
行化學式蝕刻等向性蝕刻／高
蝕刻速率／高選擇比／低表面
破壞能力

離子增進式蝕刻機制

結合上述兩種機制
可調整蝕刻方向性／速率／選
擇比／表面保護能力

圖4.34　電漿蝕刻機制的主要現象

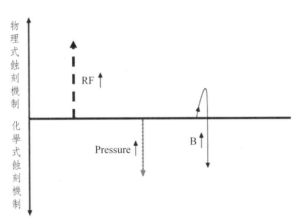

圖4.35　電漿腔體參數對蝕刻機制的影響

4.4.3 活性離子蝕刻的微觀現象

(1)蝕刻速率：

阿瑞尼斯方程式（Arrhenius Equation）是化學反應的速率常數與溫度之間的關係式，其中k為反應速率常數、Ea為反應活化能，單位為焦耳（J）、R為氣體常數、T為絕對溫度。$\ln k$隨T的變化率與活化能Ea成正比。因此活化能越高，反應速率對溫度越敏感，溫度升高時反應速率增加得越快。

$$k = Ae^{-Ea/RT} \quad \text{或} \quad \ln k = -\frac{E_a}{RT} + \ln A$$

所以無論在電漿蝕刻製程或在電漿輔助沉積系統，除了電漿密度與製程壓力對製程影響甚大，基板表面的溫度均勻性亦直接關聯表面化學反應速率，影響整體的蝕刻速率不均勻性或沉積速率不均勻性。

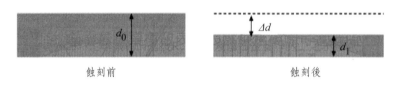

蝕刻前　　　　　　　　　蝕刻後

$$\text{Etching Rate} = \frac{\Delta d}{t} \quad (\text{Å/min})$$

$\Delta d = d_0 - d_1$（Å）厚度改變量；t 蝕刻時間（min）

圖4.36　蝕刻速率量測與計算方法

由圖4.36所示，可由簡單的實驗量測蝕刻前後薄膜厚度差異，計算在該蝕刻條件下蝕刻速率，一般會量測基板內9點或25點位置計算蝕刻不均勻性，並調整腔體壓力、氣體分配比例、基板溫度調整等等微調至最小蝕刻不均勻性。

(2)離子蝕刻選擇性：

各種材料利用物理濺射蝕刻皆有其所需的離子能量臨界點（Threshold Energy of Ion Sputtering），此能量與物質的束縛能（Binding Energy）大小有關，超過此臨界點即開始物理濺射蝕刻。一般可透過運用適當的離子轟擊能量（Ion Bombardment）來調變蝕刻選擇性，低離子能量通常可獲得較高的選擇性，將反應由化學蝕刻主導而離子轟擊僅協助生成物脫離晶圓，不同的蝕刻輪廓要求需使用不同程度的離子轟擊。除了離子能量臨界點外，離子與表面的撞擊角度亦產生不同的蝕刻效果，如圖4.37所示，入射角（Incident Angle）在30~60°時具有最大蝕刻速率，因為正面的撞擊不易幫助原子脫離原本的鍵結。此結果影響到光阻轉換原本結構設計的能力，如圖4.37所示在

結束蝕刻製程後將在表面留下特定的切面（Facets）。物理濺射蝕刻表面時常產生非揮發態的生成物，當腔體無法提供低壓與高抽氣效率的製程環境時，常伴隨著微粒汙染、腔壁沉積、表面粗糙等問題，需更高頻率的腔體清潔與維護。

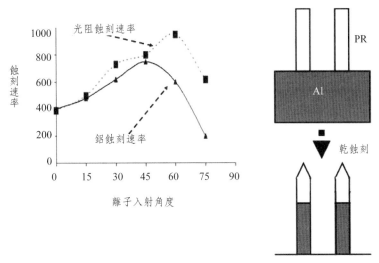

圖4.37　離子入射角度與蝕刻速率關係圖及光阻受濺射效應所產生的表面蝕刻輪廓

蝕刻選擇比（Etch Selectivity）的趨勢與分析：

物理濺射蝕刻機制直接影響著蝕刻參數中的選擇比，材料(A)與材料(B)在相同的反應條件下，擁有不同的蝕刻速率（Etching Rate, ER）。而兩者的比值如下列算式即被定義為蝕刻選擇比，一般狀態下離子能量伴隨著電漿密度增加，此時蝕刻速率增加，蝕刻輪廓準直性較佳，但蝕刻選擇比降低，如圖4.38電漿功率對蝕刻參數的影響關係。

$$選擇比（Selectivity）= ER_{(A)} / ER_{(B)}$$

蝕刻選擇比分析一般考慮與光阻的比值(a) $ER_{(A)} / ER_{(PR)}$ 和底層的比值(b) $ER_{(A)} / ER_{(B)}$，光阻選擇比影響可蝕刻深度的限制；底層選擇比會影響結構的完整性。如多晶矽閘極蝕刻底層僅有數奈米厚的介電層，而連接窗口氧化層（Contact-hole oxide）蝕刻需同時蝕刻不同深度的二氧化矽，此類製程在接下來的單元將更詳細介紹。

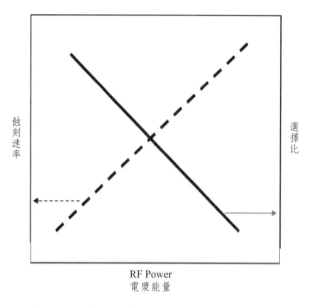

蝕刻速率　　　　　　　　　　　　　選擇比

RF Power
電漿能量

圖4.38　電漿源功率對蝕刻速率與選擇比的影響

(3)過蝕刻（Over Etch）：

　　圖4.39為常見的薄膜沉積與結構，因為薄膜沉積不均勻性問題、立體結構以及蝕刻速率均勻性等問題。為解決這些變異參數在蝕刻製程所造成的影響，蝕刻參數的建置通常會在最後步驟安排低蝕刻速率、低離子轟擊能量與高選擇比的過蝕刻製程（Overetch Step），藉以完整去除欲蝕刻區域的薄膜及保護底層結構的完整性。

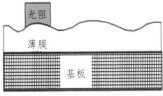

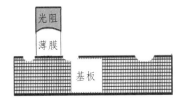

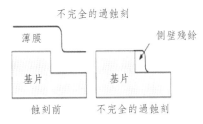

圖4.39　薄膜不均勻所需的過蝕刻製程

(4)底切現象（Undercut）：

　　底切現象一般來至於化學蝕刻機制，當系統為加快生產速率藉由提升電漿密度加快蝕刻效率，或選用不適當的蝕刻劑，因化學蝕刻機制主導反應而無法有效控制側壁蝕刻速率，都會導致顯著的底切現象。可於蝕刻氣氛中加入適當的鈍化劑（Inhibitors），與表面反應成保護膜，僅有底層受離子轟擊破壞鍵結可持續發生化學蝕刻，側壁則因為有保護膜以及較少量的離子轟擊而獲得保護。如文獻的實驗結果（圖4.40），加入鈍化劑後的多晶矽蝕刻可有效減少側向蝕刻的深度。

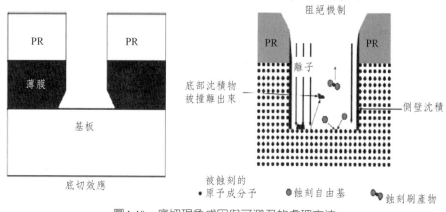

圖4.40　底切現象成因與可避免的處理方法

(5)負載效應（Loading Effects）：

因化學反應速率常數與反應物、生成物濃度有關，假設系統中在接近蝕刻表面的此兩濃度不同，將有不同的化學反應速率常數。所以晶圓上欲蝕刻的開孔面積不同時將影響反應物濃度，相同蝕刻參數在蝕刻不同結構的晶圓時，晶圓具有大總開孔面積的蝕刻速率較慢，稱之為負載效應。當降低製程壓力時即可獲得明顯的解決，低操作壓力下的蝕刻速率差異較小。而從結構上去觀察局部區域內蝕刻均勻性的問題，將發現鄰近於大開孔區域的狹縫，其蝕刻速率隨著遠離此區域而加快。原因在於大開孔區域消耗掉鄰近區域的蝕刻劑，此現象稱為微負載效應（Micro-loading Effect），如圖4.41所示，一樣可在低操作壓力下獲得緩和。低操作壓力可減少反應物與生成物在不同大小孔洞或溝槽內質傳速率的差異，所以使用高密度電漿腔體較可減輕負載效應。如果系統選用的蝕刻氣氛具有高選擇比，搭配適當的過蝕刻步驟亦可減輕蝕刻深度的差異，微負載效應對元件生產良率的影響。

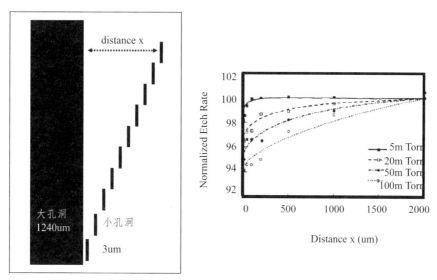

圖4.41　負載效應與微負載效應下蝕刻速率vs開孔面積的趨勢[14]

(6)反應離子蝕刻延遲（RIE-lag）：

圖4.42a為深矽蝕刻橫切面圖，蝕刻深度隨著開口面積增加而減少，稱為反應離子蝕刻延遲（RIE-lag）現象，亦稱為深寬比依賴蝕刻（Aspect-Ratio Dependent Etching, ARDE）。主要有幾個原因造成此現象：(a)高深寬比（High Aspect-Ratio）造成蝕刻反應的揮發生成物較難離開溝槽，影響反應物的濃度梯度；(b)缺少離子轟擊，因為離子在運動的過程與側壁碰撞；(c)光阻表面形成的局部電場影響離子直接撞擊底層的機率；(d)缺乏離子轟擊的表面，生成物滯留時間加長，影響縱向與側向蝕刻（圖4.42b）反應速率。與負載效應一樣皆可透過降低操作壓力，增加氣體平均自由路徑，增加生成物脫附速率與減少離子碰撞機會，減緩RIE-lag現象。

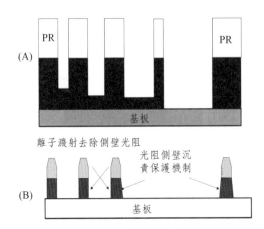

圖4.42　反應離子蝕刻延遲（RIE-lag）效應下對蝕刻深度與蝕刻輪廓影響

(7)微遮罩效應（Micro-masking Effect）：

　　蝕刻前製程或蝕刻過程中皆有機會產生微粒子並落在非光阻區（蝕刻層表面），如光阻曝光顯影過程中殘留的有機物質、腔體內壁因離子轟擊掉落的汙染粒子、鋁矽銅合金蝕刻殘留的銅微粒（Cu Pillars），如圖4.43所示，使蝕刻圖形失真稱之為微遮罩效應。

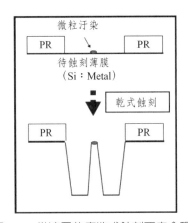

圖4.43　微遮罩效應造成蝕刻不完全現象

(8)蝕刻輪廓控制（Etching Profile Control）：

　　由於乾式蝕刻包含化學式蝕刻機制、物理濺射機制及許多微觀的局部現象，使用不同的蝕刻氣氛與電漿源選擇，在相同的結構產生多樣化的

蝕刻特性，其中包含各式各樣的蝕刻輪廓特性。圖4.44為各式的蝕刻輪廓皆有產生的機制與理由，當然也可透過減少光阻軟化來調整孔道窄化現象（Taper）；添加鈍化劑或解離劑調整化學蝕刻機制的強度，影響底切現象與蝕刻準直性；結構的調整可影響局部電場在尖端或非導電底層聚集的效應，影響底部和界面尖端的蝕刻輪廓等等。

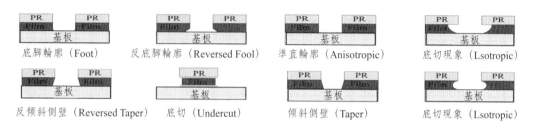

底腳輪廓（Foot）　　反底腳輪廓（Reversed Fool）　　準直輪廓（Anisotropic）　　底切現象（Lsotropic）

反傾斜側壁（Reversed Taper）　　底切（Undercut）　　傾斜側壁（Taper）　　底切現象（Lsotropic）

圖4.44　各種乾式蝕刻可能產生的輪廓

4.4.4 各式製程蝕刻說明

多晶矽閘極蝕刻（Poly-Si Gate Etching）：

多晶矽可被鹵素族中的氟（F）、氯（Cl）、溴（Br）、碘（I）蝕刻，與矽原子反應形成易揮發的SiX_4（X代表鹵素族元素），而基板的控溫通常設定在SiX_4可形成氣體的溫度，且蝕刻的型態趨向於非等向性蝕刻。一般因為鹵素族的化學特性，其矽化物的沸點是（Br）>（Cl）>（F），所以使用SF_6為蝕刻劑的製程需控制基板在比較低溫，而使用溴化物（如HBr）為主蝕刻劑的製程需搭配較高溫度。如圖4.45敘述使用SF_6為主蝕刻劑搭配不同的基板溫對於蝕刻輪廓的影響，當溫度高於$-110°C$時開始發生底切現象〔13〕。在小線寬閘極蝕刻的應用上較少採用SF_6為蝕刻劑，原因在於SF_6可提供六個F原子形成自由基態或離子態，導致過快的化學蝕刻機制，不易控制整體的蝕刻均勻性與蝕刻輪廓。接下來我們詳細介紹以氯氣（Cl_2）與溴化氫（HBr）作為蝕刻多晶矽閘極的製程，此製程常遇到的挑戰與蝕刻現象。

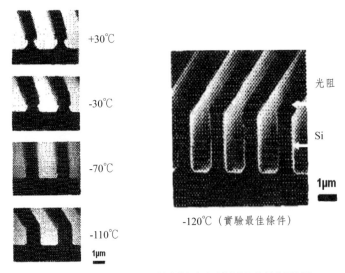

圖4.45　SF6為蝕刻劑的矽蝕刻輪廓與基板溫度控制關係[13]

閘極蝕刻製程與挑戰：

　　如圖4.46所示，光阻定義多晶矽閘極的位置，為了不斷增加積體電路內電晶體的密度，閘極線寬不斷地微縮。且多晶矽閘極下有一層極薄的介電層（Dielectric Layer），一般為氧化矽（SiO_2）、氮化矽（SiN）或高介電材料（如HfO_2、HfON）。多晶矽閘極蝕刻需克服電漿不均勻性、超薄的介電底層、各式的負載效應等問題，完整去除無光阻區的多晶矽薄膜，並保留厚度僅數奈米的介電底層（Dielectric Layer），因線寬極小與考量閘極控制能力需盡量使蝕刻輪廓呈90度。如表4.3所列出的挑戰項目，在蝕刻的參數設計一般會使用多步驟參數（Multi-step Recipe），主要分為三大階段：第一階段稱為突破步驟（Break Through），先使用物理濺射蝕刻機制去除多晶矽表面的原生氧化層（Native Oxide）。蝕刻參數加入氬氣於電漿環境下產生氬離子（Ar^+），搭配基板偏壓去破壞介電層的表面鍵結與進行物理濺射蝕刻；第二階段稱為主蝕刻製程（Main Etch），使用氯氣為主蝕刻劑與多晶矽反應成$SiCl_x$的易揮發物質進行RIE機制蝕刻，並添加HBr作為側壁保護劑獲得趨近垂直的蝕刻輪廓；第三階段稱為過蝕刻製程，使用高選擇性蝕刻參數進行過蝕刻步驟，一般加入微量的氧氣（O_2）增加對氧化層的蝕刻選擇比，清除蝕刻不均勻性所殘餘多晶矽，並保護氧化矽底層薄膜完整性。

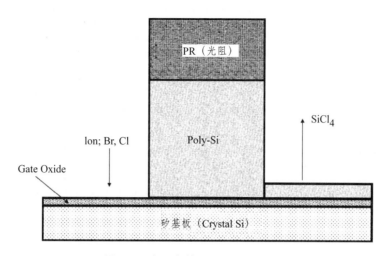

圖4.46　光阻定義多晶矽閘極示意圖

步驟	作用
突破製程	- 使用物理（Ar⁺）濺射機制去除原生氧化層
主蝕刻製程	- 鹵素蝕刻劑搭配高速的主蝕刻製程階段 - 終點偵測介電材料底層
過蝕刻製程	- 降低電漿功率搭配高選擇比參數去除剩餘多晶矽

表4.3　多晶矽閘極多步驟蝕刻參數建制

氧氣效應：

　　微量增加氧氣於蝕刻氣氛中可增加矽蝕刻速率並降低二氧化矽的蝕刻速率，藉此可增加蝕刻選擇比。低濃度的氧氣環境可與矽反應成SiO_xCl_y的易揮發物質，而增加矽的蝕刻速率；當氧氣濃度過多時即在矽表面生成二氧化矽，形成阻擋層並降低化學蝕刻的SiX_4（X代表鹵素族元素）生成速率（圖4.47），此時對基板偏壓（Etch Bias）與基板溫度進行調變可獲得最佳的蝕刻選擇比與蝕刻速率。氧氣效應亦發生在石英腔體內，當離子轟擊發生在石英表面並釋放氧氣，將對矽蝕刻產生影響需增加基板偏壓減輕效應。

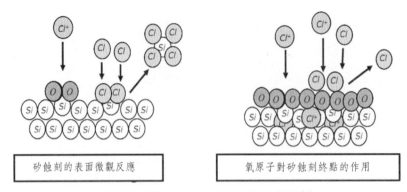

圖4.47　氧原子對矽終點蝕刻的影響機制

光阻效應：

　　光阻於電漿環境下因為電荷累積與碳原子釋放現象，都對蝕刻輪廓與特性產生影響。以電荷累積的現象為例在氯氣（Cl_2）的蝕刻環境下，因為光阻屬非良導體容易累積電荷，離子受基板偏壓往晶圓表面運動時，受光阻周圍的電場吸引與額外的加速往側壁碰撞（圖4.48），往往造成微溝槽蝕刻輪廓（Microtrench Etch），可使用硬遮罩改善此現象；而在溴化氫（HBr）與氧氣（O_2）的過蝕刻環境下，因為SiO_xBr_y屬於較黏的物質，累積電荷的光阻影響離子往側壁撞擊並集中在底腳的蝕刻行為，有效減少產生底腳（Foot）的蝕刻現象（圖4.48）。如果使用硬遮罩製程則需要降低氧氣濃度與離子轟擊能量，以偏化學蝕刻的機制獲得側壁輪廓控制。而另一光阻的碳原子釋放問題，常發生在光阻崩解與軟化後，在接近氧化矽底層反應生成二氧化碳（CO_2）並破壞介電層結構，一樣容易造成微溝槽蝕刻輪廓（圖4.49）。

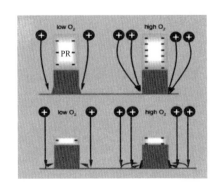

圖4.48　微溝槽蝕刻常見機制

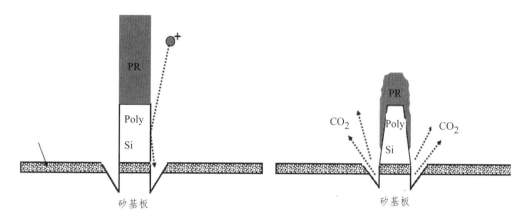

圖4.49　崩解的光阻在電漿氣氛中解離出碳原子，與氧化層反應產生微溝槽現象

摻雜效應（Doping Effect）：

在雙極式反應離子蝕刻設備，矽摻雜型態會影響庫倫吸引力與鹵素離子（X^-）的化學吸附能力。以N型摻雜為例，未補償的砷施體（As^+ Donor）與鹵素離子（X^-）更易結合而發生蝕刻反應，反之未補償的硼受體（B^- Acceptor）因為相斥力而降低蝕刻速率，而造成蝕刻速率N型摻雜矽＞未摻雜矽＞P型摻雜矽，此現象可在高密度電漿腔體製程獲得改善。

淺溝槽隔離（Shallow Trench Isolation）：

傳統慣用的LOCOS電性隔離法由於鳥嘴效應與表面不平坦的限制，在250 nm以下的電路製作多已被淺溝槽隔離結構所取代，以滿足高密度電晶體的設計要求（表4.4）。於矽基板上成長墊氧化層（Pad Oxide）與氮化矽層（Nitride），完成微影程序定義隔離區後，依序進行氮化矽層與墊氧化層的蝕刻（氮化矽層的作用為硬遮罩Hard Mask），接著進行溝槽深度在300～700 nm之間的矽基板蝕刻動作。之後在溝槽的內壁上以熱氧法（Thermal Oxide）成長一至兩道氧化層內襯（Oxide Liner），以消除蝕刻所造成的損害，並圓弧化開口與底層接角避免尖端集中電場的效應。再以化學氣相沉積（CVD）氧化層充填溝槽內，並由化學研磨平坦化結構，避免淺溝隔離凹陷區（Divot）形成，此區因閘極導線跨越且介電層厚度不均，易提前開關電晶體元件且降低可操作性能。

　　淺溝槽隔離非常注重蝕刻側壁輪廓與深度均勻性控制，在尺寸不斷微縮的過程中，側壁輪廓控制越顯重要，原因在於上述對電性控制與化學沉積氧化層充填溝槽的能力。我們以Cl_2-HBr反應氣氛來探討STI製程的需求，控制不同的開口與溝槽斜率，一般在75°到89°之間且開口斜率較大，在於增加薄膜沉積填充能力，避免產生空隙（Voids）。調變方法如增加O_2或N_2可以減少溝槽斜率，因為SiO_x或SiO_xN_y進行側壁保護機制；調變基板偏壓亦可以調整溝槽斜率，但容易產生晶格缺陷；調變基板溫度控制化學蝕刻機制的強弱，影響側壁蝕刻的輪廓。

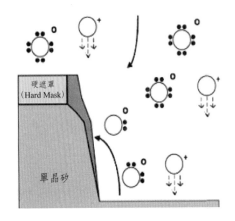
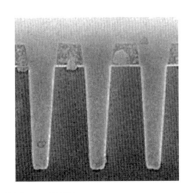

圖4.50　使用鹵素氣氛蝕刻製作STI過程[9]

技巧	作用
1	溝槽蝕刻後進行濕蝕刻pad oxide，在氮化矽下方形成底切輪廓，在進行氧化反應（Liner oxidation）使角度圓化。
2	將蝕刻參數設定成兩段式，產生兩種斜率的溝槽輪廓。
3	在凹陷區（divot）上製作一層Nitride spacer。
4	STI蝕刻製程結束後，進行900~1100C氫氣回火使角度圓化。
5	完成CVD氧化層填充後，進行900~1100C氫氣回火使角度圓化。
6	進行CVD氧化層填充前，預先沉積一層氮化矽襯墊（Nitride liner）。
7	先沉積閘極介電層與閘極多晶矽後，在進行STI製程、CVD氧化層填充與CMP平坦化製程。

表4.4　避免STI邊角引發Current hump的蝕刻輪廓製作技巧[8]

深反應離子輔助蝕刻（Deep Reactive Ion Etch, DRIE）：
深反應離子輔助蝕刻需使用高速化學蝕刻機制完成高深寬比的非等向

性蝕刻，深寬比需可達到大於20：1，而蝕刻深度需可達到數十至數百微米（um）的要求。製作蝕刻側壁近乎垂直的結構，此為日漸重要且應用廣泛的製程方法，無論在未來立體堆疊封裝（3D IC）所使用到的通矽晶穿孔技術（Through Si Via, TSV）或應用在微型機械感測元件（MEMS）的實現（圖4.51）。主要技術有Bosch Process（博世製程）或Cryo Process。博世製程由德國公司Robert Bosch所發展出的一套蝕刻方法，藉由兩種不一樣的蝕刻氣氛交替反應完成此任務，分為兩步驟或三步驟的製作流程（圖4.52）。因為蝕刻深度達數十微米或數百微米等級，在深矽蝕刻製程上採用SF_6作為主蝕刻劑，使用C_4F_8作為側壁保護的反應物。選用氟碳比接近2的反應物可於電漿激發後，引發高分子串接反應形成類似鐵氟龍物質的側壁保護層，有關氟碳比於電漿腔體內的反應特性，請參閱二氧化矽層蝕刻章節的探討。

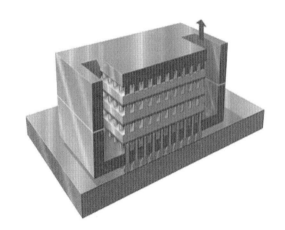

圖4.51　3D IC結構概念可將各種不同功能的晶片整合成單晶片系統[8]

　　博世製程（Bosch Process）的深矽蝕刻一開始通入SF_6，由於初始表面有一層原生氧化層（Native Oxide）或高分子保護，通常搭配高基板偏壓與少量的惰性氣體（Ar），破壞原有的表面保護結構（步驟1）；接著關閉惰性氣體（Ar）與保留SF_6於電漿環境內解離成帶電的SF_x^+與F自由基，大幅減少基板偏壓進行高速的等向性化學蝕刻（步驟2）；最後切換至C_4F_8的反應氣氛產生碳氟鍵結的高分子物質，附著在矽表面形成保護膜（步驟3）。不斷地重複步驟一至三的製程順序即所謂的博世製程，搭配ICP電漿源及應用

低頻基板偏壓，使反應氣體與生成物可有效率於深溝槽結構傳輸，避免因高深寬比影響蝕刻終點位置。

第一次蝕刻＋保護循環　　　第二次蝕刻＋保護循環　　　完成結構
（去除高分子保護膜）

圖4.52　Bosch Process製程簡介

貝殼紋輪廓（Scallop）與微遮罩效應（Micromask）：

高速的等向性化學蝕刻造成矽側壁的底切效應，產生類似貝殼紋路（Scallop）的側壁輪廓（圖4.53），這是傳統博世製程常見的蝕刻表現，也影響到其應用限制與元件結構限制。而另一常見的現象則是殘留的高分子保護層，於蝕刻反應時所造成的微遮罩效應，如圖4.53高深寬比或小線寬溝槽內的蝕刻輪廓，因為保護膜的去除能力隨著溝槽加深而減弱，有些設備可循序漸進地增加基板偏壓強度，藉此增強去除底層保護膜的能力。

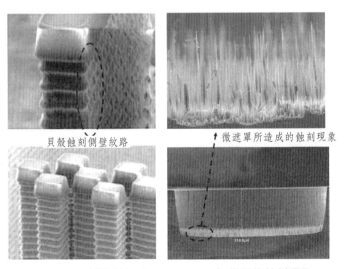

貝殼蝕刻側壁紋路　　　　　　　微遮罩所造成的蝕刻現象

圖4.53　博世製程（Bosch Process）常見的蝕刻現象

Cryogenic Process（低溫處理方法）：

利用氧氣與矽表面產生保護層，取代博世製程所使用的高分子保護層。
一般蝕刻設備會搭載微量氧氣流量控制器，精準控制O_2於SF_6氣氛中的分量
與矽表面反應成厚度為$10\sim20$nm SiO_xF_y的側壁保護層。系統需有一組低溫
的恆溫槽可控至$-130℃$以下，此製程溫度將SF_6冷凝於矽基材表面，藉由適
當的離子轟擊力道達成非等向性深矽蝕刻（圖4.54）。

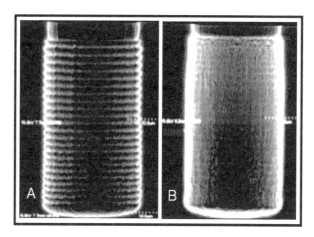

圖4.54　圖A為一般Bosch製程產生的貝殼紋路（Scallop）側壁；圖B為Cryogenic製程的平滑側壁輪廓[9]

介電層蝕刻（Dielectric Etching）：

介電層一般為二氧化矽（SiO_2）、氮化矽（Si_3N_4）、氮氧化矽
（SiON）、高介電材料（High-k Materials）及低介電材料（Low-k
Materials）。此類材料屬於較穩定的氧化態且鍵結屬非晶態（Amorphous）
為主，因為鍵結穩定需要較強的物理濺射機制輔助達成蝕刻要求，在此單元
我們針對二氧化矽層蝕刻與雙鑲嵌結構（Dual Damascene）蝕刻做較深入的
介紹。

二氧化矽層蝕刻（Silicon Dioxide Etching）：

二氧化矽層蝕刻較不適用於高密度電漿腔體，原因在於主蝕刻劑氟碳氣
體會大量解離出氟離子、氟自由基及低氟碳比分子，雖可提高蝕刻速率但對
矽底材選擇比並不易調控。如文獻中（圖4.55）的比較在ECR腔體內CF_2的

偵測強度不高,使的電漿氣氛無法轉至高分子形成區域。圖4.56解釋氟碳比對蝕刻特性的影響,隨著調整基板表面偏壓與主蝕刻氣體組成,可調變蝕刻氣氛至高分子反應區或蝕刻反應區,藉此調整蝕刻速率與蝕刻選擇比。而在圖4.56中,虛線位置附近則是可獲得最高選擇比區域,此區域的蝕刻機制為碳氟化合物CF_x物質沉積於二氧化矽表面,因為基板提供適當的偏壓有效的增進反應,在氬氣離子物理濺射的機制下形成CO、CO_2、$SiOF$、SiF_4等生成物進行蝕刻;而CFx物質沉積在矽表面因為缺乏氧原子與碳進行反應,而形成保護層降低對矽的蝕刻反應速率。

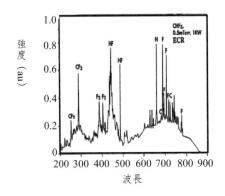

電漿技術	製程壓力	基板偏壓	F/CF2比例	Sio2/Si蝕刻選擇比
RIE	＞100	－600	0.04	～50
MERIE	10～100	－200	0.16	～30
ECR	0.5～10	－100	1.20	～10

圖4.55　ECR腔體內電漿解離CF分子分布[10][11]

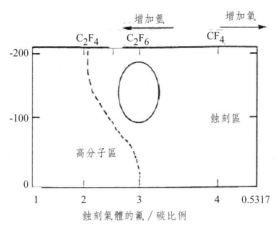

圖4.56　碳氟比例與表面偏壓應用對氧化矽蝕刻的影響[17]

氧氣與氫氣的影響（Effects of O_2 and H_2）：

　　於電漿氣氛中添加氫氣可藉由複合成氟化氫氣體消耗掉氟原子的濃度，減少蝕刻率並提升二氧化矽對矽的選擇比。如圖4.57所示，氟原子的濃度對矽蝕刻率的影響更為敏感。添加氧氣時可消耗掉碳氟氣體的碳原子形成一氧化碳或二氧化碳，釋放出大量的氟原子同時增加二氧化矽與矽的蝕刻速率；持續增加氧氣的濃度後，過量的氧氣將與矽表面產生鍵結，使其表面性質類似二氧化矽而有降低矽蝕刻速率。

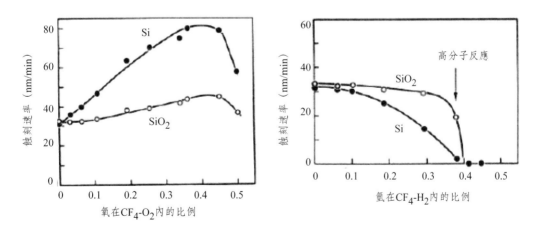

圖4.57　氫氣與氧氣對氧化系蝕刻的影響[17]

二氧化矽蝕刻的挑戰：

隨著對二氧化矽連接洞（Contact Hole）的微縮、不同的蝕刻連接洞深度、氧化層厚度的不均勻性、微影對準問題及連接洞蝕刻的低總開孔面積，終點偵測器無法精準掌握蝕刻進度，而搭配多步驟蝕刻參數設計與仰賴高選擇性過蝕刻參數達成製程要求。設備開發商則不斷地改良蝕刻氣氛與蝕刻腔體，如設計新的碳氟分子如C_4F_8或C_5F_{10}為主蝕刻劑；搭配脈衝模式的電漿輸出藉以降低電漿電子溫度，降低解離率並減少氟原子濃度；搭配氧氣、氫氣、一氧化碳控制氟原子濃度；而電漿腔體環境使用矽基材消耗零件（圖4.58），消耗過多的活性氟原子數量，增進二氧化矽層蝕刻選擇能力。

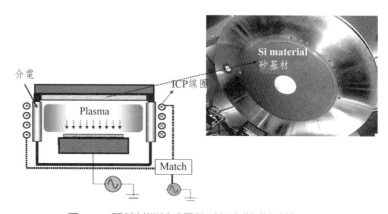

圖4.58　矽基材消耗式零件（如內襯或上蓋）[15]

雙鑲嵌結構（Dual Damascene）：

多層金屬使用雙鑲嵌結構（圖4.59）僅需一道金屬沉積製程，即可同時填入溝槽（Trench）與導孔（Via）完成一層金屬連線沉積製程。溝槽的深度一般設計在4000-5000Å的二氧化矽或低介電材料，孔洞深度則設計在5000-7000Å之間。鑲嵌技術不需要進行金屬層的蝕刻，當金屬導線材料由鋁轉換成更低電阻率的銅導線製程，銅導線乾式蝕刻因為$CuCl_2$為固態而極具挑戰性，導致大量應用鑲嵌技術整合銅電鍍技術於金屬連線製程。

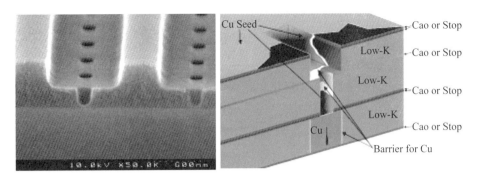

圖4.59　雙鑲嵌結構[11][12]

雙鑲嵌結構在蝕刻製程大致可分為三種不同的方法：(1)溝槽優先（Trench First）；(2)導孔優先（Via First）；(3)自我對準式（Self-Aligned）。

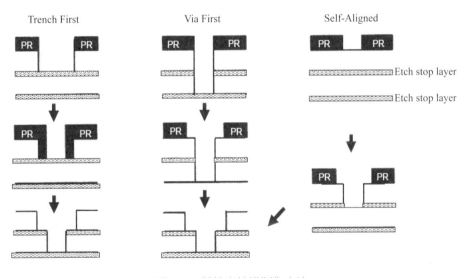

圖4.60　雙鑲嵌結構製作方法

(1)溝槽優先

此法（圖4.60）在已沉積介電層結構上蝕刻出溝槽圖型，然後進行導孔（Via）微影製程，最後再蝕刻出孔洞圖型。缺點在於導孔微影製程時，此處的光阻額外增加溝槽的厚度，因此曝光與顯影較具挑戰性。

(2)導孔優先

此法（圖4.60）先進行導孔顯影與蝕刻，再進行溝槽導線圖型微影與蝕刻製程。由於孔洞微影製程較溝槽困難，孔洞的微影製程在平坦光阻表面進行，因此能精準控制曝光與顯影。缺點發生在之後的溝槽（Trench）微影製程，由於光阻及抗反射層（ARC）會將導孔填充，造成在溝槽（Trench）蝕刻後，導孔可能會有光阻殘餘物（P.R. Residues）的相關問題。

(3)自我對準式

此法（圖4.60）在第一個介電層上增加一層數十奈米的薄氮化矽作為硬質遮罩層，然後在硬質遮罩層上蝕刻出導孔（Via）所需之圖型。接下來沉積第二個介電層並進行溝槽之微影圖形定義，最後進行乾蝕刻至溝槽底部時。藉由介電層材料對氮化矽高蝕刻速率選擇比，並繼續蝕刻至導孔圖型完成為止。以氮化矽作為溝槽底部的硬質遮罩層或蝕刻終止層，此法之優點在於溝槽及導孔的微影製程都是在平坦表面，不過此法對乾蝕刻的要求較高，須同時兼顧蝕刻速率、選擇比、蝕刻輪廓在導孔製作階段。

雙鑲嵌結構在兩介電層中間及最底部加了氮化矽作為蝕刻終止層（Etch Stop Layer），底部的氮化矽層在導孔蝕刻至底部時，避免因過蝕刻步驟（Over Etch）對底層材料產生電漿破壞與底層材料損失；中間的氮化矽層則是使溝槽的蝕刻深度得以精確控制及一致化。若未加上氮化矽層作為蝕刻終止層，由於電漿蝕刻的不均勻性（Non-uniformity）、微負載效應（Microloading Effect）及深寬比效應（Aspect Ratio Dependence Etching）等因素，將使得蝕刻深度難以控制。除了蝕刻上的考慮之外，蝕刻終止層在銅鑲嵌製程上，還具有阻擋銅擴散的功能，但相對地增加導線間電容值的缺點。

雙鑲嵌結構範例：

蝕刻參數的設計需考量不能破壞低介電材料特性（介電常數不能在蝕刻之後增加）；不能對後續製程產生不良影響（如Out Gasing）；考慮光阻及殘餘物（Residuals）清除難易度等。隨著電晶體密度增加，金屬連線間距跟

著微縮，導致更爲嚴重的遲滯現象，迫使金屬連線製程使用介電值更低的材料（表4.5）於鑲嵌結構中減輕此效應。以二氧化矽爲主的介電材料蝕刻可參考前述的相關資料，在此我們額外探討PAE-2爲例的有機介電材質蝕刻，其材料成份與光阻相似，一般會想採用氧氣來做爲主蝕刻劑，但氧自由基對此材料的化學蝕刻機制過於激烈，容易進行側壁蝕刻形成底切的蝕刻輪廓。爲了控制側壁蝕刻輪廓，可加大基板偏壓增加物理濺射機制並獲得改善；或以氮氣（N_2）與氧氣的混和蝕刻氣體減少氧自由基的濃度，亦可獲得不錯的改善效果。但以氧氣爲主的蝕刻劑對後續製程卻有相當不利的影響，原因在於氧原子被吸附於有機低介電材料中，在後續的金屬鑲嵌製程中反應釋放出二氧化碳，影響鍍膜品質。除了氧氣之外，氮氣則爲另一種可用來蝕刻不含矽有機低介電質材料的氣體，氮自由基（N Radical）與有機類材料可反應成易揮發CN，添加氦氣（He）來控制氮自由基濃度，藉以控制蝕刻速率與蝕刻輪廓（圖4.61）。另外針對含矽的有機類低介電常數材料，則需額外加入含氟的氣體如NF_3或NF_6，藉由易揮發的SiF_x生成物去除材料中矽成分[9]。

無機類low-k材料	介電常數	沉積方式
FSG（Fluotinated Silica Glass） 含氟矽酸玻璃	~3.4	PECVD
HSQ（Hydrogen Silesquioxane） 含氫矽酸鹽類	2.8~2.29	Spin On
MSQ（Methyl Silesquioxane） 含甲基矽酸鹽類	2.6~2.7	Spin On
Black Diamond	2.0~2.7	PECVD
有機類low-k材料	介電常數	沉積方式
Polyimide 聚醯亞胺	2.6~3.0	Spin On
PAE-2（Poly（arylethers） 聚芳香烴醚	2.6~2.8	Spin On
Parylene 聚對―二甲苯基	<2.5	CVD
BCB 苯環丁烯	2.6	Spin On

表4.5　低介電材料比較表[9]

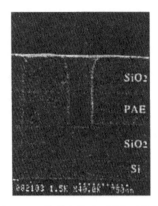

圖4.61　PAE使用不同的蝕刻氣氛所得到的蝕刻輪廓[9][16]

金屬蝕刻（Metal Etching）：

積體電路元件製作上常使用鎢（W）、鋁（Al）、銅（Cu）、矽化合物金屬（Silicides）及各種稀有金屬。因為各金屬的物性與化性差異甚大並應用於各式不同結構中，對蝕刻輪廓、參數設計及蝕刻腔體要求皆不相同。此單元我們針對鋁金屬蝕刻做深入的介紹，簡介金屬蝕刻常見的現象、蝕刻特性與設備設計的改善方法。

鋁金屬蝕刻（Al Etching）：

在90奈米製程之前主要使用鋁金屬連線製程，將TiN/Al：Cu/Ti的堆疊層作為金屬連線材料，使用色澤為黃色TiN覆蓋於鋁鍍膜上，可減輕微影問題與避免鋁表面氧化問題，而底層Ti鍍膜可增加與介電層的表面附著力。因為AlF_3蒸氣壓低，一般以固態存在於反應腔體，鋁金屬蝕刻並不使用氟系化合物為主蝕刻氣體，氯氣（Cl_2）為最常用主蝕刻氣體搭配BCl_3於蝕刻過程中提供BCl_x^+離子轟擊，但副產物Al_2Cl_6於常溫下不易揮發，通常會將基板溫度控制在攝氏60～100度增加鋁蝕刻的完整性。但高溫的基板溫度將導致光阻蝕刻速率加快，降低金屬對光阻的蝕刻選擇性，於物理濺射的過程導致光阻再沉積機制或添加CHF_3、NH_3蝕刻氣氛作為側壁鈍化劑，皆可完成高度準直的側壁輪廓的蝕刻要求。

添加CHF_3於蝕刻氣氛中可與鋁表面反應成AlF_3鈍化層；而NH_3則氮化表面形成AlN鈍化層；適量的O_2添加於Cl_2/BCl_3可產生B_xO_y附著於鋁表面，並

增加BCl_3解離率（圖4.62）調整蝕刻延遲（RIE-lag）效應。為避免副產物殘留於腔體內部造成微粒汙染、微遮罩效應、製程間穩定度，一般會加熱腔體與排氣端管線，減少副產物Al_2Cl_6的冷凝附著現象，延長設備維護週期並減少設備維護頻率。

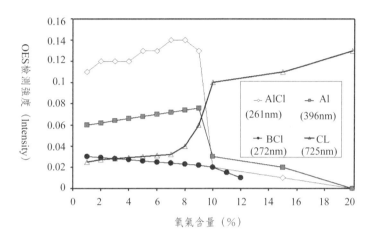

圖4.62　添加O_2調整BCl_3解離率調整蝕刻延遲（RIE-lag）效應[18]

　　鋁金屬線表面的殘餘氯氣與水氣接觸後，將反應成氯化氫（HCl）並發生金屬腐蝕現象（Corrosion）。為避免水氣接觸通常以多腔體集結式（Cluster）的設計（圖4.63）整合光阻去除腔體，於去除光阻過程中將殘留氯氣移除，甚至於光阻去除氣氛添加CHF_3鈍化鋁金屬表面，避免晶圓於潔淨室中發生氧化或腐蝕現象。

圖4.63　集結式金屬蝕刻腔體整合光阻去除腔體

銅金屬蝕刻（Cu Etching）：

使用氯氣電漿蝕刻銅金屬層，因為生成物為非揮發性物質，通常使用高溫提升其蒸氣壓與加大基板偏壓提供物理濺射。但伴隨著蝕刻速率低、輪廓控制不易、殘留物質等困擾。改以蝕刻雙鑲嵌結構並電鍍銅置於溝槽與導孔中，搭配化學研磨完成銅金屬連線結構。

光阻去除（P.R. Stripping）與光阻削薄（P.R. Trimming）：

光阻主要以碳、氫、氮的串聯鍵結組成的有機化合材料，可使用氧氣或臭氧電漿反應成二氧化碳氣體與水氣。為加速光阻灰化（Ashing）速率通常搭配近攝氏200℃的基板設定，因為僅需要化學蝕刻機制可選用遙控電漿（Remote Plasma），且不需基板偏壓可簡化設備結構。

如圖4.64所示，因為微影設備的曝光極限問題，而漸漸流行整合光阻削薄技術於閘極蝕刻，例如增加硬遮罩層（二氧化矽或氮化矽）於多晶矽閘極上方，先使用低偏壓且等向性強的蝕刻步驟，藉由蝕刻側壁微縮光阻關鍵尺寸並接著完成硬遮罩層蝕刻，再進行多晶矽閘極蝕刻。即可沿用舊有微影設備完成小線寬元件製作，但無法提升電晶體密度。隨著線寬不斷地微縮，使用光阻削薄技術常導致倒塌，而不斷有新的結構與材料出現，如使用非晶碳材（Amorphous Carbon）來取代光阻材料，再將圖騰轉換到二氧化矽或氮化矽的硬遮罩層上。

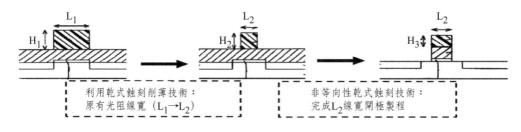

圖4.64　光阻削薄技術簡介

4.5　總結

電漿蝕刻主要應用反應離子輔助腔體內的強反應劑進行蝕刻，藉此控制所需的蝕刻輪廓、蝕刻速率、蝕刻選擇比。當中需考量反應氣體的配比、設備腔體設計、參數設計及各種微觀與巨觀的反應現象，控制參數太多而常使用實驗設計法或田口分析簡化參數與放大製程窗口。因此無教科書可涵蓋各種蝕刻製程與微巨觀細節，不同的蝕刻氣氛與腔體設計亦產生不近相同的結果，但基本的概念與常發生的現象皆可透過相同的概念改善，希望此章節可幫助有興趣的人快速建立乾式蝕刻的基本概念。

參考文獻

1. B. Chapman, "Clow Discharge Processes", John Wiley and Sons (1980)

2. M. A. Lieberman and A. J. Lichtenberg, "Principles of Plasma Discharges and Materials Processing", John Wiley and Sons(1994).

3. O. A. Popov, "High Density Plasma Sources", Noyes (1995)

4. S. M. Rossnagel, J. J. Cuomo, and W. D. Westwood, "Handbook of Plasma Processing Technology", noyes (1989)

5. K.C. Leou, S.C. Tsai, C.H.Chang, W.Y. Chiang, T.L. Lin and C.H. Tsai, Jpn. J. Appl. Phys., Vol.38. 4268 (1999)

6. 楊忠諺，郭源益， 微毫米通訊， 第八卷第四期， P11~P17。

7. 邱顯光、蔡明蒔、林鴻志，雙鑲嵌結構製作技術簡介，奈米通訊，第六卷第三期。

8. http://www.tangosystemsinc.com/apps_TSV.html

9. 林鴻志，奈米金氧半電晶體元件技術發展驅勢，奈米通訊，第七卷第一期。

10. Seiji Samukawa and Shuichi Furuoya, Appl. Phys. Lett., Vol.63, 2044~2046 (1993)

11. Seiji Samukawa, Jpn. J. Appl. Phys., Vol.32, 6080-6087 (1993)

12. Sematech網頁資料.

13. Shinichi Tachi, KazunoriTsujimoto, and Sadayuki Okudaira, Appl. Phys. Lett., Vol.52, 616~618 (1988).

14. C. Hedlund, H. O. Bolm add S. Berg, J. Vac. Sci. Tech. A, Vol.12, 1962~1965 (1994).

15. J. Givens, J. Marks et. al., J. Vac. Sci. Tech. B, Vol.12, 427~432 (1994).

16. Masanaga Fukasawa et al., Dry Process Symposium, p175.(1998)

17. NDL設備見習班_蝕刻講義。

18. T. Banjo et al., Jpn. J. Appl. Phys., Vol. 36, 4824 (1997)

第 5 章

黃光微影設備（Photolithography）篇

5.1 前言

5.2 光阻塗佈及顯影系統（Track System: Coater / Developer）

5.3 曝光系統（Exposure System）

5.4 現在與未來

5.5 工作安全提醒

5.1　前言

　　元件是利用薄膜、微影、蝕刻及摻雜，四大製程重複製作而成（圖5.1），其中以微影製程的目的爲定義元件圖案，是IC製造流程之核心技術，爲半導體製程的關鍵，佔40～50%的晶圓製程時間，如報導中所出現的20、14及7奈米製程技術，指的便是微影技術所能達到之最小線寬。在微影製程中，所有製程反應皆爲對光阻進行作用，並不會對基板上各沈積薄膜產生反應。微影製程亦稱爲黃光製程，因在微影製程之操作空間內，一般皆採用黃色燈光，而黃光能量較低，可避免光阻於曝光製程前提早反應。

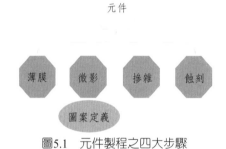

圖5.1　元件製程之四大步驟

　　就微影設備層面可分爲光阻塗佈、曝光及顯影三種設備型態。光阻塗佈系統含有諸項步驟，包含了去水烘烤、HMDS塗佈、光阻塗佈及軟烤；曝光系統爲曝光；而顯影系統包括了曝後烤、顯影、硬烤。就微影設備發展趨勢來看，已將光阻塗佈、曝光及顯影三者串連於同一生產平面（圖5.2），並將光阻塗佈系統及顯影系統整合於單一機台內。就製程上而言，經過光阻塗佈後，隨即進行曝光、顯影之製程，全部步驟爲連續性，可提高製程穩定性，亦可減少由人員傳遞時所產生之污染。整體而言，因爲整合於單一生產平面，機台可共用部份機械手臂，減少傳送消耗之時間並增加產能，又可降低設備成本及有效提高無塵室使用空間，對現在錙銖必較的設備發展中，有節省成本支出的功效。而底下將就曝光系統、光阻塗佈及顯影系統做一個闡述說明。

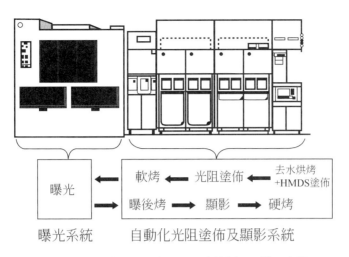

圖5.2　光阻塗佈、曝光及顯影連續製程設備示意圖

5.2　光阻塗佈及顯影系統（Track System：Coater / Developer）

　　爲了連續性及自動化之需求，大多數設備商將光阻塗佈及顯影兩個單元，整合於單一機台內（圖5.3）共用機械手臂，一方面可節省設備成本，亦增加了無塵室的利用空間。就連續製程而言，可提高生產量，亦減少因時效耽誤之製程不穩定性。綜合上述，製程及設備成本上皆可得到雙贏之局面。微影製程包含了去水烘烤、HMDS塗佈、光阻塗佈、軟烤、曝光、曝後烤、顯影及硬烤等步驟，除了曝光外，其餘皆在光阻塗佈及顯影系統完成，可見此系統對微影製程之重要性。

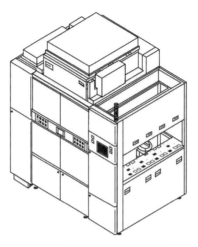

圖5.3　光阻塗佈及顯影系統

5.2.1 光阻塗佈系統（Coater）

光阻（Photoresist）

　　在設備介紹之初，先簡述說明微影製程中最重要的主角－光阻。光阻為一有機複合物，包含聚合物（Polymer）、溶劑（Solvent）、感光劑（Sensitizer）及添加劑（Additive）等，又依據反應性之不同，可分為正光阻及負光阻。正光阻內之感光劑是一種溶解抑制劑（Inhibitor），會交連（Cross-linked）在光阻之中。在曝光時，光能分解感光劑並破壞交連結構，曝光區內的交連結構因光溶解作用（Photosolubilization）而斷裂並且軟化。經顯影後溶解，未曝光區域則會保留在基材表面上；而負光阻為曝光區域產生光化學反應而形成交連結構，鍵結能力增強且高分子化，而未曝光區域經顯影後會溶解，可留下曝光區域。圖5.4為相同曝光區域下，正、負光阻結果之差異。就光學曝光系統而論，較常使用正型光阻，因圖案定義由光罩決定，晶圓上之曝光圖案與光罩相同；而電子束系統則不然，其光阻選用，將視製程需求而定。而為了追求更好的對比（Contrast）、解析度（Resolution）及感度（Sensitivity）等光阻表現，而有了化學增幅型光阻（Chemical Amplification Resist, CAR）的發展，其適用於深紫外光（Deep Ultraviolet Light）之曝光源及電子束曝光系統中，因為具有較佳之光阻特

性，目前已普及應用於微影製程中。

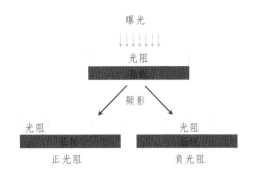

圖5.4　正、負光阻顯影後之結果差異

去水烘烤（Dehydration Bake）

　　光阻塗佈系統，包含了去水烘烤、HMDS塗佈、冷卻、光阻旋塗及軟烤等製程步驟。首先為去水烘烤，目的為移除晶圓表面的濕氣及水份。目前最常使用之烘烤設備為加熱平板（圖5.5），因為構造簡單、成本較低及維修方便等因素，所以被普及採用。而加熱方法為由下往上之熱傳導，將熱能傳遞至晶圓，藉由升降桿（Lift Pin）之作動，將晶圓貼近或遠離加熱平板。

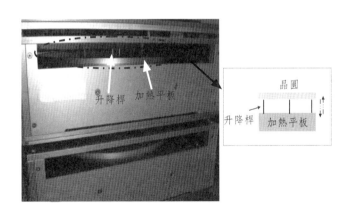

圖5.5　加熱平板

HMDS塗佈

六甲基二矽氮烷（Hexamethyldisilazane, HMDS），化學式為$(CH3)_3Si$-

NH-Si(CH3)₃，其功能為將晶圓表面轉變成疏水性（圖5.6），增加光阻和晶圓表面的附著力，較常見的塗佈方式有液態塗佈（圖5.7）及蒸氣塗佈（圖5.8）兩種。液態塗佈為將HMDS液體直接噴灑於晶圓表面，利用旋轉之方式，將HMDS均勻分佈在晶圓上；蒸氣塗佈為將HMDS氣化，以氣體方式塗佈於晶圓表面，HMDS使用量較液態塗佈節省，且均勻性較佳，亦可避免由液態化學品夾帶其他物質所造成之污染。蒸氣塗佈為目前的主流，並可與去水烘烤之加熱平板整合於單一模組內，去水烘烤後即可進行HMDS塗佈。

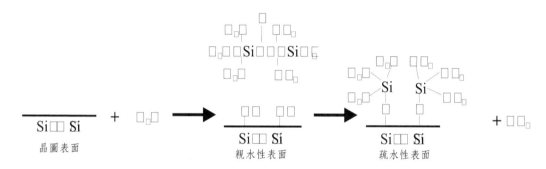

圖5.6　HMDS塗佈後之極性改變

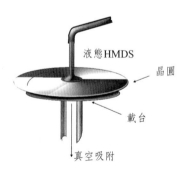

圖5.7　HMDS液態塗佈

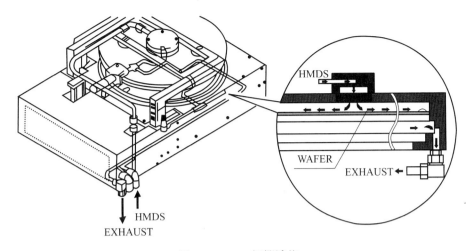

圖5.8　HMDS氣態塗佈

　　HMDS塗佈後，此時晶圓溫度超過90℃，若緊接著進行光阻塗佈，將使得光阻內的溶劑揮發，光阻黏度增加，而造成光阻無法均勻塗佈，故待晶圓冷卻後，方進行光阻塗佈之步驟。而為氣冷式交換系統（圖5.9）及水冷式交換系統（圖5.10），氣冷式為利用氮氣將熱能帶走，而水冷式則採用冷卻循環水導走熱能，兩者皆可達到降溫之效果。

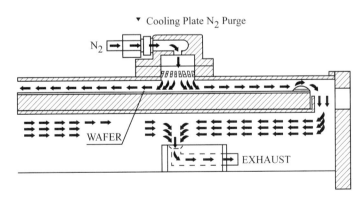

圖5.9　氣冷式交換系統

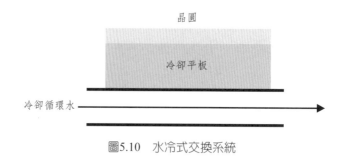

圖5.10　水冷式交換系統

光阻塗佈

$$T=\frac{KP^2}{\sqrt{S}}$$

T：光阻膜厚

P：光阻內固體含量百分比

S：轉速

K：常數

晶圓溫度降至常溫後，即進行光阻塗佈步驟。塗佈過程中，轉速對膜厚影響甚鉅，其關係式可表示爲

一般藉由調控轉速，達到預期設定之膜厚。

光阻塗佈模組機構如圖5.11所示，其製程流程約略如下：首先，晶圓傳遞至眞空載台（Vacuum Chuck），藉由抽眞空吸附固定晶圓，R.R.C.（Reduced Resist Consumption）Dispense Nozzle移至晶圓中央噴灑光阻內之溶劑，利用旋塗之方式使其均勻分佈，而此步驟目的爲預溼（Pre-wet），減少光阻之使用量，接著由Resist Dispense Nozzle噴灑欲塗佈之光阻，常見之塗佈方式爲兩階段轉速和時間控制。第一階段爲轉速低、短時間，目的是將光阻劑均勻的散佈。第二階段爲高轉速，藉由離心力使光阻劑均勻的旋塗於晶圓上。接著利用E.B.R.（Edge Bead Remover）Nozzle噴出溶劑，清洗晶圓邊緣的光阻劑，同時Backside Rinse Nozzle噴灑溶劑清洗晶圓背部，最後高速旋轉，將溶劑甩乾，完成光阻塗佈之流程，而各單元之功能彙整如表5.1。

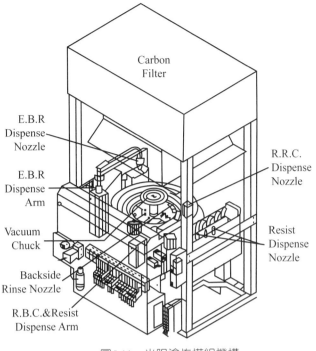

圖5.11　光阻塗佈模組機構

單元	功能
Vacuum Chuck	藉由真空吸附，固定晶圓。
R.R.C. Dispense Nozzle	預溼（Pre-wet），減少光阻之使用量。
Resist Dispense Nozzle	噴灑欲使用之光阻。
E.B.R. Dispense Nozzle	噴灑溶劑，去除晶圓邊緣殘餘之光阻，避免機台污染。
Backside Rinse Nozzle	噴灑溶劑，去除晶圓邊背面殘餘之光阻，避免機台污染。

表5.1　光阻塗佈模組機構之功能

軟烤（Soft Bake）

　　光阻塗佈後，隨即進行軟烤，使用之烘烤設備與去水烘烤相同，是為加熱平板，但溫度及時間等製程條件與軟烤不同，依各光阻之製程需求而定。軟烤之目的為去除光阻內之殘存溶劑，因為溶劑使光阻易形成薄膜，將影響光阻之附著力、曝光能量及顯影時之溶解速率等，因而造成製程上之缺陷。至此步驟，即完成光阻塗佈系統之階段性任務，接下為進行曝光之步驟。

5.2.2 **顯影系統**（Developer）

曝後烤（Post Exposure Bake）

在完成曝光製程之後，便開始進行顯影製程，而顯影包含了曝後烤、冷卻、顯影、硬烤等步驟。首先為曝後烤，其目的有兩種：(1)降低駐波效應（Standing Wave Effect）：由於光波於光阻不同厚度下會產生干涉效應，使得光阻內感光劑吸收不同之光量子數，進而生成駐波效應，曝後烤提供熱能，使得原本產生干涉效應之光阻重新分佈，圖5.12為正光阻駐波效應影響圖，可明顯看出左圖縱向曝光能量不均導致之缺陷，而右圖為經過曝後烤修飾後的光阻；(2)提供化學增幅型光阻反應能量：化學增幅型光阻經曝光後，產生的質子酸無法立即催化相關的化學反應，由曝後烤提供光酸催化及擴散反應所需的活化能，便可即時完成反應，達到預期增幅的結果。曝後烤採用加熱平板（圖5.5），與去水烘烤及軟烤相同，但加熱溫度與時間依照各光阻之製程條件而定。曝後烤後，晶圓溫度超過100℃以上，若接著進行顯影，將使得顯影液受熱揮發，且晶圓在高溫下接觸較低溫的顯影液，亦有產生形變之可能性，故待晶圓冷卻後，方進行顯影製程。而冷卻系統如圖5.9及5.10所示，可為氣冷式交換系統或水冷式交換系統。

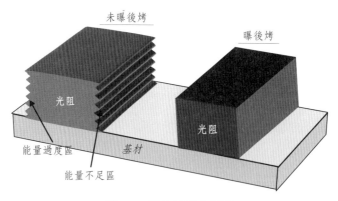

圖5.12　駐波效應之影響

顯影（Develop）

　　顯影步驟目的為將曝光後之圖形顯現，因為光阻經曝光後，產生斷鍵或交連作用，而有不同之溶解速度於顯影液。就正光阻而言，曝光區發生斷鍵等作用，易溶於顯影液中。而負光阻曝光區產生交連作用，使其不易溶於顯影液中。顯影模組機構如圖5.13所示，其製程步驟概略如下：首先，晶圓傳遞至真空載台（Vacuum Chuck），藉由抽真空吸附固定晶圓，接著Develop Dispense Nozzle噴灑少許顯影液至欲反應光阻之晶圓上並低速旋轉，利用表面張力均勻覆蓋至晶圓表面，再靜置約60秒，於靜置期間，此時顯影液便和光阻進行化學反應。接著提高轉速，將顯影液旋離晶圓，再利用Rinse Nozzle及Backside Rinse Nozzle噴灑去離子水（DI Water），洗去顯影液及清潔晶圓正、背面，最後高速旋轉，藉由離心力旋乾晶圓，完成顯影，而各單元之功能彙整如表5.2。目前最常見的顯影液為氫氧化四甲基氨【Tetramethylammonium Hydroxide, $(CH_3)_4NOH$, TMAH】，為一種有機強鹼溶液，裝載於壓力瓶或由中央供酸系統提供。

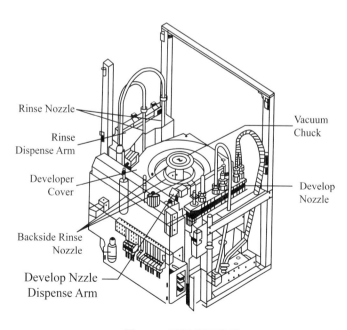

圖5.13　顯影模組機構

單元	功能
Vacuum Chuck	藉由真空吸附，固定晶圓。
Develop Dispense Nozzle	噴灑顯影液。
Rinse Nozzle	噴灑去離子水，清除表面殘餘之顯影液，避免機台污染。
Backside Rinse Nozzle	噴灑去離子水，清除背面殘餘之顯影液，避免機台污染。

表5.2　光阻塗佈模組機構之功能

硬烤（Hard Bake）

顯影後接續著硬烤步驟，而目的為：(1)將光阻中的溶劑及水份移除；(2)增強光阻對蝕刻與離子佈植之抵抗力；(3)將光阻內未反應完全的反應物聚合，穩定光阻；(4)減少阻劑的針孔缺陷；(5)增加平坦度等功用。而所使用之烘烤設備與軟烤、曝後烤之設備相同，皆採用平板式加熱板。

5.3　曝光系統（Exposure System）

曝光為給予光阻能量，使光阻之感光物質產生分解（正光阻）或聚合（負光阻）反應，因鍵結之變化，進而將預設圖形定義顯現於光阻上。由於半導體製程為將線路分成不同層次及材料製作，所以層與層之間，必須對準後再將圖案依序疊對；線寬解析及對準，為曝光系統重要的關鍵。就設備結構，可分為光學、電子束曝光系統兩大體系。光學曝光機可利用倍縮光罩（目前業界常見為4倍），利用光源之能量將光罩之圖形定義於光阻上（圖5.14）。而電子束曝光機為直寫曝光系統，利用電子束提供光阻能量，不需透過光罩，直接將圖形定義在基材之光阻上（圖5.15）。由於光學系統曝光速度遠高於電子束系統，產能較佳，所以光學系統一直為業界曝光設備之主流。

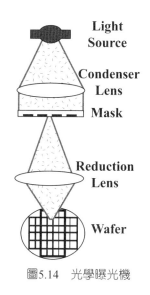

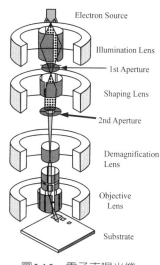

圖5.14 光學曝光機　　　　　圖5.15 電子束曝光機

5.3.1 光學微影（Optical Lithography）

　　光學微影為利用能量將光罩圖案轉印至光阻上，而能量之計算方式為：每單位面積之功率（mW/cm^2）與曝光時間之乘積，代表光阻單位面積下之能量總和（mJ/cm^2）。而光學微影製程中，使用的光源種類如圖5.16所示，常見的曝光源有三大類：首先為紫外光區（Ultraviolet Light, UV）的汞燈（Hg Lamp），光源波長有436 nm的g-line及365 nm的i-Line。再者為深紫外光區（Deep ultraviolet Light, DUV）的準分子雷射（Excimer Laser），常見之光源波長為248 nm（氟化氪，KrF）及193 nm（氟化氬，ArF）。最後則為極紫外光區（Extreme ultraviolet, EUV）的雷射引發電漿（laser-produced plasma, LPP），光源波長則為13.5 nm。

　　汞燈（圖5.17）為利用電流經由汞（Hg）-氙（Xe）氣體，而產生紫外光，而汞燈光譜如圖5.18所示；雖然汞燈源具有248 nm之波長，但強度過弱，應用時將增加曝光時間，降低生產效能，故有了準分子雷射之發展空間。準分子雷射為利用鈍氣氣體與鹵素元素反應，施加高電壓維持高壓鈍氣與鹵素之混合氣體，如193 nm氟化氬（ArF）雷射，便是氟與氬兩種原子之結合，但只存在於激發態，不存在於基態。而雷射電漿則是採用高強度的雷射打在錫金屬產生高能電漿，同時釋放出13.5 nm極紫外光的光源波長。

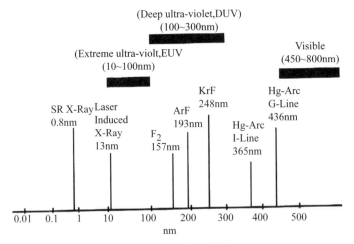

圖5.16　微影之曝光源

圖5.17　汞燈實體

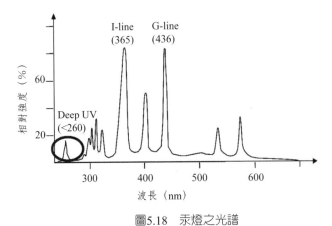

圖5.18　汞燈之光譜

　　就微影製程而言，解析度（Resolution, R）及景深（Depth of Focus, DOF）為相當關鍵之製程參數。解析度之定義為晶圓上能夠分辨鄰近物體之

最小間距，解析度愈好，表示製程之線寬愈小，符合微影之發展趨勢；景深之定義爲聚焦中心上下區域的曝光能量之定值處（如圖5.19），期望焦距的中心位於光阻的中間部位（如圖5.20），而景深愈大，表示垂直的能量分佈區域廣，曝光時能量分佈均勻。兩者的關係式分爲

$$R=k_1\frac{\lambda}{NA}$$

R：解析度，k_1, k_2：常數

DOF：景深

$$DOF=k_2\frac{\lambda}{2(NA)^2}$$

NA=數值孔徑，λ：光源波長

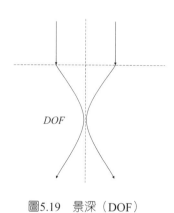

圖5.19　景深（DOF）

圖5.20　聚焦中心與景深之關係圖

　　其中數值孔徑（Numerical Aperture, NA）表示透鏡收集繞射光之能力。根據上述解析度之公式，當使用較大之數值孔徑或是較短波長之光源時，曝光系統之解析能力增加，但同時使得景深降低，兩者相互影響，若欲達到最小之解析能力及最佳化之景深條件，必須取一平衡，屬微影設備上之考驗。

光學曝光機世代演進

　　就光學曝光機之發展歷史，概略可分為三種世代的演進，包含了：接觸式對準機（Contact Aligner）、間隙式對準機（Proximity Aligner）及投影式對準機（Projection Aligner），其結構示意如依序如圖5.21（由左至右）所現，再來便解說三種世代曝光機之特色。

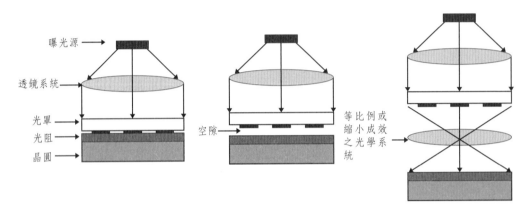

圖5.21　光學曝光機之演進

接觸式與間隙式對準機

　　接觸式對準機，為最早期發展之曝光機，光罩直接與欲曝晶圓上之光阻接觸，光罩與晶片上的圖案比例為1:1。光罩表面將隨著曝光次數增加而陸續沾上微粒，又因光罩與光阻直接接觸，微粒與光阻皆會影響光罩之潔淨度，或造成光罩損壞。而間隙式對準機為延續接觸式對準機之架構發展，與接觸式之差異在於光罩無須與光阻直接接觸，所以減少了光罩之污染及損耗。其光線經由聚焦後，而互相平行，是為平行光，穿透光罩及空氣後，形成散射，降低了對準及解析度，使得應用上之廣泛性降低，進而有了投影式對準機之發展。間隙式對準機與接觸式對準機，兩者結構雷同，其詳細構造如圖5.22所示，差異在於曝光時，是否與光阻接觸。

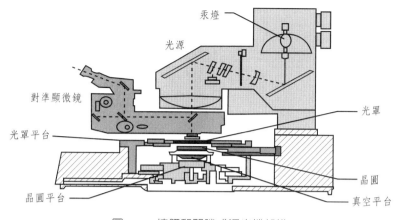

圖5.22　接觸和間隙式曝光機架構

投影式對準機

　　投影式對準機，與接觸式及間隙式對準機差異爲多了一組光學透鏡系統，降低了紫外光穿透光罩與空間產生之繞射影響，並提高了解析度。而此組光學透鏡，可爲1:1或是倍縮之方式，將光罩之圖案轉印至晶圓上。圖形與光罩比例1:1爲掃描投影式對準機（Scan Projection Aligner），而圖形爲光罩等比例縮小則是步進投影式對準機（Step and Repeat Projection Aligner），亦簡稱爲步進機（Stepper，如圖5.23），常見圖形爲光罩設計之1/5縮小比例，使得解析能力提昇，又因爲光罩上線寬爲晶圓上之5倍，使得光罩較易製作生產。爲縮短曝光時間，並可提高產能之情況下，便有了步進掃描式系統（Step and Scanner System, Scanner），其與步進投影式對準機之差異爲：曝光時，光罩與承載晶圓之載台同時移動，而步進投影式對準機僅載台移動（如圖5.24所現），而各世代曝光機之特色，如表5.3彙整。又爲了提高產能，現今亦有了雙載台之步進掃描式系統（如圖5.25），在多層對準曝光時，單一載台需經過對準再進行曝光，而雙載台系統可將對準及曝光兩者分工，節省後續晶圓對準所消耗之時間。

圖5.23 步進機（Stepper）

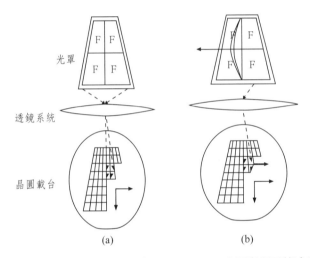

圖5.24 (a)Stepper：僅晶圓移動 (b)Scanner：光罩與晶圓皆會移動

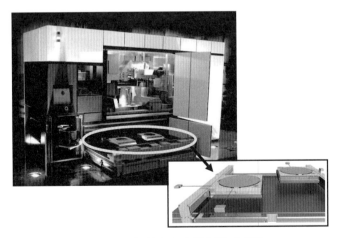

圖5.25 具雙載台之步進掃描式系統

機台類型		特色
接觸式對準機 （Contact Aligner）		a. 光罩直接與欲曝晶圓上之光阻接觸。 b. 一組透鏡系統。 c. 光罩與晶片上圖案比例為1:1。
間隙式對準機 （Proximity Aligner）		a. 光罩不需與光阻接觸。 b. 一組透鏡系統。 c. 光罩與晶片上圖案比例為1:1。
投影式對準機 （Projection Aligner）	掃描投影式對準機 （Scan Projection Aligner）	a. 光罩不需與光阻接觸。 b. 兩組透鏡系統。 c. 光罩與晶片上圖案比例為1:1。
	步進投影式對準機 （Stepper）	a. 光罩不需與光阻接觸。 b. 兩組透鏡系統。 c. 光罩與晶片上圖案比例為5:1。 d. 曝光時，僅載台移動。
	步進掃描式系統 （Scanner）	a. 光罩不需與光阻接觸。 b. 兩組透鏡系統。 c. 光罩與晶片上圖案比例為4:1。 d. 曝光時，光罩與載台為同時移動。

表5.3　光學曝光機世代比較

5.3.2 電子束微影（E-beam Lithography）

電子束微影（E-beam Lithography, EBL）原理為利用電子束聚焦，將能數萬電子伏特（eV）之電子照射光阻，使光阻產生分解或是聚合反應，得到設計之圖形；由於電子束波長較一般光學微影之波長更小，故可得到較佳之解析，且可避免光學微影之繞射問題。電子束微影曝光時，不需透過光罩，可直接將圖形定義於光阻上，減少光罩製作之成本。因曝光速度遠較光學系統慢，業界較少用於晶圓製造上，但其解析佳，半導體廠常用來光罩曝光之製作，或是學術機構用於小線寬之研究。而電子束曝光又可因成形圖案，分為兩種：高斯電子束（Gaussian Beam）、可變形電子束（Variable Shaped Beam），如圖5.26呈現。

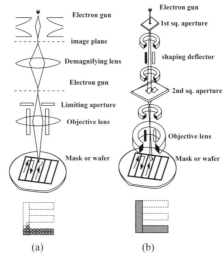

圖5.26 不同類型之電子束系統(a)高斯電子束(b)可變形電子束

　　電子束曝光機之基本架構如圖5.27，由電子槍（E-gun）發射電子，藉由電磁透鏡（Electromagnetic Lens）聚焦電子源產生電子束，折射線圈使大多數電子到達最後透鏡的中心，最後由散光像差補償器（Stigmator），調整電磁透鏡之磁場，用以校正散光像差（Astigmatism），控制電子至欲曝光之基材。電子束系統必須供給真空系統來維持機體內部的高潔淨度，避免電子與電子束路徑上的氣體分子碰撞而偏向或被吸收，導致電子偏離、無法集結成束。

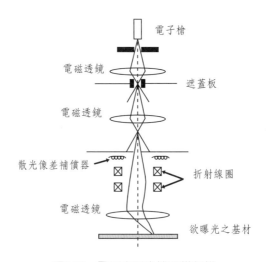

圖5.27 電子束曝光機設備架構

高斯電子束（Gaussian Beam）

電子束入射於阻劑表面時　呈現廣義的之高斯分佈（Gaussian Distribution），俯視呈現圓點狀，亦稱為圓點束（Round Beam）。其設備優點為簡單、便宜、解析度高，缺點為曝光時間長，因圖形將切割成眾多之圓形電子束組成，較不適合半導體量產之需求，適用於小線寬之研究開發。

可變形電子束（Variable Shaped Beam）

電子束行徑上、下兩組方形孔徑（Square Aperture），如圖5.28所現，兩組孔徑有不同之孔洞設計，包含了矩形、傾斜45度之矩形、直角三角形等，調整電子束偏折方向，由上、下孔徑之圖形排列，即可獲得數種不同的電子束形狀；其電子束曝光範圍較高斯電子束大，故曝光時間可再縮短，目前已普及使用於光罩曝光，且有進階型式應用於記憶體元件直寫，如Block Exposure及Blanking Aperture Array（圖5.29）。

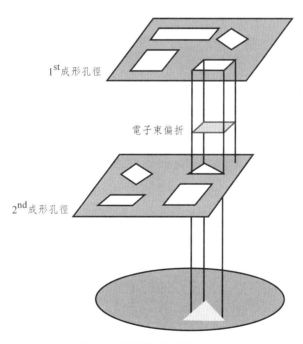

1st成形孔徑

電子束偏折

2nd成形孔徑

圖5.28　可變形電子束之成因

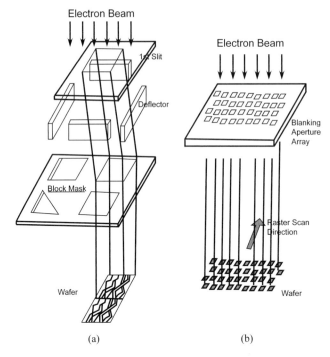

圖5.29　可變形電子束之進階(a)Block Exposure (b)Blanking Aperture Array

5.4　現在與未來

　　依據摩爾定律（Monroe Law），半導體晶片之元件密度會逐年提升，而積體電路尺寸須減縮，始能容納更多的電晶體。在元件尺寸逐漸縮減的需求下，須提高微影製程的解析度，便需要更短的曝光源波長，從UV 365 nm波長、DUV 193 nm波長，至EUV 13.5 nm波長，便是為了達到更小的臨界尺寸（Critical Dimension, CD）。參照2022年國際元件暨系統技術藍圖（International Roadmap for Devices and Systems, IRDS）之發展趨勢（圖5.30），微影製程主流為193 nm之浸潤式微影（193nm immersion lithography, 193i）及極紫外光微影（Extreme Ultraviolet Lithography, EUV），搭配雙重圖案定義（Double pattern, DP），將設計線路分作多次曝光，達到3 nm節點下的製程需求。本處將就浸潤式微影、極紫外光微影特色做介紹。

YEAR OF PRODUCTION	2022	2025	2028	2031	2034	2037
Logic industry "Node Range" Labeling	G48M24	G45M20	G42M16	G40M16/T2	G38M16/T4	G38M16/T6
	"3nm"	"2nm"	"1.5nm"	"1.0nm eq"	"0.7nm eq"	"0.5nm eq"
Fine-pitch 3D integration scheme	Stacking	Stacking	Stacking	3DVLSI	3DVLSI	3DVLSI
Logic device structure options	finFET LGAA	LGAA	LGAA CFET-SRAM	LGAA-3D CFET-SRAM	LGAA-3D CFET-SRAM	LGAA-3D CFET-SRAM
LOGIC TECHNOLOGY ANCHORS						
Device technology inflection	Taller fin	LGAA	CFET-SRAM	Low-Temp Device	Low-Temp Device	Low-Temp Device
Patterning technology inflection for Mx interconnect	193i, EUV DP	193i, EUV DP	193i, High-NA EUV	193i, High-NA EUV	193i, High-NA EUV	193i, High-NA EUV
Beyond-CMOS as complimentary to platform CMOS	-	-	2D Device, FeFET	2D Device, FeFET	2D Device, FeFET	2D Device, FeFET
Channel material technology inflection	SiGe50%	SiGe60%	SiGe70%	SiGe70%, Ge	2D Mat	2D Mat
Local interconnect inflection	Self-Aligned Vias	Backside Rail	Backside Rail	Tier-to-tier Via	Tier-to-tier Via	Tier-to-tier Via
Process technology inflection	Channel, RMG	Lateral/AtomicEtch	P-over-N N-over-P	3DVLSI	3DVLSI	3DVLSI
Stacking generation inflection	3D-stacking, Mem-on-Logic	3D-stacking, Mem-on-Logic	3D-stacking, CFET, Mem-on-Logic	3D-stacking, CFET, 3DVLSI	3D-stacking, CFET, 3DVLSI	3D-stacking, CFET, 3DVLSI

圖5.30　IRDS對半導體製程技術發展時程預測

5.4.1 浸潤式微影（Immersion Lithography）

　　傳統193奈米乾式光學曝光系統，以空氣爲媒介進行，光源透過光罩後，在晶圓上進行曝光製程。圖5.31爲乾式與浸潤式微影光學系統之比較圖，而浸潤式微影在鏡片與晶圓之間，增加了液體介質，而光在不同介質前進時，將因折射率之不同，使得波長（λ）改變，介質中的新波長λ' = λ/n（n爲介質折射率）。當浸潤式微影改變鏡頭與晶圓間的介質，從折射率接近1的空氣，改成折射率1.44的水，形同將193 nm波長等效縮小爲134 nm（193/1.44=134），解析度將隨波長下降而提昇。在浸潤式微影設備（圖5.32）的發展下，延續了DUV光源的使用年限，亦可使機台可維持原本較大之數值孔徑，搭配多重曝光雙重圖案定義（Multiple pattern, MP），讓半導體製程之摩爾定律得以朝7 nm邁進發展。

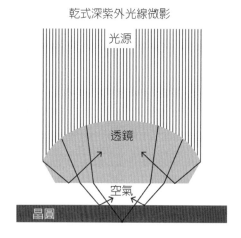

圖5.31　乾式／浸潤式DUV微影光學系統之比較圖

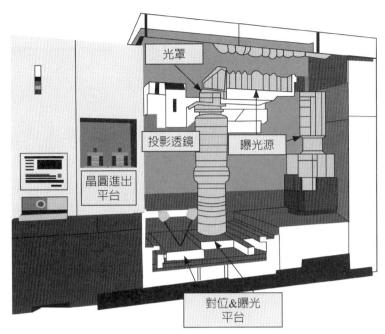

圖5.32　浸潤式深紫外光曝光機架構

5.4.2 極紫外光微影（Extreme Ultraviolet Lithography, EUVL）

提升曝光解析度的目標下，降低曝光光源之波長是最直接簡單的方式，而在更世界級半導體設備商的努力下，已將極紫外光微影系統（圖5.33）達到量產階段，進而朝5奈米下的先進製程邁進。在量產的極紫外光微影曝光設備中，爲採用雷射引發電漿（Laser-Produced Plasma）生成極紫外光，在光源模組內爲採用二氧化碳雷射，以每秒5萬次的頻率轟擊融化的液態錫滴，錫滴先會被低能量的雷射脈衝（Laser Pulse）擊中，接著再被能量較高的雷射脈衝將錫滴汽化，以產生電漿，散發出13.5 nm的極紫外光（如圖5.34）。

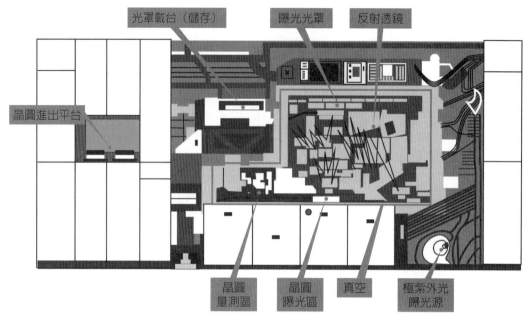

圖5.33　極紫外光曝光機架構

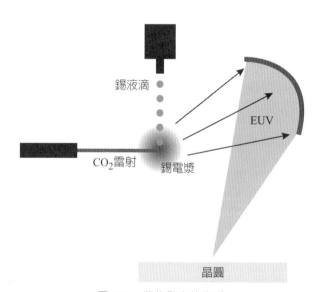

圖5.34　極紫外光的生成

　　除了使用短波長的極紫外光的光源外，EUV微影設備同時也朝增加數值孔徑（Numerical Aperture, NA）的目標努力，從原本的0.33進步至0.55的high-NA EUV，除了提高曝光解析度，亦可以減少多重曝光的製程，降低碳排放量。不同於原先紫外光及深紫外光的光學特性，13.5 nm的極紫外光會被空氣、曝光機內透鏡等材料吸收，進而減少傳遞至晶圓的曝光能量，因此

作業環境需在低真空下環境進行，且光學系統須採用反射式鏡片，而非傳統透鏡，表5.4為不同曝光源微影系統的比較。

	紫外光曝光機	深紫外光曝光機	極紫外光曝光機
光源	汞燈	準分子雷射	雷射電漿
光源波長（nm）	g-line 436/-line 365	KrF 248/ArF 193	13.5
光罩&透鏡系統	穿透式	穿透式	全反射式
曝光環境	一大氣壓	一大氣壓	低真空環境

表5.4　極紫外光系統與一般光學系統比較

5.5　工作安全提醒

　　就安全上之考量，可分為化學品、機械兩部份。微影製程包含了光阻塗佈、曝光及顯影，皆為對光阻進行相關化學反應，故應用之化學品免不了皆與光阻有關（如表5.5所列），主要分為有機溶劑及酸鹼兩大類。使用的有機溶劑大多屬高揮發性，為了避免被人體吸收，設備都配有良好之排氣裝置，若需與人體接觸，務必配戴有機專用之防毒面罩及護具，預防皮膚及吸入式接觸。若不慎接觸與吸入，將對皮膚或是呼吸道產生刺激，造成皮膚炎或頭痛、反胃、嘔吐、頭昏及意識不清等降低神經系統功能之傷害，並遠離火源，避免燃燒爆炸之發生。而酸鹼類中，以氫氧化四甲基氨（TMAH）為使用大宗，目的為利用鹼性之顯影液與經曝光之光阻進行酸鹼中和反應，而業界常用濃度為2.38%，因為低濃度所以較被人所忽視，過去中毒報告及毒理研究極少，雖然經皮膚吸收效率較低，但數起死亡之案例，時間皆在一小時內致死，因TMAH中毒會抑制呼吸，且無解毒劑。目前處理方法為以大量清水沖洗患處至少15分鐘，降低TMAH體內之吸收，供給氧氣，避免呼吸衰竭，上述化學品急救方式概略彙整如表5.6。

化學品	用途	危害
六甲基二矽氮烷（Hexamethyldisilazane ,HMDS）	增加光阻與晶片表面之附著力	1.高度易燃物質。 2.對於眼睛、呼吸系統及皮膚均會有灼傷。 3.吸入、皮膚接觸及食入均會造成毒性危害。

丙二醇甲醚醋酸酯 (Propylene Glycol Monomethyl Ether Acetate, PGMEA) 丙二醇甲醚 (Propylene Glycol Monomethyl Ether, PGME)	1)去除邊緣殘留光阻 2)光阻內之溶劑	1.易燃且腐蝕性物質。 2.接觸眼睛及皮膚會產生強烈刺激感。 3.頭痛、暈眩、疲勞、皮膚乾裂有灼熱感、紅腫。
氫氧化四甲基氨 (Tetramethylammonium Hydroxide; TMAH)	對曝光後之光阻進行中和反應	1.鹼性之腐蝕物質。 2.將造成眼睛、鼻子、喉嚨、肺臟及皮膚灼傷。 3.抑制呼吸肌肉群，造成呼吸肌肉停止，心跳減緩，嚴重將致死。

表5.5　微影常用化學品之危害

化學品	建議處理方式
有機類 （如HMDS, PGMEA）	1.吸入：將患者移往空氣新鮮之通風處，保持患者體溫，若呼吸困難時立刻給予氧氣，若呼吸停止，立刻施行人工呼吸，送醫治療。 2.皮膚接觸：儘快脫去沾有污染之衣物，並使用大量之清水沖洗患部20分鐘以上，並儘速接受治療。 3.眼睛接觸：立即撐開眼皮，用緩和流動的溫水沖洗污染的眼睛10-15分鐘，並儘速接受治療。 4.食入：確認該化學品是否適合催吐，若適合再進行催吐之動作，並需在患者意識清楚下進行，並儘快送醫。
酸鹼類 （THAM）	1.吸入：移至新鮮空氣處並儘速就醫。 2.皮膚接觸：立刻脫下受污之衣物並使用肥皂與清水清洗接觸部位，若刺激感仍未消除，請儘速就醫。 3.眼睛接觸：使用大量清水沖洗眼睛至少15分鐘並儘速就醫。 4.食入：傷者如意識清醒用大量飲用開水或牛奶希稀釋胃納物。傷者如意識不清千萬不可餵食，並儘速就醫。
備註：此為建議之參考作法，實際請依照各化學品之物質安全資料表之說明為主。	

表5.6　微影常用化學品之急救方式

　　關於機械部份之安全，由於曝光機與光阻塗佈及顯影系統，使用相當多的機械手臂及移動機構，其傳送速度相當迅速（可達50公分／秒以上），於維修處理時，務必將電源關閉，或是部份機構停止通電，避免誤動作傷人，至今已有多起設備誤動作致死案例。另光學曝光機使用的汞燈、準分子雷射及電子束曝光機之電子槍，皆需要高壓之電力供應，於維護此模組時，務必確認為不通電之情況進行，避免憾事之發生。

參考文獻

1. H. Xiao, Introduction to Semiconductor Manufacturing Technology, Prentice Hall, 2001.

2. Michael Quirk, Julian Serda, Semiconductor Manufacturing Technology, Prentice Hall, 2003.

3. 龍文安，「積體電路微影製程」，高立圖書，1998.

4. 張俊彥、鄭晃忠，「積體電路製程及設備技術手冊」，中華民國產業科技發展協進會、中華民國電子材料與元件協會，1997

5. 莊達人，「VLSI 製造技術」，高立圖書，1995.

6. 張勁燕，「半導體製程設備」，五南圖書出版，2000.

7. Burn J. Lin,Decades of Rivalry and Complementary of Photon and Electron Beams, SPIE, 2009

8. 楊金成等，「TEL MK-8自動化阻劑旋轉塗佈及顯影系統介紹」，奈米通訊，2001

9. 施錫龍等，「65奈米光罩製作」，奈米通訊，2005

10. 施錫龍等，「極紫外光微影技術簡介」，電子月刊，2010

11. 劉立文，「高科技行業使用新興材料職業衛生危害性調查研究」，行政院勞工委員會勞工安全衛生研究所，2009

12. 陳奕廷，「新一代製程的關鍵：13.5奈米的極端紫外光」，台大科教中心CASE報科學，2019

13. Paolo Gargini, Francis Balestra and Yoshihiro Hayashi, Roadmapping of Nanoelectronics for the New Electronics Industry, 2022

14. 林育中，「先進微影技術發展（一）：既有設備路徑的延伸」，DIGITIMES，2023

15. 林本堅，「光學微影縮IC百萬倍」，蔡元培院長科普講座，2022

16. 郭雅欣、簡克志，「縮小術！林本堅院士談光學微影如何把IC愈變愈小」，研之有物，2022

17. http://www.asml.com/

18. https://www.nikon.com/business/semi

19. https://www.trumpf.com/

20. https://toxicdms.epa.gov.tw/

21. https://irds.ieee.org/

第 6 章

研磨設備（Polishing）篇

6.1 前言

6.2 化學機械研磨系統（Chemical Mechanical Polishing, CMP）

6.3 研磨漿料

6.4 化學機械研磨製程中常見的現象

6.5 化學機械研磨常用的化學品

6.1 前言

半導體技術的進步使得金屬氧化物半導體（Metal Oxide Semiconductor, MOS）元件得以日益縮小，1980年後多層金屬連線需求也因應而起，這些多層金屬導電旨在提供低電阻且更密集的電子流通路。在配合微影技術中之短景深（Depth of Focus）要求的前提下，伴隨著對每層導線之平坦度要求，各種平坦化技術陸續提出，如：光阻回蝕刻（Photoresist Etchback）、自旋塗佈玻璃（Spin-on Glass, SOG）回蝕刻、介電質加熱流動（BPSG Thermal Flow）、化學機械研磨（Chemical Mechanical Polishing, CMP）……等方式一一被提出來，來滿足每層導線表面的平坦要求。圖6.1為多種平坦化技術之製程能力，當半導體製程之金屬導線線寬低於0.35 μm以下時，對每層導線仍要求全面性平坦化（Global Planarization）的條件下，僅有化學機械研磨方法能達到此要求。

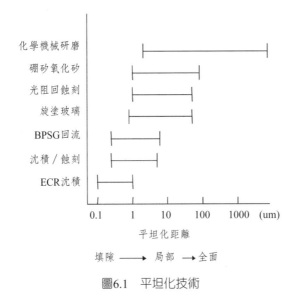

圖6.1 平坦化技術

以化學機械研磨方式來進行全面平坦化的製程至今已有二十多年的歷史了，IBM於1980年代最先提出以CMP作為氧化矽層之平坦化之工具。現今，CMP除了應用在多層導線之金屬層如：鎢（Tungsten, W）、鋁（Aluminum, Al）、銅（Copper, Cu）、阻障層（Barrier Layer）或是介電層平坦化外，已陸續運用在淺溝槽隔離（Shallow Trench Isolation, STI）、多晶矽（Poly

Si）、低介電層（Low-k Dielectric）和高介電層／金屬閘極（High-k/Metal Gate）⋯⋯等等的製程中。化學機械研磨目的在於將晶片表面上之突出部分，藉由機械拋光方式除去而產生表面平坦化效果。拋光期間會添加研磨漿料（Slurry）及化學品用以增加拋光效率、均勻度（Uniformity）或是達到選擇性拋光的效果。機械拋光之所以能將突出的部分加以除去，其方法雷同傳統磨刀方法，如表6.1所示。簡單的說，晶片表面與擁有些許彈性之研磨墊進行磨擦將晶片表面之突出圖案除去。

化學機械研磨	傳統磨刀
晶片	刀子
研磨墊	磨刀石
研磨漿料	水 or 漿料

表6.1　化學機械研磨與傳統磨刀相對應功能類比

　　研磨過程如圖6.2所示，簡單來說：當施加力量在整片晶片時，其突出的部分會先碰到研磨墊後產生壓力（6-1式）。因此，在研磨過程中其突出的部分感受到的壓力較大，很快的被消除。其研磨期間所施加的壓力與薄膜移除率之間的關係，如6-2式所示。在1927年由Preston首度提出其玻璃薄膜移除率（Removing Rate, R.R.）與壓力（P）之間成正比，其中K_p為Preston常數。但實際研磨過程中薄膜移除率除了與壓力有關外，還與研磨墊轉速、研磨液種類、研磨墊硬度、化學品種類、薄膜品質⋯⋯等等相關，造成Preston Equation應用在CMP計算移除率時的誤差甚大，這也是CMP製程難以控制的原因，因為影響CMP製程變數眾多。後續研究者多以Preston Equation為基礎，加入其他影響薄膜移除率相關因素進行修正。

$$P=\frac{F}{A}$$
（6-1式）

　P：壓力　F：受力　A：受力面積

$$R.R.=K_p.P.V$$
（6-2式）

　RR：薄膜移除率　Kp：Preston常數
　P：向下的壓力　V：相對於研磨墊之晶圓速度

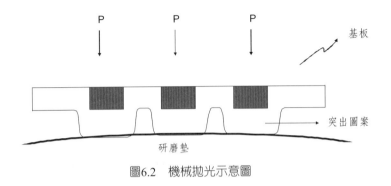

圖6.2　機械拋光示意圖

6.2 化學機械研磨系統（Chemical Mechanical Polishing, CMP）

這一章將針對化學機械研磨設備進行初步介紹，在化學機械研磨過程中，研磨頭（Carrier）由晶片進站區（Load）抓取晶片（Wafer）後，研磨頭將晶片放置在充滿研磨漿料的研磨平臺的特定位置，施加向下壓力讓晶片上欲研磨之部分與研磨平臺（Platen）上之研磨墊（Pad）接觸進行研磨。其研磨過程中，為達到平坦化的要求，晶片會先後進行多次研磨、粗磨、細磨或是Buffering。待研磨過程結束後，晶片便立即進行清洗等接續動作。一般化學機械研磨設備大致包含了以下幾個硬體單元：研磨頭、研磨漿料控制系統（Slurry Supply System）、研磨平臺和晶片清洗等四大單元。其中研磨漿料控制系統會在化學機械研磨機臺本體外，其他單元皆都在機台內部。

6.2.1 研磨頭（Carrier或Polish Head）

帶動研磨頭的機械手臂可依照製程需求讓研磨頭至晶片進出站進行抓取、卸載晶片動作或是移動晶片至研磨台上進行拋光動作。廠商為增加生產量會有多個研磨頭設計如圖6.3所示。其研磨頭裝置可能設計如圖6.4，晶片固定在研磨頭中，其晶片僅裸露出晶片部分高度於研磨頭外，方便後續研磨進行，固定環（Retainer Ring）的高度可使用墊片做增加或減少，讓晶片裸露出的一定之高度，其研磨頭的固定環設計可防止晶片在拋光過程中掉片的問題。研磨頭中的包含有彈性的高分子墊片（Back Film）可作為吸附

晶片時的緩衝；其壓力室可在拋光過程中對於晶片施加壓力，用以增加研磨效率。在上述施加壓力進行拋光的過程中，一般會添加特定種類之研磨漿料來增加拋光效率或是達到選擇性拋光等目的；但由於晶片接觸到具有彈性之研磨墊、研磨漿料從晶片外側提供等種種因素，晶片中央與邊緣所接受到的壓力會有所不同。造成晶片中央的薄膜移除率與邊緣有所差異，且研磨時所施加的壓力越大此現象越明顯。此時，晶片上的壓力需藉由背壓（Back Pressure）或是固定環的調整，更精確的對向下壓力進行些許微調。藉由背壓的增加或減少使晶片上每一點可與具研磨墊平整接觸，而達到全面性研磨的目的；若研磨頭有多個氣囊設計，如圖6.5所示，其中A區氣囊用氣量控制可以均勻施力於整片晶片上，B區氣囊亦可以用氣量控制均勻施力於8-9成晶片上，C區氣囊由氣量控制推動外環盤隨順推動晶片，R區域主要是藉由氣囊給予壓力框住晶片使晶片不會滑出，如此設計，可更精確針對施加於晶片上的壓力進行微調而得到更均勻的壓力分布，如此研磨後之晶片可得到較佳之研磨均勻度。此外，由於研磨過程中晶片邊緣處與研磨墊的接觸屬不連續性，造成晶片外圍薄膜移除率無法控制，可藉由固定環施加外加的壓力以增加研磨過程中晶片邊緣的研磨均勻性控制。

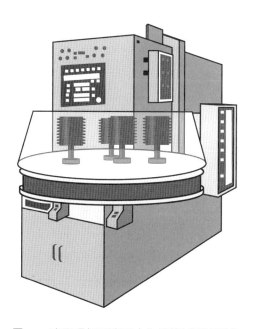

圖6.3 商用多個研磨頭之化學機械研磨機台

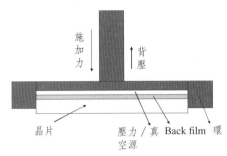

圖6.4　研磨頭抓取晶片示意圖

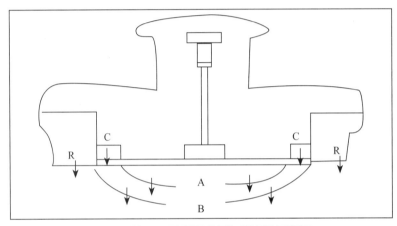

圖6.5　研磨頭多個氣囊設計示意圖

6.2.2 研磨平臺（Platen或Turntable）

　　如圖6.6所示，研磨平台上含有聚胺基甲酸乙酯（Polyurethane, PU）材質之研磨墊直接與研磨頭上之晶片接觸進行拋光製程，研磨墊下還包含有冷卻控制系統，抑制在拋光過程中因物理性的摩擦拋光所增加之溫度，提供均溫的研磨製程以維持研磨過程中的化學反應速率。研究指出連續拋光過程中所增加的溫度會影響研磨漿料對薄膜的移除率。如圖6.7所示，在使用同樣的研磨漿料下進行Cu CMP製程，即使每片研磨環境相同，但隨著研磨片數增加而薄膜移除率持續降低，晶片上薄膜不均勻度也伴隨著增加。

　　進行研磨拋光程序中，為加速物理性拋光速率，研磨平台和研磨頭會進行相互轉動或是移動其目的皆是冀望晶片上每一點可取得相同且快速的磨耗速率。目前常見的轉動模式有偏心旋轉（Orbital Polisher）、線性移動（Sequential Linear Polisher）、滾筒式移動……等等模式，其中以偏心旋轉模式最常被使用。

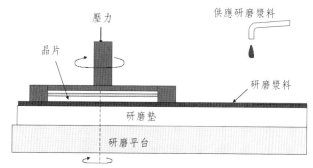

圖6.6　研磨平台上之研磨墊與研磨頭上之晶片接觸進行拋光示意圖

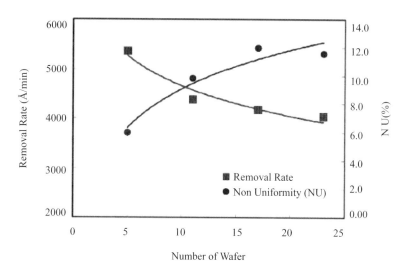

圖6.7　Cu CMP中研磨片數增加時，薄膜移除率與薄膜不均勻度之表現

　　以偏心旋轉模式為例，研磨平台和研磨頭之間的相對運動有同方向轉且轉速相同、同方向轉但轉速不同、不同方向轉但轉速相同、不同方向轉但轉速不相同等四種狀況；晶片上之轉速可如圖6.8所示，晶片上A、B、C三點的速率可由6-3式算出，唯有研磨墊轉速（ω_1）與研磨頭轉速（ω_2）皆相同之際，晶片上A、B、C三點的速率（v）才會相同，如此晶片上每一點才可獲得相同的物理磨耗速率。

$$v_A = \omega_1 (R - r) + \omega_2 r$$

$$v_B = \omega_1 (R + r) - \omega_2 r$$

$$v_C = \omega_1 R \qquad\qquad （6\text{-}3式）$$

$$\text{when } \omega_1 = \omega_2 \rightarrow v_A = v_B = v_C$$

其中R：研磨墊圓心至晶圓邊緣距離　r：晶圓半徑　ω_1：研磨墊轉速　ω_2：研磨頭轉速

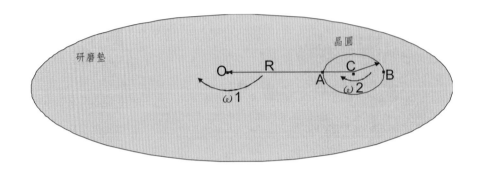

圖6.8　研磨過程中晶片在研磨墊上轉速示意圖

　　研磨墊組成由表面具多孔洞發泡性的樹脂材質、背面擁有均勻的背膠可讓研磨墊服貼於研磨平台上，一般可依研磨墊材質區分成硬式研磨墊與軟式研磨墊；研磨墊表面一般設計多種圖案如同心圓、螺旋紋、XY條紋……等可均勻分布、傳輸研磨漿料及排除研磨過程的產物。圖6.9為Polyurethane材質之研磨墊，從SEM照片可發現看到研磨墊上原本之孔洞結構，經過長時間研磨拋光後其孔洞老化損壞之狀況，研磨墊在進行一定時間的化學機械研磨後，由於研磨墊上之孔洞因長期、連續使用而損壞，其研磨速率將會衰退或是不穩定，此時便需要更換新的研磨墊。此外，為維持研磨墊上的絨毛或是孔洞結構藉由毛細作用來加速傳遞漿料中的化學品，因此，研磨墊在待命情況下仍需維持濕潤狀態，且在研磨每片晶片之後皆會使用整理器將孔洞中的Residue除去，如此可維持穩定之薄膜移除率並延長研磨墊之使用壽命。

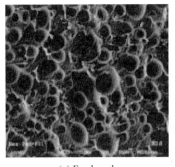
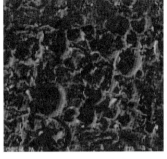
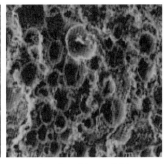

(a) Fresh pad   (b)After 30hrs polishing   (c)After 60hrs polishing

圖6.9　Polyurethane材質研磨墊SEM圖(a)全新研磨墊孔洞狀況(b)使用30 hrs 後之研磨墊孔洞狀況，and (c))使用60 hrs 後之研磨墊孔洞狀況。

　　平時在維護化學機械研磨機台時，為維持研磨過程中整片晶片與研磨墊之間均勻接觸，會針對研磨頭與研磨平台接觸時進行水平和垂直方向的校正、研磨頭向下施壓校正，確定研磨頭向下之壓力變化為線性成長，力求研磨過程中晶片均勻與研磨墊接觸且向下壓力值皆在控制中。圖6.10為早期CMP機台，由Westech/IPEC所開發，雖可以滿足前述所說之所有的功能，但以目前量產考量，市場上其他公司已開發出含有多個研磨頭之CMP機台滿足製程所需，如圖6.3所示。

The Shape of IPEC Westech System 372M

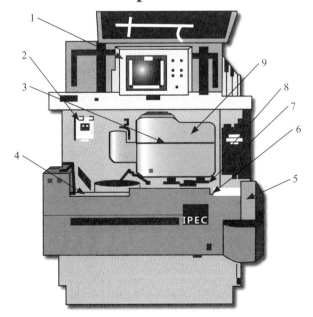

1-Control Console

2-Slurry Motor and Slurry Final

3-Platens and Drains

4-Unload Station

5-Load Station

6-Clean Station & Slurry Primary

7-Rotating Pad Conditioner

8-Polish Arm Drive

9-Polish Arm

圖6.10　IPEC 372M示意圖

6.2.3 研磨漿料控制系統（Slurry Supply System）

　　研磨漿料控制系統通常獨立於化學研磨機台外，負責提供多台化學機械研磨機台的研磨漿料或是化學溶液至研磨墊上，隨著研磨墊的設計而有不同漿料傳輸模式，其傳輸漿料的方式因應研磨方式而有1.於研磨墊中心噴灑漿料2.由研磨平台底部提供漿料3.由研磨平台側邊提供研磨漿料。若是研磨墊上已鑲嵌有研磨顆粒時，此時研磨漿料控制系統僅提供不含研磨顆粒之化學溶液。其影響拋光速率的研磨漿料流速可藉由機台內部的蠕動幫浦（Peristaltic Pump）來決定，傳送管線之材質大多使用不會與研磨漿料中的化學品進行反應的惰性材質。漿料控制系統在輸送研磨漿料過程中，需包含多個處理步驟如：混合、稀釋、過濾、循環漿料……等等，如圖6.11所示，供應商所提供之研磨漿料皆為濃縮成分（具高固含量（Solid Content）之漿料），漿料在進入機台前，會有混合裝置先行加入去離子水進行稀釋並混合研磨過程所需之多種化學品。此時大量的液體（去離子水和化學品）可降低漿料中研磨顆粒之固含量，調配出合適CMP製程所需研磨漿料之配比。稀釋混合過程中需掌控好漿料之pH值、離子強度等等條件才能讓漿料中的研磨顆粒保持均勻分散，避免研磨漿料在傳輸過程中因離子強度或是其他因素產生變化而發生結塊（Agglomeration）或是膠化（Gelation）進而影響研磨速率。

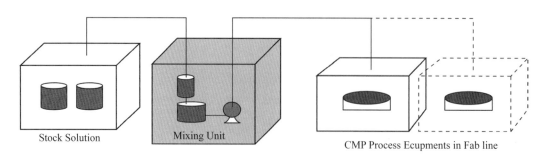

Stock Solution　　　　Mixing Unit

CMP Process Ecupments in Fab line

圖6.11　漿料控制系統輸送研磨漿料示意圖

6.2.4 清洗／其他

接下來介紹的部分是輔助在拋光過程中爲保持研磨墊上的清潔、拋光後的晶片清洗……等細項，旨在除去拋光過程後仍殘留在晶片／研磨墊上的研磨漿料及拋光後的產物。其他部分則包含了後續CMP製程廢水處理或是因應製程需求所發展出終點偵測功能做一簡單介紹。

6.2.4.1 研磨墊整理器（Dresser/Conditioner）

在經過晶片拋光後，研磨墊上的孔洞／紋路會被研磨漿料中的研磨砥粒／研磨後之產物填充塞住，造成研磨墊的鈍化或是光滑化而影響到拋光效率不穩定或降低甚至失去拋光功效。因此，爲維持一定之拋光效率增長研磨墊的使用時間，用來除去此些研磨過程中仍殘留在研磨墊上顆粒的整理器隨順而生，在晶片拋光後，加入整理器對殘留在研磨墊孔洞／紋路內的研磨顆粒進行清除，如圖6.12所示。研究人員發現到加入整理器對研磨墊進行清理後，薄膜移除率與CMP後之晶片平整度（Uniformity）維持穩定，而無整理器之研磨墊其薄膜移除率與平整度會隨使用時間增加而產生不穩定現象。一般的整理器由鑲嵌有無數個多晶鑽石之不銹剛圓盤（Disk）所構成，如圖6.13所示，其鑲嵌之多晶鑽石的密度、形狀、高度皆會影響整理器對於拋光墊之整理效能。有些整理器甚至會多加超音波震動來幫助清除在研磨墊孔洞中的砥粒。

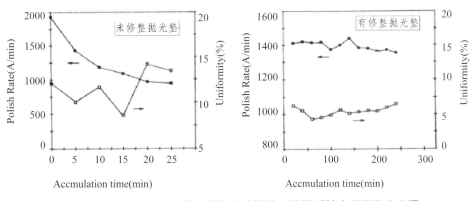

圖6.12　研磨墊在有／無整理器進行清理後，薄膜移除率與平整度表現

圖6.13　整理器上之圓盤

6.2.4.2 化學機械研磨後晶片清洗（CMP Post Clean）

加入研磨漿料可增加研磨速率或是研磨均勻性，但在研磨過後會有奈米級的研磨顆粒或是化學品存留於晶片表面。研磨過後的晶片勢必立即進行清洗步驟才能將晶片表面的奈米顆粒或是金屬離子除去，否則研磨顆粒將與晶片表面產生共價鍵而難以去除。其清洗步驟約略包含四種模式：1.使用另一研磨墊進行Buffing，初步將吸附於晶片表面或是機械性嵌入薄膜表層之研磨顆粒除去，2.再使用含超音震盪波的清洗液來清洗晶片表面以除去研磨顆粒，3.用含有清洗液的PVA刷子進行晶片表面刷洗有效去除研磨顆粒，4.利用清洗液除去晶片表面的金屬離子污染；以上所述之清洗步驟可粗略分為研磨顆粒清洗和金屬離子去除兩部分。

清除研磨顆粒

Buffing

拋光後之晶片通常會經過由氨基鉀酸酯（Urethane）組成之研磨墊並加入去離子水進行Buffing，目的在除去拋光過後晶片表面上大量的研磨顆粒，避免研磨顆粒在研磨後的傳遞過程中因環境變化（如水分揮發……等）造成研磨顆粒膠化，影響後續研磨後清洗效率。

清洗溶液的選擇

DLVO微塵吸附理論（Derjaguin-Landau-Verwey-Overbcck, DLVO）說明研磨後之研磨顆粒主要因靜電作用力（Electrostatic Interactions）影響而

接近晶圓表面；由於漿料中之研磨顆粒本身帶電荷而受靜電吸引力影響接近晶片表面。待研磨顆粒相當接近表面時，受凡得瓦爾力（Van Der Waals Dispersion Force）影響所產生的分子吸附力（Molecular Adhesion）發揮主要作用，加速研磨顆粒吸附於晶片表面，使得研磨顆粒與晶片表面間之總吸引力隨著距離降低而大幅增加，研磨顆粒因而牢牢吸附在晶片表面，如圖6.14所示。研磨漿料中，研磨顆粒需均勻分散於漿料中或是漿料中需添加化學品與晶圓表面進行化學反應，其漿料會因拋光製程的需求調整其pH值，原本的研磨顆粒是中性不帶電荷，但在因製程需要而調整漿料pH值後，如圖6.15所示，原本不帶電荷的研磨顆粒表面會與溶液中的水分子進行質子交換進而帶電；因質子化（Protonation）而帶正電荷，或是去質子化（Deprotonation）而帶負電荷。當研磨顆粒帶電後，溶液中與帶電研磨顆粒相反的帶電離子（Counter Ions）會自然的被吸引而形成電雙層（Electric Double Layer）；其帶電研磨顆粒電荷多寡可以用電泳法（Electrophoresis）測得介面電位（Zeta Potential）代表之；一但帶電研磨顆粒與晶片表面距離非常近時，在分子吸附力的影響下會加速讓研磨顆粒吸附於晶片表面。

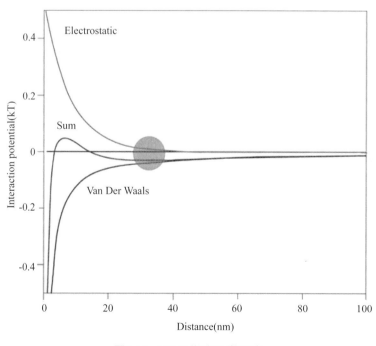

圖6.14　DLVO微塵吸附理論

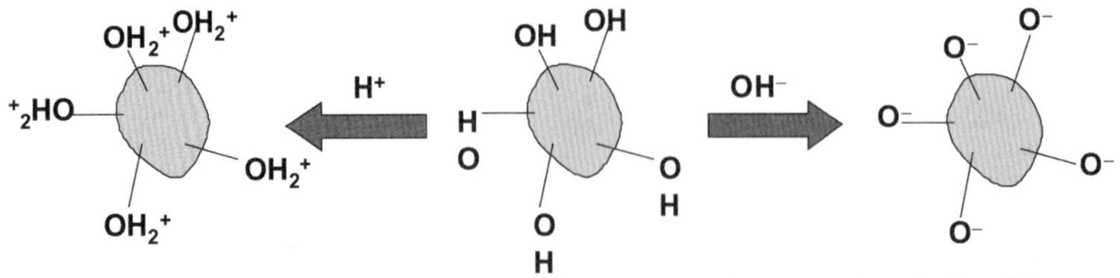

圖6.15　不帶電荷的研磨顆粒表面與溶液中的水分子進行質子化／去質子化示意圖

　　瞭解了研磨顆粒吸附於晶片表面之原理後，若要除去吸附於晶片表面的研磨顆粒時，首先先需改變研磨顆粒／晶片表面間的靜電作用力，若能讓研磨顆粒與晶片表面的皆保持相同電性。研磨顆粒會因相斥之靜電作用力無法吸附在晶片表面上，如此，研磨顆粒便不會因凡得瓦爾力影響而加速吸附在晶片表面。換言之，研磨顆粒與晶片表面的界面電位，若可以是相同的電性且越大越好。研磨顆粒與晶片薄膜的界面電位隨而會有不同，其中，研磨顆粒之材質多為SiO_2和Al_2O_3，而SiO_2和WO_x在 pH>7的溶液環境下便可表現出負的界面電位；Al_2O_3在pH>9的溶液環境下其界面電位才會由正轉負；因此，在進行Tungsten CMP和Oxide CMP後之清洗過程中，其晶片表面大部分裸露出的是SiO_2，如圖6.16所示，只要清洗溶液的pH值高於10便可確保晶片表面和研磨顆粒皆處於負的界面電位，有利除去在晶片表面上的研磨顆粒。目前Tungsten和Oxide CMP後清洗製程使用稀釋的NH_4OH溶液來除去黏附於SiO_2層表面上的研磨顆粒，研究指出稀氨水清洗可以大大降低晶片上之研磨顆粒數目，而僅用去離子水中清洗，則研磨顆粒因靜電引力吸附累積至晶片表面，無法達到清洗功效。

　　但在使用Cu製作金屬導線時，CMP後依然會有研磨顆粒吸附在晶片表面的問題存在。但此時的清洗溶液不可選用稀釋的NH_4OH水溶液，由於NH_4OH會與Cu產生反應，一般使用弱酸溶液作為研磨金屬導線後之清洗溶液。

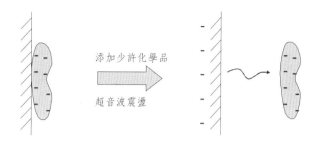

圖6.16　pH>10的清洗溶液除去在表面帶負電研磨顆粒方法之示意圖

PVA刷洗（Scrubbing）／超音波震盪清洗（Megasonic）

PVA 刷子是由富含氫氧基（OH Group）的聚乙烯醇（Polyvinyl Alcohol, PVA）材質所組成，具有柔軟、高吸水性之特性，在鹼性水溶液中PVA 刷子表面可表現出負界面電位。最大的優點在於此PVA刷子可提供八成以上具負界面電位之孔洞來捕捉黏附於晶片上的研磨顆粒，如圖6.17所示。清洗完晶片表面之後，此PVA 刷子可以利用NH_4OH溶液來殘留在PVA 刷子內的研磨顆粒，保持PVA 刷子在刷洗過程中的潔淨程度。另外，利用超音波震盪可幫助清洗溶液進入研磨顆粒與晶片表面之接觸面，如此可降低研磨顆粒與晶片表面間的靜電吸引力，幫助研磨顆粒脫離晶片表面。

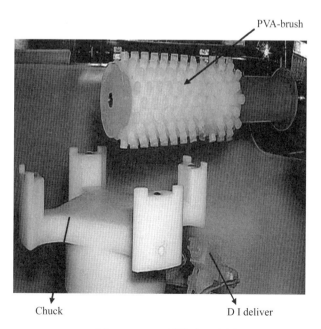

圖6.17　PVA 刷洗應用實例

金屬離子去除

拋光過程中，研磨漿料中的金屬離子（如鉀、鈉、鐵、鋁、銅、鋅⋯⋯等等）不可避免殘留在晶片表面上。在前述研磨後的清洗步驟中，使用稀釋NH_4OH溶液後，部分金屬離子會與NH_4OH形成固體金屬氫氧化物於晶片表面上，一般在稀釋NH_4OH溶液清洗晶片後，會多增加一道含稀釋氫氟酸（Hydrogen Fluoride, HF）水溶液清洗步驟。Tungsten CMP和Oxide CMP後，其晶片表面大部分裸露出的是SiO_2，使用稀釋HF水溶液進行清洗時，如圖6.18所示，會蝕刻掉一兩個SiO_2原子層，藉由此方式有效除去晶片表面的金屬離子污染。須注意的是，製作金屬導線的CMP後清洗，無法使用稀釋HF來去除晶片上的金屬污染，係因HF會與鋁、銅等金屬產生腐蝕反應。製程上會改用具弱酸性的酸性清洗液如草酸（Oxalic Acid）、檸檬酸（Citric Acid）或是有機酸⋯⋯等來去除晶片上的金屬離子。

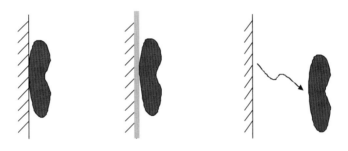

圖6.18　藉由稀釋氫氟酸水溶液清洗步驟除去晶片表面之金屬離子

6.2.4.3 研磨後廢水排放處理

化學機械研磨過後廢液包含有研磨漿料、金屬離子、氧化劑、有機錯合劑（Organic Complexing Agents）、其他添加劑⋯⋯等等，主要可分為研磨顆粒、化學品、金屬離子三大種類。排放化學機械研磨後的廢水須先將研磨顆粒和金屬離子除去，才能對廢水稀釋、進行排放或是其他再生處理。處理廢水大多利用1.混泥沉澱方式伴隨溶氣加壓浮選（Dissolved Air Flotation）或是薄膜過濾方式2.直接使用過濾或電場方式讓研磨顆粒沉降膠凝。由於懸浮的研磨顆粒如前述皆帶有電荷，加入適當的混凝劑增加廢水中的離子強

度，可降低研磨顆粒之電雙層，使之膠化而沉降；加入電場可使廢水中的研磨顆粒間距離因電場影響而減少，增強研磨顆粒間之凡得瓦爾力因而凝聚成團。

6.2.4.4 終點偵測

早期CMP的終點偵測先確定薄膜的去除率後再以計算所需之製程時間作為製程終點，並添加偵測器確知研磨廢液中成分作為輔助，當CMP研磨至犧牲層時，在廢液中偵測到犧牲層成分作為蝕刻終點。即時、精準偵測到化學機械研磨之製程終止點一直是製程終點偵測的目的。目前應用在化學機械研磨的終點偵測方式針對導電和介電材質而有下列幾種模式進行終點偵測：光學監控、研磨頭／研磨墊馬達電流監控、感應金屬薄膜電流監控、電解效應監控。以SiO_2薄膜而言，大多使用光學監控方式來確定製程終點，由於不同薄膜材質之折射率（Refractive Index）和消光係數（Extinction Coefficient）不同，不同厚度的SiO_2薄膜其相對反射率或穿透率亦不同。因此，可較精準量測在化學機械研磨過程中即時之膜厚及蝕刻終點。而金屬薄膜可採用感應金屬薄膜電流監控，感應不同厚度之金屬薄膜上渦電流的大小，渦電流再對偵測器感應線圈感應到不同的電動勢，進而推算即時之金屬薄膜厚度，推斷製程終點。

6.3　研磨漿料（Slurry）

研磨介電材料所使用之研磨漿料中包含研磨顆粒（Abrasive）、pH值緩衝溶液、界面活性劑和其他添加劑。其中研磨顆粒因研磨的介電材料硬度不同採用不同的研磨顆粒如：燒結氧化矽（Fumed Silica）、氧化鋁（Fumed Alumina）、二氧化鈰（Cerium(IV) Oxide）、矽酸膠（Colloidal Silica）……等；欲進行化學機械研磨之介電材料多為氧化矽或類氧化矽材質，而緩衝溶液之pH值大多調整至7以上進行研磨。其研磨二氧化矽過程中所採用之研磨顆粒為燒結氧化矽其大小約略為400nm以下甚至更小，其中燒

結氧化矽可用四氯化矽（$SiCl_4$）在氫氧焰中水解形成或是利用石英材質在電弧中產生。其中於氫氧焰中水解的如6-4式所述：

$$2H_2 + O_2 \rightarrow 2H_2O$$

$$SiCl_4 + 2H_2O \rightarrow SiO_2 + 4HCl\uparrow \qquad （6\text{-}4式）$$

當介電材質為氧化矽或類氧化矽材質選擇使用二氧化矽顆粒進行研磨的原因在於：研究指出機械研磨過程中，二氧化矽薄膜與二氧化矽顆粒表面在高pH值下與OH^-產生水合反應形成Si-OH，表面含有Si-OH的研磨顆粒與薄膜因氫鍵存在相互吸引，如此可增加顆粒與薄膜間的磨擦力進而有效去除薄膜，因製程需求現今CMP製程所使用的二氧化矽顆粒大小約略為100nm上下，以矽酸膠為主，圖6.19為市售矽酸膠顆粒大小之TEM照片。研磨金屬材料所使用之研磨漿料除包含上述所提及之研磨顆粒、pH值緩衝溶液、介面活性劑和其他添加劑外還多加了氧化劑。添加氧化劑的目的在於進行機械研磨過程中，先行讓金屬膜表面與氧化劑反應形成穩定的金屬氧化層，再利用研磨顆粒將其金屬氧化層除去，研磨過後裸露出新的金屬會重新遇到研磨漿料中之氧化劑而再次形成氧化層，而重複其上述之研磨步驟。其氧化劑的選擇隨著不同的金屬材料而有所不同，以鎢金屬為例，文獻上有使用之氧化劑為雙氧水（Hydrogen Peroxide, H_2O_2）、鐵氰化鉀（$K_3Fe(CN)_6$）、硝酸鐵（$Fe(NO_3)_3$）或是碘酸鉀（KIO_3）……等；而銅金屬使用之氧化劑多為雙氧水。根據Pourbaix Diagram，大部分之金屬材質，若緩衝溶液之pH值多調整至7以下，可形成穩定且鈍化之金屬氧化層，可接續讓研磨顆粒對其金屬氧化層進行研磨拋光。

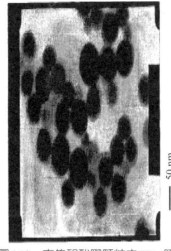

圖6.19　市售矽酸膠顆粒之TEM照片

　　圖6.20為鎢金屬之Pourbaix Diagram，可發現其鎢金屬在pH值0-2間可形成穩定之WO_2/WO_3；pH值2-14間僅可形成穩定之WO_2，另會形成WO_4^{2-}或$W_{12}O_{41}{}^{10-}$之可溶解性離子難以控制其蝕刻速率。Kaufman在1991年所提出的Tungsten CMP製程中，發現鎢金屬在以水溶液為主體的漿料中，很快地在表面氧化形成WO_4^{2-}可溶解氧化層和WO_3與WO_2鈍化層，其氧化還原反應如（6-5式）、（6-6式）和（6-7式）所列：

$$W + 6Fe(CN)_6^{3-} + 4H_2O \rightarrow WO_4^{2-} + 6Fe(CN)_6^{4-} + 6H^+ \quad （6\text{-}5式）$$

$$W + 6Fe(CN)_6^{3-} + 3H_2O \rightarrow WO_3 + 6Fe(CN)_6^{4-} + 6H^+ \quad （6\text{-}6式）$$

$$W + 4HO^- \rightarrow WO_2 + 4e^- + 2H_2O \quad （6\text{-}7式）$$

　　藉由WO_3和WO_2對氧化劑的抗腐蝕，晶片上低窪區的鎢導線將難以被移除。而突出的金屬鎢與其氧化層能夠快速且有效的被移除，則是藉由不易變形的研磨墊選擇性的僅對其表面的WO_3和WO_2接觸，使研磨砥粒選擇性的磨耗突出金屬鎢表面的WO_3和WO_2抗腐蝕鈍化層，導致在WO_3和WO_2抗腐蝕鈍化層下金屬鎢露出而繼續被氧化劑腐蝕。

　　其研磨粒子尺寸亦會影響研磨速率及研磨後薄膜表面之粗糙程度，Zhou

et al. 和Mahajan et al.研究指出當二氧化矽顆粒尺寸介於10～80nm時，其薄膜去除率隨尺寸變大而增加且不會增加薄膜表面粗糙度；一但二氧化矽顆粒尺寸大於80nm，薄膜去除率隨尺寸變大而降低亦會增加薄膜表面粗糙度。

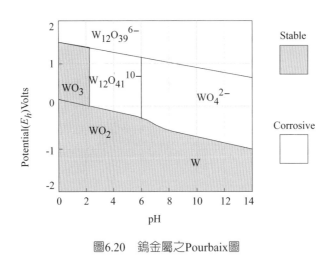

圖6.20　鎢金屬之Pourbaix圖

6.4　化學機械研磨製程中常見的現象

均勻性（Uniformity）

針對經化學研磨製程前後的薄膜表面厚度進行監測，用來評定化學機械研磨製程之穩定性。通常會均勻選取晶片上之9～49點量測其研磨前後之薄膜厚度，所用之量測工具隨順薄膜材質之不同而有變化。用來計算均勻度（U%）之公式：

$$U\% = \frac{(Max - Min)}{2*AVG}\%$$ （6-8式）

或是

$$U\% = \frac{\sqrt{\dfrac{\Sigma(x - \bar{x})^2}{(n-1)}}}{\bar{x}}\%$$ （6-9式）

其中6-8式Max/Min代表量測中之最大／最小值，AVG代表量測值中之平均值；6-9式x代表任一點量測值，x̄代表量測值中之平均值，n為量測次數。

當薄膜為介電材質時，可使用光學薄膜測厚儀測定厚度；若為金屬材質可使用四點探針量測薄膜之片電阻（Sheet Resistance, Rsh），同材質的薄膜由於電阻率（Resistivity）相同，量測到的Rsh隨順厚度不同而有所改變。若研磨之薄膜為有圖案之金屬導線時，可利用雷射、超音波和聲納等功能結合來進行量測，雷射可針對薄膜上之量測點進行加熱產生些微膨脹現象，此時針對薄膜施以超音波，並以聲納收集反射回來之超音波訊號，根據反射回來之超音波訊號分析薄膜厚度、薄膜成份、薄膜表面粗糙狀況……等，確定金屬導線之變化情形。

移除率（Removing rate, R.R.）

移除率簡單的說便是在一定時間內，化學機械研磨前後的薄膜厚度變化，不同的研磨漿料針對不同的薄膜有著不同的移除率，其薄膜厚度可由上述之量測方法取得。

選擇率（Selectivity）

當研磨漿料接觸到晶圓表面上不同材質時，其研磨漿料中的研磨顆粒、化學品會有不同的物理性磨耗／化學腐蝕反應，導致移除率會有所不同。高選擇性的研磨漿料對CMP有著絕對的好處，以研磨介電材料為例：研磨過程中原本高低不平的表面，高選擇性的研磨漿料可以對凸起／凹陷的表面的移除率不同，藉此優點可以高效的平坦化表面。而在金屬導線研磨過程中，最佳狀況是可快速的除去多餘的金屬層且不傷害導線旁的介電材料，如此才不會造成Erosion狀況。理想中化學機械研磨過後的金屬導線示意圖如圖6.21所示。

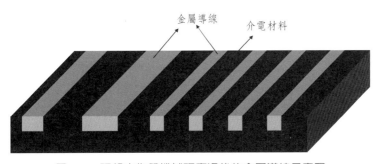

圖6.21 理想中化學機械研磨過後的金屬導線示意圖

凹陷（Dishing）

凹陷（Dishing）狀況如圖6.22所示，在研磨停止時，由於氧化矽與金屬導線本身材質之硬度不同，造成金屬導線之移除率較高而形成導線內大面積之凹陷。

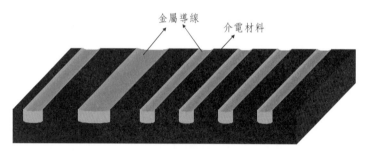

金屬導線　　介電材料

圖6.22　化學機械研磨後凹陷狀況示意圖

侵蝕（Erosion）

Erosion發生的原因在於：研磨過程中未能精確的停止在製程所需的研磨終點而繼續研磨，因此導致過度蝕刻，造成不管介電層或是金屬層都有大量流失現象，如圖6.23和圖6.24所示。

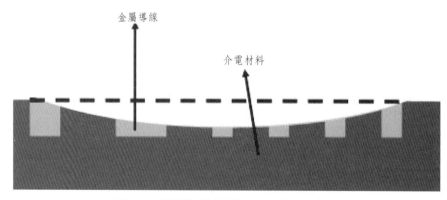

金屬導線

介電材料

圖6.23　化學機械研磨後Erosion狀況示意圖

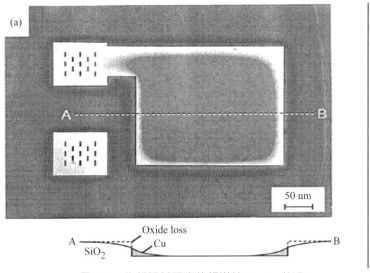

圖6.24　化學機械研磨後銅導線Erosion狀況

腐蝕（Corrosion）

此現象僅會在金屬研磨過程中發生。當研磨過後，少量研磨液和研磨產物若繼續殘留在晶圓表面，研磨液中的氧化劑或是研磨產物會對金屬導線產生腐蝕現象，而影響後續導線的電性表現。減少此現象的發生，需使研磨過後的晶圓先進行Buffering步驟除去大量殘留在晶圓表面的研磨液，在最短時間內進行研磨後之清洗步驟。

Particle Residure

在化學研磨過後晶圓表面上最常見的Residue（殘餘物）來自研磨液中之研磨顆粒和少部分研磨後產物。經研磨過後的晶圓未來得及進行Buffering和研磨後之清洗步驟，使得殘餘物與晶圓表面的材質形成化學鍵結而無法去除，以研磨金屬導線為例，常見的殘餘物會出現在導線表面，如圖6.25所示。

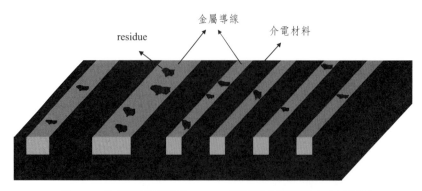

圖6.25　化學機械研磨後Residure殘留在金屬導線上之示意圖

刮痕（Scratch）

在化學機械研磨過後，在晶圓表面會發現到刮傷現象如圖6.26所示，其可能產生原因有二：研磨過程中所使用的研磨顆粒硬度對欲研磨之材料而言過高，致使研磨過後的表面產生刮痕；另一個可能之原因是研磨過程中所產生的研磨產物硬度過硬而刮傷晶圓表面。

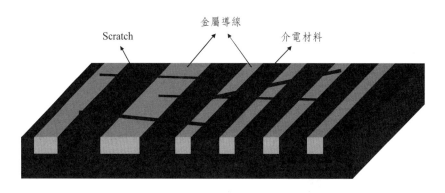

圖6.26　化學機械研磨後Scratch狀況示意圖

6.5　化學機械研磨常用的化學品

除了濕式蝕刻／清潔設備外，化學機械研磨機台也是半導體製程中使用較多液態化學品的區域之一，尤其是在研磨漿料與機械研磨後之清洗部分。在產線上由於使用量大，一般會利用供酸系統將高濃度的化學品先行稀釋後再供應至機台端。雖然此些化學品提供至機台端已屬低濃度的化學

品，其傷害性已大大降低，但在供酸系統端操作運送高濃度之化學品相關人員仍須注意此些化學品之危害性。表6.2提供在CMP部分常用到危害性較高之化學品特性供參考，此表中的化學品中以氫氟酸和氫氧化四甲基銨（Tetramethylammonium hydroxide, TMAH）較容易為工作人員所輕忽其化學品所產生的危害性。氫氟酸實為弱酸，其腐蝕性低，一但接觸後無任何灼傷／灼熱感，大大降低使用者之警覺性，通常是接觸6小時後皮膚才有疼痛感，當有疼痛感產生後，氫氟酸已對人體產生損害。而氫氧化四甲基銨（TMAH）即使在低濃度下也具危險性，其最致命因素在於人體一但大量吸入／接觸TMAH後，會抑制呼吸系統，嚴重會導致死亡，且目前在醫界並無任何解毒劑可提供治療。

化學品	用途	危害
氫氟酸（HF）	機械研磨後清洗	人體可能產生的低血鈣、低血鎂、肺水腫、代謝性酸中毒、心室性心律不整、甚至死亡等嚴重的全身性中毒的症狀。
雙氧水（H_2O_2）	作為氧化劑添加於研磨漿料	皮膚灼傷、眼睛損傷 高濃度會加速自燃物或易燃物燃燒 低濃度：人體無明顯狀況 高濃度：過多氧氣吸入身體後靜脈或動脈氣體栓塞，導致休克或腦中風
氫氧化四甲基銨（Tetramethylammonium hydroxide; TMAH）	添加於研磨漿料或機械研磨後清洗	腐蝕性 皮膚灼傷、眼睛損傷 抑制呼吸肌肉群，造成呼吸肌肉停止，心跳減緩，嚴重者導致腦部缺氧死亡。
氨水（NH_4OH）	添加於研磨漿料或機械研磨後清洗	腐蝕金屬 皮膚灼傷、眼睛損傷
硝酸（HNO_3）	作為氧化劑添加於研磨漿料	強氧化劑　腐蝕性 皮膚嚴重灼傷、眼睛嚴重損傷
硝酸鐵（$Fe(NO_3)_3$）	作為氧化劑添加於研磨漿料	皮膚刺激、眼睛刺激
氫氧化鉀（KOH）	添加於研磨漿料	腐蝕金屬 皮膚嚴重灼傷、眼睛嚴重損傷

表6.2　CMP常用化學品特性

參考文獻

1. F. W. Preston, J. Soc. Glass Technol., 11, 214 (1927)

2. M. Pourbaix, ATLAS OF ELECTROCHEMICAL EQUILIBRIA IN AQUEOUS SOLUTIONS, Houston, TX (1974)

3. F. B. Kaufman, D. B. Thompson, R. E. Broadie, M. A. Jaso, W. L. Guthrie, D. J. Pearson and M. B. Small, *J. Electrochem. Soc.*, 138, 3460 (1991)

4. D. Edelstein, J. Heidenreich, R. Goldblatt, W. Cote, C. Uzoh, N. Lustig, P. Roper, T. McDevitt, W. Motsiff, A. Simon, J. Dukovic, R. Wachnik, H. Rathore, R. Schulz, L. Su, S. Luce and J. Slattery, in *Tech. Dig. IEEE Int. Electron Devices Conf.*, 773 (1997)

5. 張俊彥主編，「積體電路製程及設備技術手冊」，*中華民國產業科技發展協進會*，399（1998）

6. 王建榮、林必寬、林慶福編譯，「半導體平坦化CMP技術」，全華圖書（1999）

7. 蔡明蒔，「化學機械研磨後清洗技術簡介」，*奈米通訊*，第六卷，第一期，21，（1999）

8. 侯全評，「微細氧化鋁粉體之製備及研磨粉體對高分子介電層之化學機械特性研」，*國立交通大學* 材料科學與工程研究所碩士論文（2000）

9. S. Kondo, N. Sakuma, Y. Homma, Y. Goto, N. Ohashi, H. Yamaguchi and N. Owada, *J. Electrochem. Soc.*, 147, 3907 (2000).

10. Dipto G. Thakurta, Christopher L. Borst, Donald W. Schwendeman, Ronald J. Gutmann, William N. Gill, *Thin Solid Films,* 366, 181 (2000)

11. U. Mahajan, M. Bielmann, R. Singh, *Mat. Res. Soc. Symp. Proc.*, 566, 27 (2000)

12. H. Xiao, "Introduction to Semiconductor Manufacturing Technology", Prentice Hall, New Jersey (2001)

13. C. Zhou, L. Shan, S. H. Ng. R. Hight, A. J. Paszkowski, S. Danyluk, *Mat. Res. Soc. Symp. Proc.*, 671, M1.6.1 (2001)

14. 羅金生、駱尚廉，「半導體廠化學機械研磨廢水回收再利用可行性評估」，*Civil and Hydraulic Engineering,* 28, 4, 64（2002）

15. 方政煜、蔡明蒔、馮明憲、戴寶通，「無磨粒銅製程化學機械研麼平坦化技術」，*奈米通訊*，第九卷，第一期，12（2002）

16. 鄧宗禹、黃志彬、邱顯盛，「化學機械研磨廢議之處理與回收：一、技術簡介」，*奈米通訊*，第九卷，第一期，32（2002）

17. Parshuram B. Zantye, Ashok Kumar and A.K. Sikder, *Materials Science Eng R* 45, 89(2004)

18. 黃哲浩，「化學機械拋光中鑽石修整器修整效能之研究」，*國立清華大學動力機械工程學系碩士論文*（2005）

19. 孫國郎「化學機械研磨應用在不同絕緣層與金屬層終點偵測技術的研究」，*國立成功大學電機工程學系電機工程研究所碩士論文*（2005）.

20. SST精選，「CMP廢水處理之各種選擇」，*半導體科技*，April（2005）

21. Ja-Hyung Han, Sang-Rok Hah, Young-Jae Kang, and Jin-Goo Park, *J. Electrochem Society,* 154, 6, H525(2007)

22. 張峰明、張明欽，「先進化學機械研磨後清洗技術」，*半導體科技*，January 2008

23. W. Sparreboom, A. van den Berg and J. C. T. Eijkel, *Nature Nanotechnology,* 4, 713 (2009)

24. Jae-Gon Choi,a,b Y. Nagendra Prasad,a In-Kwon Kim,a Woo-Jin Kim,b and Jin-Goo Park, *J. Electrochem Society,* 157, 8, H806 (2010)

25. http://www.pcc.vghtpe.gov.tw/old/毒物綜合篇.htm

7.1 互補式金氧半電晶體製造流程（CMOS Process Flow）

7.2 CMOS閘極氧化層陷阱電荷介紹

7.3 鰭式電晶體元件製造流程（FinFET Device Process Flow）

7.4 碳化矽高功率元件（SiC Power Device）——接面位障蕭特基二極體（Junction Barrier Schottky Diode, JBSD）製造流程

7.5 氮化鎵功率元件製造流程（GaN-on-Si HEMT Power device Process Flow）

7.1 互補式金氧半電晶體製造流程（CMOS Process Flow）

隨著產業的升級，半導體科技迅速發展，使得積體電路日益蓬勃和成熟。如同摩爾定律（Moore's Law）所預測的，由於元件的尺寸不斷地微縮（Scaling），導致積體電路的製造技術也變得更為複雜。一般來說，積體電路的製程主要分為：(1)前段製程（Front End of Line, FEOL），主要是指前段的電晶體（Transistor）製程。(2)後段製程（Back End of Line, BEOL），主要是指後段的金屬化（Metallization）製程。本節將針對一個簡單的二層金屬層（Two Metal Layers）之CMOS製造流程作一簡潔介紹。

前段製程（FEOL）

前段製程主要包括淺溝槽隔離、井形成、閘極氧化層、多晶矽閘極、輕摻雜汲極植入、側壁、源／汲極製作、與矽金屬化合物形成。接下來，將針對上述CMOS前段製程的主要步驟並配合剖面示意圖，做有系統之討論：

1. 淺溝槽隔離（Shallow Trench Isolation, STI）

STI是一種在基板上電晶體主動區之間形成隔離的方法，雖然此方法較為複雜，但比起早期採用的矽局部氧化（Local Oxidation of Si, LOCOS）所產生的鳥嘴效應（Bird's Beak）問題，在STI技術中已獲得改善，此方法已為大多數晶圓廠所採用，STI製程有3個主要步驟分別是：

(1)溝槽蝕刻，（如圖7.1所示）：

首先將以P-type為基底的全新晶圓（Wafer）放入高溫氧化爐內，成長一層約150Å的墊氧化層（Pad Oxide），此氧化層（SiO_2）主要是避免之後的氮化矽（Si_3N_4）沉積對矽基板（Si）所產生的應力（Stress）太大和黏著性（Adhesion）不佳之問題。而氮化矽在STI製程中主要是做為一種堅固的罩幕材料保護主動區而且還可防止氧擴散到主動區裡，以及在使用化學機械研磨（Chemical Mechanical Polishing, CMP）時可做為終止研磨之材料（Stop Layer）。在使用低壓化學氣相沉積系統（Low-Pressure Chemical Vapor

Deposition, LPCVD）沉積氮化矽（Si$_3$N$_4$）之後，便可塗佈正光阻（Positive Photoresist）做微影的步驟，光阻（P.R.）被光照到的部分，顯影之後即除去。然後對於未被光阻覆蓋到的氮化矽、氧化層及矽基板進行蝕刻，最後將未被光照到的光阻移除。

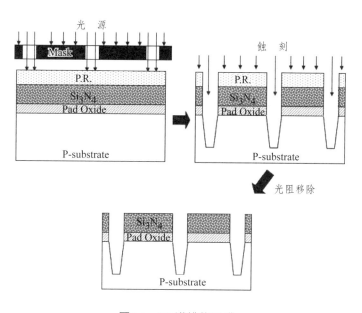

圖7.1　STI溝槽的形成

(2)氧化物充填，（如圖7.2所示）：

先將晶片置於高溫氧化爐中，在STI曝露的地方成長一層非常薄的襯底氧化層（Liner Oxide），此氧化層主要是讓矽和之後溝槽充填的CVD氧化物有良好的介面品質。

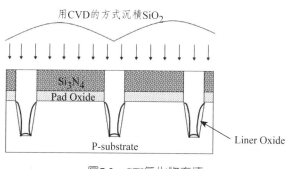

圖7.2　STI氧化物充填

(3)氧化層研磨和氮化矽去除，（如圖7.3所示）：

使用CMP將已充填完成的CVD氧化物和Si_3N_4層磨平及拋光，最後用熱磷酸（H_3PO_4）去除表面所殘留的SiN。

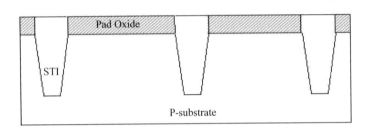

圖7.3　STI氧化層研磨和SiN去除

2. 井（Well）之形成

(1)犧牲氧化層（Sacrificial Oxide, SAC Oxide）之成長，（如圖7.4所示）：

首先，用稀釋的氫氟酸（Dilute HF）把Pad Oxide蝕刻掉，此乃因經過前面的幾個程序後的Pad Oxide已有些許損壞甚至有雜質殘留，所以必須將其移除。然後再將晶圓放入高溫氧化爐內形成一層新的氧化層稱為犧牲氧化層（Sacrificial Oxide, SAC oxide），此氧化層主要是防止Si之表面受到污染以及離子植入時所受到的傷害，而且還可作為遮幕氧化層（Screen Oxide），有助於植入時控制摻質的深度。此技術主要採用高能量植入的方式，定義出N-MOS及P-MOS的主動區域（Active Area）。

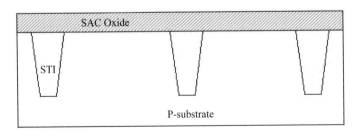

圖7.4　SAC Oxidation之成長

(2)P井（P-Well）之形成：

首先進行P-Well Photo，然後利用離子植入機（Implanter）植入三價的原子，例如：硼（Boron, B），如圖7.5所示。

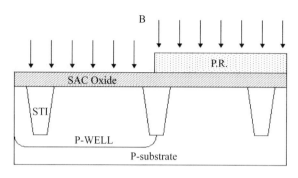

圖7.5　P-Well 之形成

(3)N井（N-Well）之形成：

先進行N-Well Photo，然後利用離子植入機（Implanter）植入五價的原子，例如：磷（Phosphorous, P）或砷（Arsenic, As），如圖7.6所示。最後進行回火（Anneal）的步驟，可修補之前植入所引起的損壞（Damage）以及使雜質活化（Dopant Activation）。

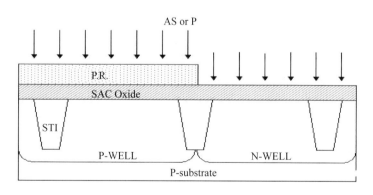

圖7.6　N-Well 之形成

3. 閘極氧化層（Gate Oxide, GOX）之製程

Gate Oxide是整個MOSFET元件中最重要的心臟部分，其品質好壞會直

接影響到IC的運作。其製程步驟，首先進行SAC Oxide之移除，因為之前的植入程序已使其受到損壞，而且此氧化層厚度對目前的技術來說也太厚，所以我們再用熱氧化（Thermal Oxidation）的方式成長一層約15到50Å之薄氧化層，稱之為閘極氧化層，如圖7.7所示。

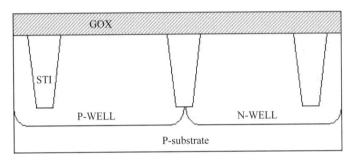

圖7.7　Gate Oxide之成長

4. 多晶矽閘極（Poly-Silicon Gate）之製程

此製程的主要目的就是將電晶體的閘極結構形成，主要步驟分別是：

(1) 沉積一層未摻雜多晶矽（Undoped Poly-Silicon，U-Poly），如圖7.8所示。

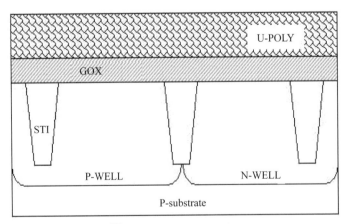

圖7.8　U-Poly Deposition

(2) 高濃度N型多晶矽（N^+ Poly-Si）之微影及五價的原子植入，如圖7.9所示。最後再把光阻移除。

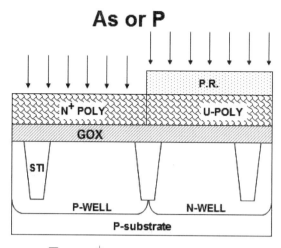

圖7.9　N$^+$ Poly-Si Photo and Implant

(3) 高濃度P型多晶矽（P$^+$ Poly-Si）之微影及三價的原子植入，完成
之後再把光阻移除，如圖7.10所示。最後進行快速熱回火（Rapid
Thermal Anneal, RTA）的步驟，主要是為了防止硼滲透（Boron
Penetration），因為硼（Boron, B）在高溫中是一種很會擴散的原
子，所以採用RTA改善之。

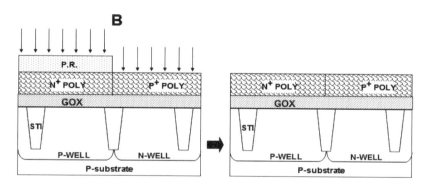

圖7.10　P$^+$ Poly-Si 製作流程

(4) 多晶矽閘極之微影及蝕刻，最後再把光阻移除，即形成Poly-Silicon
Gate，如圖7.11所示。

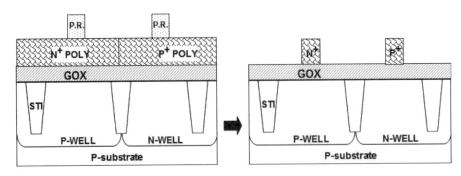

圖7.11　Poly-silicon Gate之製作流程

5. 輕摻雜汲極（Lightly Doped Drain , LDD）之植入製程

LDD是一種目前普遍被採用的方法，這個概念就是要將汲極區域的摻雜產生一個梯度的結構。而此製程主要是為了防止所謂的熱載子效應（Hot-Carrier Effect, HCE），主要製程步驟分別是：

(1) N型輕摻雜汲極（N⁻ LDD）之微影及五價的原子植入，最後再把光阻移除，即形成N⁻ LDD，如圖7.12所示。

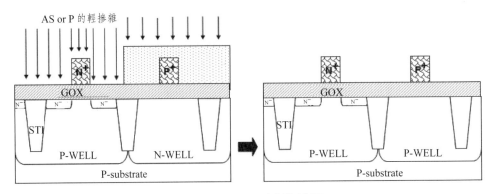

圖7.12　N⁻ LDD之製作流程

(2) P型輕摻雜汲極（P⁻ LDD）之微影及三價的原子植入，最後再把光阻移除，即形成P⁻ LDD，如圖7.13所示。

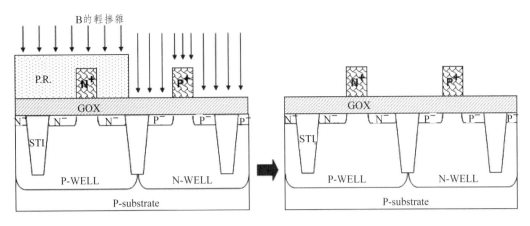

圖7.13　P⁻LDD之製作流程

6. 側壁（Spacer）之形成

Spacer是位於Poly-Silicon Gate的兩側旁邊，主要是為了防止之後的高濃度摻雜源極／汲極（Source／Drain，S／D）離子植入製程在植入後造成S／D碰透發生而影響通道（Channel），主要製程步驟分別是：

(1) 以化學氣相沉積（CVD）的方式沉積一層氧化層，如圖7.14所示。

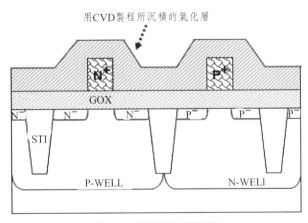

圖7.14　側壁氧化層沉積

(2) 以乾電漿蝕刻的方式採以非等向性（Anisotropic）的垂直蝕刻去除大部分的氧化層，直到蝕刻到Si，此時選擇比（Selectivity）已經很大了，停止蝕刻，側壁（Spacer）即形成如圖7.15所示。

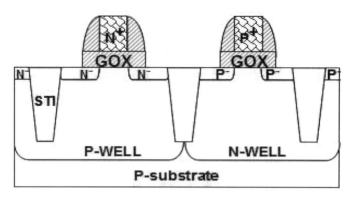

圖7.15　Spacer之形成

7. 源／汲極（Source／Drain , S／D）製程

S／D也屬於高濃度摻雜的一種，其深度較LDD略深，但不比之前Well植入那麼深，主要製程步驟分別是：

(1) N型源／汲極之微影及五價的原子植入，最後再把光阻移除，即形成 N^+ S／D，如圖7.16所示。

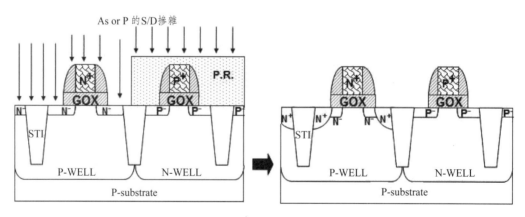

圖7.16　N^+ S／D之製作流程

(2) P型源極／汲極之微影及三價的原子植入，之後再把光阻移除，即形成P^+ S／D，如圖7.17所示。最後再進行一次快速熱回火（Rapid Thermal Anneal, RTA）的步驟，防止硼滲透（Boron Penetration）及雜質向外擴散。

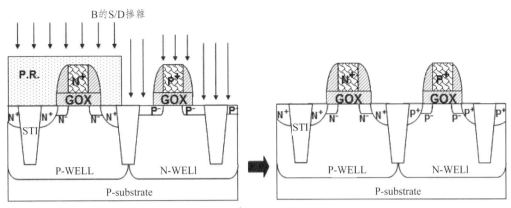

圖7.17　P$^+$ S／D之製作流程

8. 矽金屬化合物（Silicide 或 Salicide）之形成

　　Silicide的主要目的是在主動區上形成接觸，用以提高矽和後續金屬材料沉積之間的附著性（Adhesion）以及降低阻值（Resistivity），其製程步驟有：

(1) 採用物理氣相沉積（Physical Vapor Deposition , PVD），把鈦（Ti）以濺鍍（Sputtering）的方式沉積於晶片上，再將氮化鈦（TiN）沉積於Ti的上方，以防止接下來熱回火的過程中所使用的氮氣（N$_2$）會消耗Ti，如圖7.18所示。

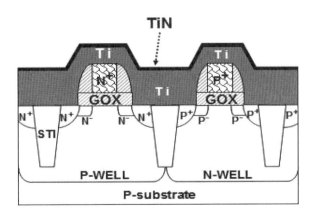

圖7.18　Silicide之鈦與氮化鈦的沉積製程

(2) 進行第一次快速熱處理（1st RTP），在充滿氮氣（Nitrogen, N$_2$）的

高溫下使鈦與矽產生化學反應而形成矽化鈦（TiSi$_2$），如圖7.19所示，在此時阻值已有明顯降低。

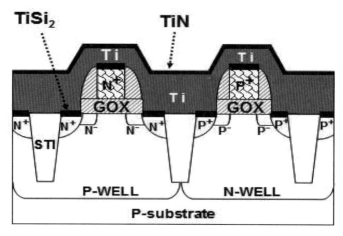

圖7.19　TiSi$_2$之形成

(3) 最後把氮化鈦（TiN）以及未反應的鈦（Ti）移除，再進行第二次快速熱處理（2nd RTP），此時TiSi$_2$的阻值又降的更低了，如圖7.20所示。由於Ti的晶粒尺寸（Grain Size）較大，所以隨著元件尺寸的微縮化（Scaling）之後，通常會改採用鈷（Co）或鎳（Ni）來做為矽金屬化合物（Silicide）的材料。

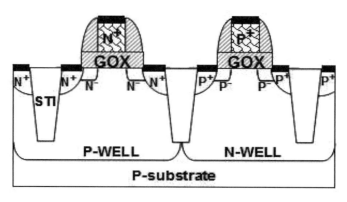

圖7.20　完成Silicide製程

後段製程（BEOL）

後段製程主要指的是金屬連導線製程。一樣地，將針對其主要製程步驟並配合剖面圖，做有系統之介紹：

1. **電晶體與第一層金屬間的介電層（Inter Layer Dielectric, ILD）及通孔接觸（Contact）之製程**

(1) 首先，採用CVD的方式沉積一層磷矽玻璃（Phosphosilcate Glass, PSG），目的是用來捕捉鹼金屬離子（如：鈉、鉀等正離子）。因為鈉、鉀離子會破壞電晶體，而我們人體上最多鈉離子，故要使用PSG防止滲透。之後再使用化學機械研磨將PSG平坦化，即形成ILD介電層，如圖7.21所示。

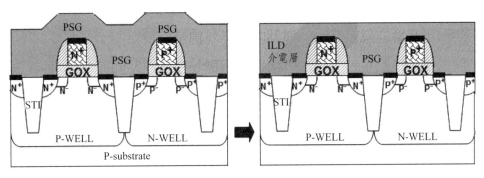

圖7.21　ILD之形成

(2) Contact之微影及蝕刻，最後再把光阻移除，如圖7.22所示。

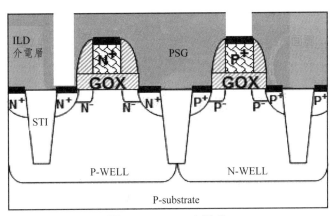

圖7.22　Contact之形成

327

(3) 以濺鍍的方式先沉積一層薄的鈦（Titanium, Ti）作為黏合層
（Adhesion Layer），再將氮化鈦（Titanium Nitrde, TiN）沉積於Ti
之上，作為之後鎢（Tungsten, W）金屬沉積的擴散阻擋層（Barrier
Layer）。最後以CVD的方式將鎢金屬沉積上去，如圖7.23所示。而
Contact採用鎢金屬的原因，是因為此處的截面積很小導致電流密度
很大，雖然鎢的阻值很高，但為了防止電子遷移（Electromigration,
EM），故採用之。

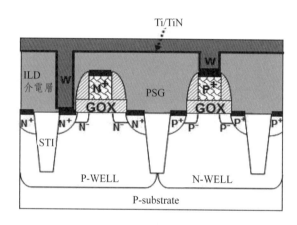

圖7.23　鎢（W）金屬沉積製程

(4) 使用CMP將鎢（W）金屬、氮化鈦（TiN）及鈦（Ti）執行研磨平坦
化製程，如圖7.24所示。

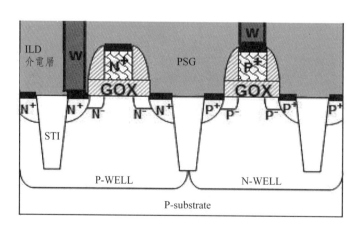

圖7.24　金屬鎢（W）通孔製程

2. 第一層金屬（Metal-1, M1）之形成

首先以CVD的方式沉積一層沒有任何摻雜的氧化層（Undoped Silicate Glass, USG），進行微影及蝕刻，最後把光阻移除。以濺鍍的方式沉積一層薄的鉭（Tantalum, Ta）作為黏合層（Adhesion Layer），再將氮化鉭（TaN）沉積於Ta之上，作為之後銅（Copper, Cu）金屬沉積的擴散阻擋層（Barrier Layer）。然後先沉積一層很薄的銅晶種層（Cu Seed Layer），再以電化學電鍍（Electrochemical Plating）的方式去沉積銅（Cu）金屬，之後進行CMP研磨，即形成M1，如圖7.25所示。從M1開始之後的金屬製程皆採銅金屬製程，使用的原因，是因為銅可降低阻值和時間延遲（Time Delay），以及較不易有電子遷移（EM）效應。而銅金屬有這麼好的優點卻不使用於Contact的原因是因為銅在SiO_2及Si中的擴散速率很快，怕會傷害到底下的電晶體，而且Contact的截面積小故仍易有電子遷移發生，故採用鎢。

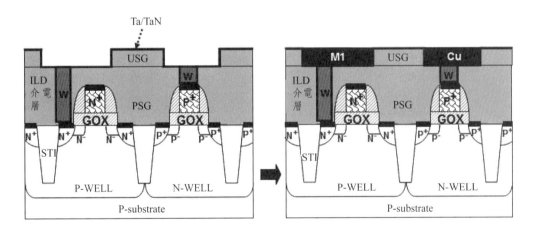

圖7.25　M1之形成

3. 第一層與第二層金屬間的介電層（Inter Metal Dielectric 1, IMD-1）之製程

先以CVD的方式沉積一層沒有任何摻雜的氧化層（USG），再使用CMP將其平坦化，即形成IMD-1介電層，如圖7.26所示。

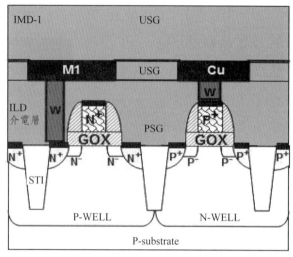

圖7.26　IMD-1之形成

4. 第一層與第二層金屬之間的連線洞孔（Via-1）及第二層金屬
（Metal-2, M2）之製程

在此，因Via-1和M2的金屬材料皆使用銅金屬，所以可一起充填，也就是所謂的雙鑲嵌製程（Dual- Damascene Process）：

(1) 利用PECVD沉積一層氮化矽（Silicon Nitride, SiN_X），之後進行氮化矽的微影及蝕刻，最後再把光阻移除，即形成SiN_X，如圖7.27所示。此處的氮化矽主要作為蝕刻停止層（Etch-Stop Layer）。

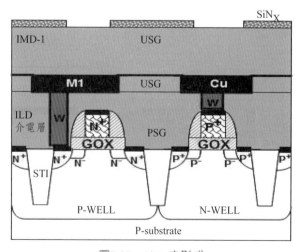

圖7.27　SiN_X之形成

(2) 再沉積一層USG，之後進行Via-1的微影及蝕刻，最後再把光阻移除，即形成Via-1如圖7.28所示。

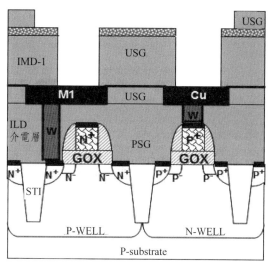

圖7.28　Via-1洞孔之形成

(3) 以濺鍍的方式沉積一層薄的鉭（Tantalum, Ta）作為黏合層（Adhesion Layer），再將氮化鉭（TaN）沉積於Ta之上，作為之後銅（Cu）金屬沉積的擴散阻擋層（Barrier Layer），如圖7.29所示。

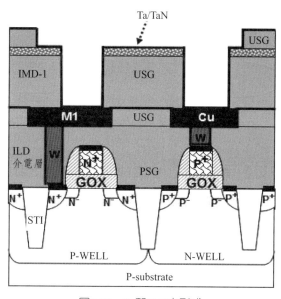

圖7.29　Ta和TaN之形成

(4) 沉積銅（Cu）金屬充填Via-1及M2金屬層，再使用CMP將其平坦化，如圖7.30所示。注意，雖然本文只介紹到第二層金屬之製作；然而後面的Via及Metal層之製作皆重複以上之製程步驟。金屬層愈作愈多，表示可以有更多的組合去連接更多的電晶體，所以IC會有更多的功能。

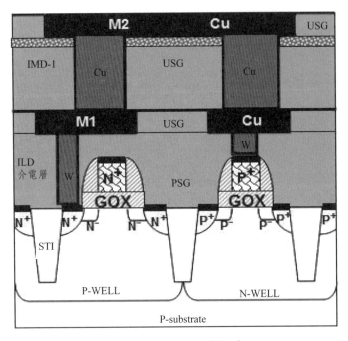

圖7.30　Via-1及M2之形成

5. 保護層（Passivation）

此製程主要是為了保護內部電晶體不被鹼性離子及其他污染所破壞，其製程步驟為：先沉積一層磷矽玻璃（PSG），目的是用來捕捉鈉與鉀等鹼金屬離子。之後，為防止外界之水汽侵入再沉積一層質地較為堅硬的氮化矽（SiN_X）作為最後之保護，如圖7.31所示。

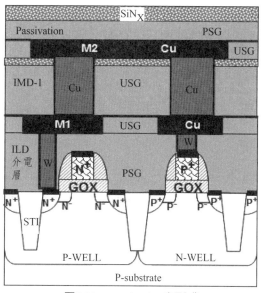

圖7.31　Passivation之形成

7.2　CMOS閘極氧化層陷阱電荷介紹

在CMOS製程中，閘極氧化層（Gate Oxide）是整個MOS中最重要的心臟元件，也是最關鍵的絕緣層（Insulator Layer），其品質好壞會直接影響到IC的運作。而目前最廣泛應用的閘極氧化層材料為二氧化矽（SiO_2）。二氧化矽屬於非結晶（Amorphous）是一種非常穩定的介電質（Dielectric）材料，它的優點在於極容易經由熱氧化成長的方式形成，以及與矽（Si）之間有良好的界面（Interface）特性。而一般在討論半導體（Semiconductor）的特性時，我們常常假設氧化層內以及氧化層與矽（SiO_2-Si）界面是理想化的。但實際上在氧化層內以及SiO_2-Si界面中存在著陷阱和電荷，而這些陷阱和電荷便會嚴重影響元件的特性與穩定性。本節將針對這些陷阱和電荷以及高頻的電容對電壓特性曲線（C-V curve）作一簡潔介紹。

四種基本及重要的電荷

四種電荷的來源可分為：移動離子電荷（Mobile Ionic Charge, Qm）、氧化層陷阱電荷（Oxide Trapped Charge, Qot）、固定氧化層電荷（Fixed

Oxide Charge, Qf）以及界面陷阱電荷（Interface Trapped Charge, Qit），如圖7.32所示。以下來進一步說明這些電荷的特性。

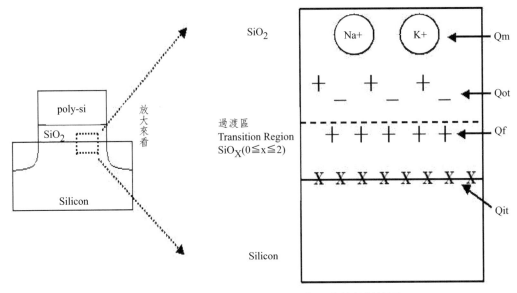

圖7.32　四種主要的電荷以及在氧化層中的相對位置

(1) 移動離子電荷（Qm）：

　　移動離子電荷在氧化層中的任何區域都可能發生。它主要的來源是由於在製程或清潔處理的過程中不慎引入帶正電的鹼金屬離子（Alkali Metal Ions），如鈉離子（Sodium Ion, Na^+）和鉀離子（Kalium Ion, K^+），尤其我們人體上最多鈉離子。而這類的離子在100℃以上以及施加電場的條件之下，在氧化層中會產生高移動性的漂移，便會造成半導體元件穩定度及可靠度的問題。例如，在N-MOS的氧化層中含有移動離子電荷時，便會使臨界電壓（Threshold Voltage, VT）產生下降，如圖7.33所示。所以在半導體元件的製程中必須要消除這些移動離子電荷的污染問題，以下為三種常使用來降低及避免鹼金屬離子污染的方式。

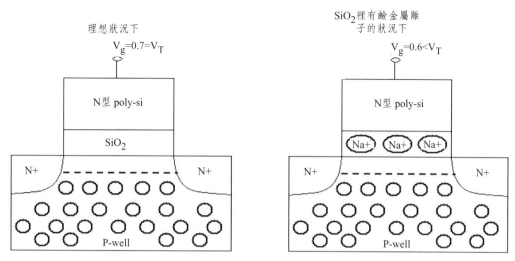

圖7.33　N-MOS的氧化層在理想及含有鹼金屬離子的狀態下，VT的變動狀況

1. 吸附（Gettering）：

在氧化製程時，於反應氣體中加入少量含氯（Chlorine, Cl）的氣態化合物，如三氯乙烯（TCE）、三氯乙烷（TCA）或氯化氫（HCl）等。當氯被引入氧化層後，它便會與鹼金屬離子反應，然後將鹼金屬離子吸附於SiO_2-Si界面，並將鹼金屬離子的電荷中和（Neutralization）掉，之後對半導體元件的特性就沒有影響了，如圖7.34所示。

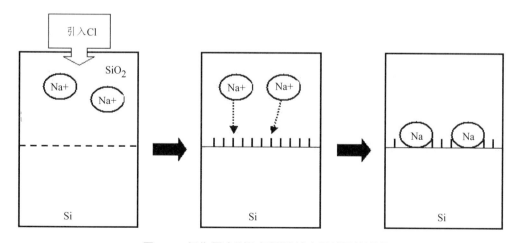

圖7.34　氧化層中引入氯消除鹼金屬離子的過程

2. RCA Clean（或Standard Clean, SC）清洗法：

在成長氧化層的前後，使用RCA（Radio Corporation of America）清洗法清洗晶圓。RCA清洗法主要分為兩個步驟，第一為RCA-1（或SC-1）清洗法，是將晶圓放入$NH_4OH＋H_2O_2＋DIW$（去離子水：Deionized Water, DIW）比例為1：1：5的溶液中，且溫度為70～90℃，此步驟主要是去除晶圓表面的雜質和微粒子（Particle）。第二為RCA-2（或SC-2）清洗法，是將晶圓放入$HCl＋H_2O_2＋DIW$比例為1：1：6的溶液中，且溫度為70～90℃，此步驟主要是去除鹼金屬離子和金屬雜質。

3. 磷矽玻璃（PSG）：

PSG可當作鹼金屬離子的吸取劑（Getter），用來捕捉鹼金屬離子防止滲透。因此，工業界便使用PSG作為電晶體與第一層金屬間的介電層（Inter Layer Dielectric, ILD）材料，防止鹼金屬離子滲透。同理，PSG亦可作為最後護層（Passivation）之用。然而，因PSG會吸收水汽，固其上再利用PECVD沉積一層氮化矽（SiN_X）防止水汽進入，如圖7.35、圖7.36所示。

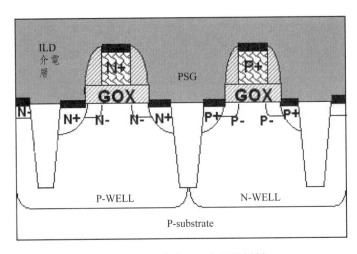

圖7.35　PSG作為ILD介電層材料

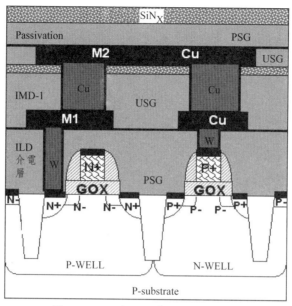

圖7.36　PSG和SiN$_X$作為最後之護層

(2) 氧化層陷阱電荷（Qot）：

氧化層陷阱電荷同樣在氧化層中的任何區域也都可能發生，這些陷阱很有可能來自氧化層中被打斷的Si-O鍵。氧化層陷阱大部分與製程有關，包括：離子佈植（Ion Implantation）、電漿蝕刻（Plasma Etching）及濺鍍（Sputtering）等等製程所引起的。例如在離子佈植時經常穿透整個閘極氧化層造成氧化層陷阱的產生。一般來說，氧化層陷阱是不帶電的，但隨著元件的微縮（Scaling），電場也跟著提高，會導致熱載子注入（Hot Carrier Injection），而氧化層陷阱一旦捕捉到進入氧化層中的電子或電洞便會帶負電或正電荷。氧化層陷阱電荷如同移動離子電荷一樣會造成臨界電壓漂移與可靠度的問題。不過，使用適當的熱回火（Thermal Anneal）來修補損壞（Damage）可降低氧化層陷阱電荷。

(3) 固定氧化層電荷（Qf）：

固定氧化層電荷位於過渡區（Transition Region）SiOx中，主要是在矽氧化的過程中形成的。在形成二氧化矽的過程中，氧氣（O$_2$）或水蒸氣（H$_2$O）必須穿過已成長的氧化層與底下的矽做化學反應，但當氧化停止時，一些未完全氧化的矽形成離子化存在於界面處，即形成帶正電的固定氧

化層電荷，如圖7.37所示。也因此，固定氧化層電荷是固定不動的，而且其量與氧化層的厚度無關。主要會影響固定氧化層電荷的因素有：矽晶體方向、氧化的方式（例如乾氧和溼氧）、氧化的溫度、氧化終止時的降溫速率與之後的熱處理。固定氧化層電荷會隨著矽晶體方向不同而不同，因為在<111>晶體方向的矽晶圓比<100>方向的矽晶圓有更快的氧化速率，所以固定氧化層電荷在<111>方向時的量最多，而在<100>方向的量最少。這也是MOSFET採用<100>晶體方向的矽晶圓來製作的原因。固定氧化層電荷的多寡也與製程條件有關，這裡我們就要來討論相當著名的「笛爾三角形（Deal Triangle）」如圖7.38所示，藉由此圖我們可得到以下幾個重要的觀念。

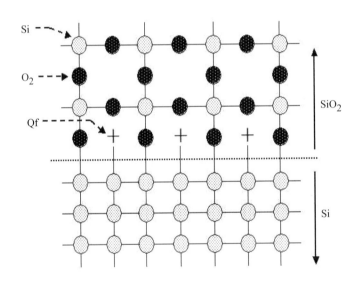

圖7.37　固定氧化層電荷的形成圖

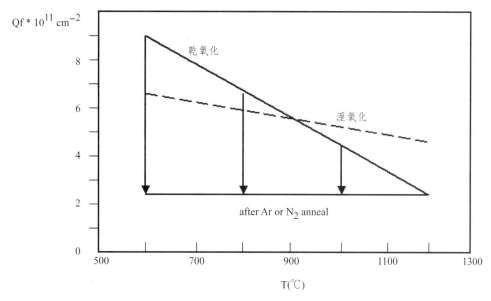

圖7.38 笛爾三角形（Deal Triangle）

第一，固定氧化層電荷的量會隨著氧化溫度的增加而降低，而且在溫度增加的條件下乾氧化降低固定氧化層電荷的速率會比溼氧化來的快。第二，最終的氧化步驟，影響固定氧化層電荷的量最大。因為愈後面形成的氧化層愈靠近SiO_2-Si界面，也就足以支配固定氧化層電荷的量。例如，一個矽晶圓先於900℃下，以溼氧化的方式進行30分鐘，然後接著在1100℃下以乾氧化的方式達到穩態後，則最終固定氧化層電荷的量為在1100℃下乾氧化時所對應的值。第三，氧化終止時的降溫速率會影響固定氧化層電荷的量。因為在較低的氧化溫度會有較高的固定氧化層電荷值，所以快速的降溫速率可避免在低溫下氧化，會有較小的固定氧化層電荷值，如圖7.39所示。第四，在氧化製程之後，經由在氬氣（Ar）或氮氣（N2）的環境中進行高溫回火，可降低固定氧化層電荷的量。

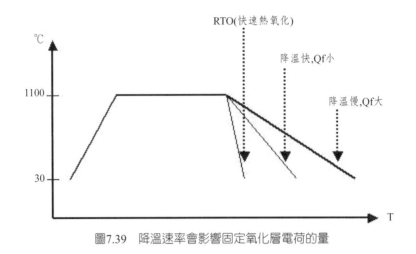

圖7.39　降溫速率會影響固定氧化層電荷的量

(4) 界面陷阱電荷（Qit）：

　　界面陷阱電荷位於SiO_2-Si界面處，來源與Qf很類似，但真正原因未明，界面陷阱電荷極有可能是未完全氧化的懸浮鍵（Dangling Bonds），所帶的電可為正電、負電或中性，而且與Qf為正相關，也就是如果在某個氧化製程上得到一個很高的Qf數量，那Qit數量也會跟著提高。主要會影響界面陷阱電荷多寡的因素大致與Qf相同，採用<100>晶體方向的界面陷阱電荷值一樣會比<111>方向的值來的少。

　　實務上常用來降低界面陷阱電荷的方法就是在整個晶片製程接近終了時，放入於氫氣（H_2）的環境中進行低溫（300～500℃）回火，使氫原子穿過SiO_2-Si界面與懸浮鍵形成Si-H鍵結。如圖7.40所示，形成鍵結後就不再具有活性也就不會捕捉其它載子了。以下為低溫回火須注意的事項：第一，可在後段的金屬製程之後，再一起進行低溫回火。第二，不可在前段製程（FEOL）進行（例如在熱氧化製成之後），因為Si-H鍵結可能會因之後的高溫製程（例如離子植入後的回火或形成矽金屬化合物後的快速熱回火）而斷鍵，會使氫原子擴散導致熱載子效應（HCE）的問題。第三，最好在護層（Passivaion）製程之前，因為氮化矽（Si_3N_4）會阻擋氫原子擴散進入。綜合以上來說，在一個好的製程中，因於氧化製程之後在氬氣（Ar）或氮氣（N_2）的環境中進行高溫回火來降低固定氧化層電荷（Qf）的量；並且在後

段的金屬製程之後於氫氣（H_2）的環境中進行低溫回火來降低界面陷阱電荷（Qit）的量。

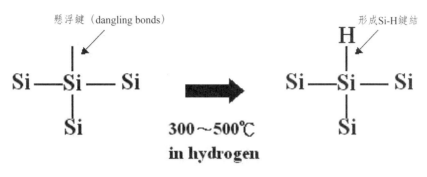

圖7.40　Si-H鍵結之形成

高頻的電容對電壓特性曲線（C-V curve）

　　閘極氧化層（Gate Oxide）的品質好壞會影響臨界電壓之偏移，進而使元件失效。所以若我們懷疑某段製程會使閘極氧化層產生陷阱電荷（Qox），則可藉由比較此製程前後的電容對電壓特性曲線是否發生偏移來判斷。而上述電容對電壓特性曲線發生向左或向右偏移的觀念，在實務上可偵測氧化層內有無陷阱電荷存在。當電容對電壓特性曲線向左平移時，代表閘極氧化層中有帶正電的陷阱電荷而且有一較負的臨界電壓值；反之，向右平移時，代表閘極氧化層中有帶負電的陷阱電荷而且有一較正的臨界電壓值。而上述的結論皆適用於N-MOS和P-MOS，如圖7.41、圖7.42所示。

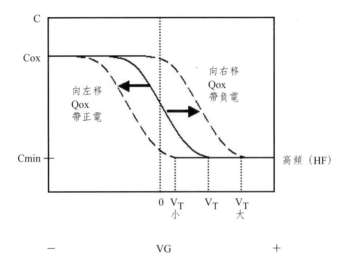

圖7.41　N-MOS電容對電壓特性曲線

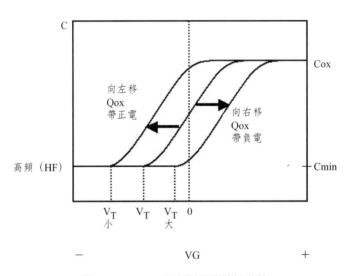

圖7.42　P-MOS電容對電壓特性曲線

7.3　鰭式電晶體元件製造流程（FinFET Device Process Flow）

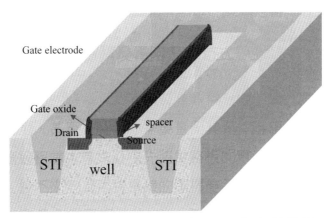

圖7.43　傳統金氧半場效電晶體（MOSFET）立體剖面圖

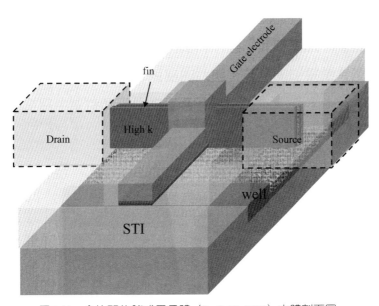

圖7.44　全片矽的鰭式電晶體（Bulk FinFET）立體剖面圖

PMOS鰭式場效應電晶體（PMOS bulk FinFET）製造流程

步驟1：

先將矽基板進行RCA clean的清洗。

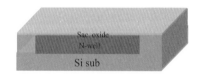

步驟2：

1. 沉積犧牲氧化層（Deposition Sacrificial Oxide）。

2. 進行N-well photo，定義出N型井區域（N-Well）的主動區域後進行高能量五價離子佈值。

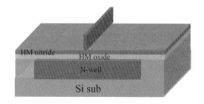

步驟3：

1. 進行RTA用來活化N型井區域（N-Well Activation）。

2. 除去犧牲氧化層（Remove Sacrificial Oxide）。

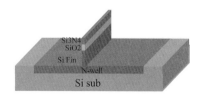

步驟4：

1. 沉積氧化層／氮化層作為硬質罩幕層（Hard Mask）。

2. 進行微影製程定義出矽鰭片（Si Fin）。

步驟5：

1. 蝕刻出矽鰭片（Fin Etching）。

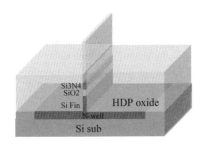

步驟6：

1. 使用高密度電漿（High-density plasma chemical vapor deposition; HDPCVD）方式沈積氧化層作爲淺溝槽隔離（Shallow Trench Isolation; STI）。

步驟7：

1. 採用化學機械研磨進行表面平坦化（Chemical Mechanical Polishing, CMP）。
2. 回蝕刻SiO_2露出矽鰭片結構。

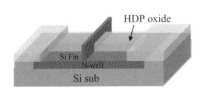

步驟8：

1. 定義出元件主動區域（active region）。

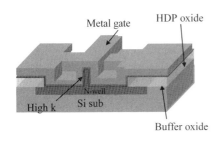

步驟9：

1. 沉積緩衝氧化層（Buffer Oxide）及高介電質（High-k）薄膜材質作爲閘極氧化層。
2. 使用物理氣相沉積（PVD）方式成長多層金屬閘極（Metal Gate）。

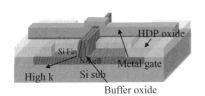

步驟10：

1. 經由定義／蝕刻等步驟製作出金屬閘極結構。

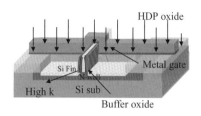

步驟11：

1. 進行離子佈值植入形成汲極／源極。

2. 進行RTA用來活化汲極／源極。

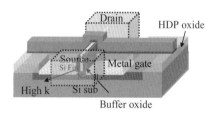

步驟12：

1. 沉積氧化層並先後定義出汲極／源極／閘極區域的接觸窗位置後，於接觸窗處形成矽金屬化合物用來降低矽與後續金屬材料之的接觸阻值。

2. 接觸窗處後續會進行多層金屬連線製程（圖中未示）。

7.4 碳化矽高功率元件（SiC Power Device）──接面位障蕭特基二極體（Junction Barrier Schottky Diode, JBSD）製造流程

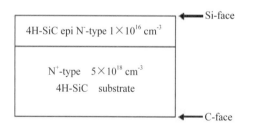

步驟1：先將SiC晶片進行RCA clean的清洗。

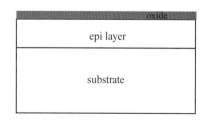

步驟2：沉積一層氧化層（Oxide）當作之後要做離子佈植的硬式罩幕（Hard Mask）。

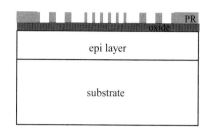

步驟3：定義高濃度P型井的黃光微影製程（P⁺-well Photo Process）。

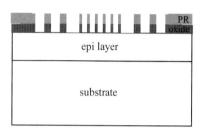

步驟4：氧化層蝕刻。

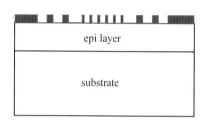

步驟5：光阻（PR）去除。

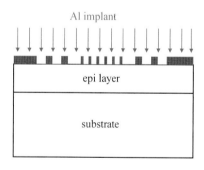

步驟6：在500℃高溫的環境下執行鋁的離子植入（Al implant）去形成高濃度P型井。

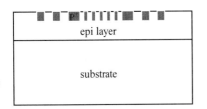

步驟7：硬式罩幕氧化層去除（Oxide Hard Mask removal）。

步驟8：正面覆蓋光阻並利用爐管在800～900℃高溫的N_2環境下，在正面形成碳膜保護（Carbon Cap）。

步驟9：利用熱處理機（Activator）在1700℃高溫的Ar環境下，執行鋁離子的活化（Activation）去形成高濃度P型井（P^+-well）。

步驟10：利用爐管在800～900℃高溫的O_2環境下，將碳膜去除（Carbon Decap）。

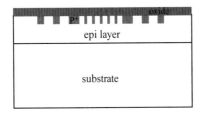

步驟11：沉積一層氧化層（Oxide）。

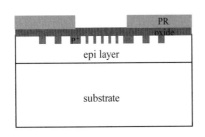

步驟12：定義通孔接觸（Contact-hole）的黃光微影製程。

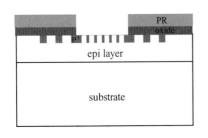

步驟13：Contact-hole的氧化層蝕刻。

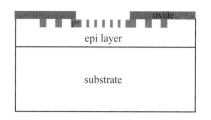

步驟14：光阻（PR）去除。

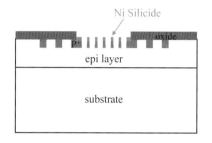

步驟15：利用濺鍍機（Sputter）在正面沉積鎳金屬（Ni）。

步驟16：利用快速熱處理機（RTP）去形成鎳矽金屬化合物（Ni Silicide）以產生歐姆接觸（ohmic contact）。

步驟17：利用硫酸（H_2SO_4）去除殘餘及未反應的Ni金屬。

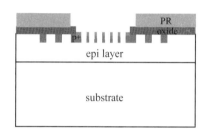

步驟18：定義正面金屬層的黃光微影製程。

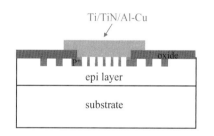

步驟19：在正面金屬層依序沉積：鈦（Ti）／氮化鈦（TiN）／鋁銅（Al-Cu）。

步驟20：利用黃光微影製程及乾蝕刻製程定義出金屬層區域。

步驟21：利用爐管（Furnace）或快速熱處理機（RTP）執行400℃的Alloy合金製程，使正面金屬層形成Ti Schottky contact。

步驟22：利用接合機（Bonding Machine）將正面用藍寶石基板（Sapphire）保護起來。

步驟23：利用研磨機（Grinding Machine）將晶背研磨減薄。

步驟24：利用分離機將正面的藍寶石基板（Sapphire）分離（De-bonding）。

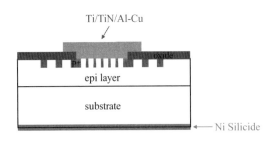

步驟25：利用電子束蒸鍍機（E-gun）在背面沉積鎳金屬（Ni）。

步驟26：利用雷射退火機（Laser Anneal）去形成鎳矽金屬化合物（Ni Silicide），以產生歐姆接觸（ohmic contact）。

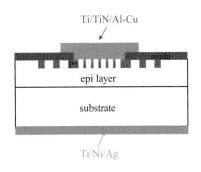

步驟27：在背面金屬層依序沉積：鈦（Ti）／鎳（Ni）／銀（Ag）。

7.5 氮化鎵功率元件製造流程（GaN-on-Si HEMT Power device Process Flow）

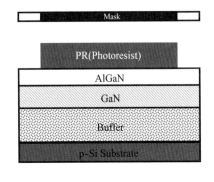

步驟1：

1. 磊晶片清洗。
2. 上光阻（Photoresist; PR），由第一道光罩（Mesa Etch）定義元件區域及隔離區。

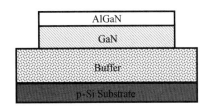

步驟2：

1. 藉由乾式蝕刻製程，挖出元件隔離區。
2. 蝕刻後清潔。

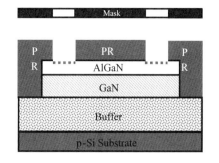

步驟3：

上光阻，由第二道光罩定義出源極／汲極（Source/Drain）接觸窗口。

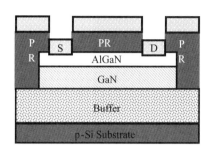

步驟4：

沉積適當的金屬材料，在源極／汲極接觸窗口與AlGaN形成歐姆接觸（Ohmic Contact）。

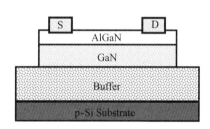

步驟5：

1. 進行光阻掀離（PR Lift-off）製程。
2. 適當的金屬接觸回火製程（Anneal）。

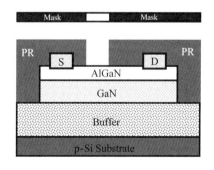

步驟6：

上光阻，由第三道光罩定義閘極區域（Gate Region）。

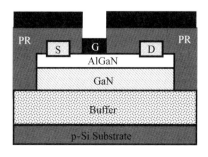

步驟7：

1. 清潔Gate Region接觸窗口表面。
2. 沉積適當的金屬材料，在閘極接觸窗口與AlGaN形成蕭特基接觸（Schottky Contact）。

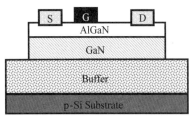

步驟8：

1. 進行光阻掀離（Lift-off）製程。

2. 表面清潔。

3. 進行最適化蕭特基接觸電極的回火（Anneal）處理。

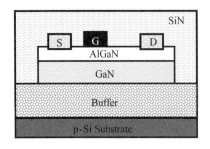

步驟9：

沉積矽氮化物（SiN）保護層。

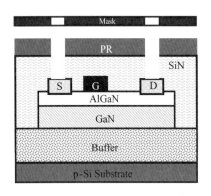

步驟10：

1. 上光阻，由第四道光罩定義源極／汲極／閘極導孔（S/D/G）導孔（Via）區域。

2. 進行矽氮化物乾式蝕刻挖出源極/汲極/閘極導孔。

3. 去除光阻。

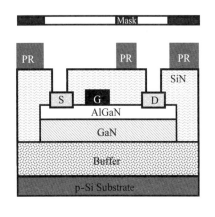

步驟11：

上光阻，由第五道光罩定義（S/D/G）金屬連線相關溝槽（Trench）。

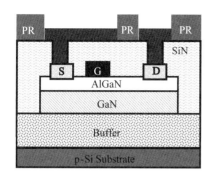

步驟12：

1. 物理氣相沉積將金屬導線鑲嵌到設計好的導孔（Via）和溝槽（Trench）形成電極（Field Plate）。

2. 進行光阻掀離（Lift-off）製程。

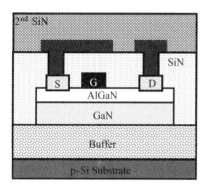

步驟13：

沉積第二層矽氮化物（SiN）保護層。

參考文獻

1. H. Xiao, *Introduction to Semiconductor Manufacturing Technology*, Prentice Hall, New Jersey, 2001.

2. 楊子明、劉傳璽，「CMOS製程介紹」，e科技雜誌，Vol.58，PP. 31-40，October 2005.

3. 「半導體元件物理與製程——理論與實務」，劉傳璽、陳進來，五南圖書出版，2011年。

4. 「VLSI 製造技術」，莊達人，高立圖書出版。

5. J.D. Plummer, M.D. Deal and P.B. Gruffin, *Silicon VLSI Techology-Fundamental, Practice and Modeling,* Prentice Hall, New Jersey, 2000.

6. B.E. Deal, "The Current Understanding of Charges in the Thermally Oxidized Silicon Structure," J. Electrochem. Soc., 121, 198C (1974).

7. B.E. Deal, M. Sklar, A.S. Grove, and E.H. Snow, "Characteristics of the

Surface-State Charge of Thermally Oxidized Silicon," J. Electrochem. Soc., 114, 266 (1967).

8. A.I. Akinwande and J.D. Plummer, "Quantitative Modeling of Si/SiO$_2$ Interface Fixed Charge I-Experimental Results," J. Electrochem. Soc, 134, 2565 (1987).

9. R.R. Razouk and B.E. Deal, "Dependence of Interface State Density on Silicon Thermal Oxidation Process Variables," J. Electrochem. Soc, 126, 1573 (1979).

10. 楊子明、劉傳璽，「CMOS閘極氧化層陷阱電荷介紹」，e科技雜誌，Vol.69, PP. 36-40 , September 2006.

第 8 章

控制元件檢測及維修篇

8.1　簡介

8.2　維修工具的使用

8.3　設備機台常見的控制元件與儀表控制器

8.1 簡介

　　幾乎所有的控制系統都會使用到控制元件以及一些傳統的開關，這些控制的元件或裝置，我們大致上可分成幾個類型：(1)傳統的電子機械方式的裝置，例如開關（Switch）及繼電器（Relay）；(2)感應器（Sensor）及光電開關（Photo Switch）；(3)功率晶體、場效電晶體、閘流半導體裝置如矽控整流器（SCR）和雙向性三極閘流體開關（TRIAC）；(4)可程式邏輯控制積體電路（Integrated Circuits, IC）裝置，例如可程式邏輯控制器（Programmable Logic Controller, PLC）、數位信號處理器（Digital Signal Processer, DSP）、可程式化的閘陣列（Filed Programmable Gate Array, FPGA）、8051單晶片等；(5)甚至有一些已做成專用功能的儀表或控制器，例如針對環境溫度變化而設計的溫度控制器（Temperature Controller）、針對物體重量檢知的磅秤控制器（Load Cell）以及針對氣體或液體流量而設計的質流控制器（Mass Flow Controller, MFC）等等，這些元件及裝置的認識與使用，乃至於維護與保養將是本章所要討論的部分。

8.2 維修工具的使用

8.2.1 一般性維修工具組

　　身為工程師，設備機台的維修千萬不可有一支螺絲起子修遍所有機台的想法。對於工程師而言，使用對的工具與對的方法在設備機台的維修上是我們最基本的要求，你的工具箱內至少要有如圖8.1的維修工具組。

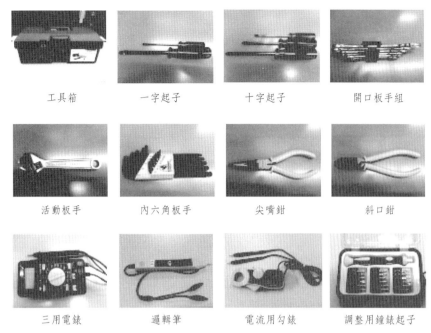

工具箱	一字起子	十字起子	開口板手組
活動板手	內六角板手	尖嘴鉗	斜口鉗
三用電錶	邏輯筆	電流用勾錶	調整用鐘錶起子

圖8.1　維修工具組

8.2.2 三用電表的使用

　　設備維修及保養的時候，最常使用的儀表就是三用電錶。三用電錶就原理功能及用途，主要是要測量元件的電阻、交直流電壓、交直流電流與元件的極性等。一般來說可以分成機械指針式電錶及數位式電錶兩種，以下就以最普遍最方便也最便宜的數位式電錶來介紹。

　　如圖8.2電錶圖示說明，電錶可依實際現場的需求狀況可以在選擇旋鈕上選擇我們所要的量測的檔位，例如電壓檔位、電阻檔位、電流檔位及其他功能檔位等。在依所要量測的需求再選擇將探棒插入適當的孔位，且亦要注意探棒的顏色，在量測後其量測的結果會於電錶的顯示幕上顯示其量測結果。

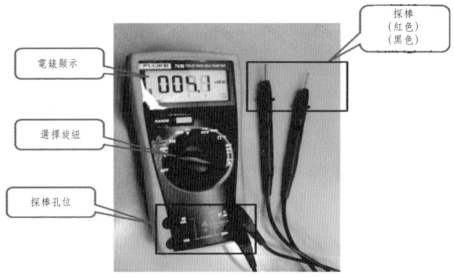

圖8.2　電錶圖示說明

使用數位電錶時須注意幾個事項：

1. 電錶裝置內部通常含有一個9V電池，使用前一定要先確認電池的
   電力是否足夠。確認的最直接方式就是目測電錶的顯示螢幕是否正
   常，以及找一已知阻值的電阻量測該電阻值，並觀察電錶顯示是否
   正常。若異常即可考慮電錶的電池可能已經殆盡。

2. 電錶不使用的時候，應將電錶電源關閉（OFF）或將選擇旋鈕切換在
   交流（V～或ACV）高電壓檔位置。

3. 電錶使用時，先設定切換好選擇旋鈕之後再用探棒量測，千萬不要
   在量測時切換選擇旋鈕。

4. 量測時手應避免接觸探棒尖端或量測點等導電部分，以免觸電或造
   成量測時的誤差。

5. 量測電阻阻值時，將選擇旋鈕切換到適當的電阻檔（Ω）位置。若不
   知阻值大小則由最高檔開始測量，之後依序往下逐次切換測量至電
   錶顯示電阻值為止。

6. 測量電阻時，一定要將待測零件電源關閉。最好的方式是取下待測
   零件，不在電路板上測量，也避免並聯效應，或因電路板有電未關

閉切斷而造成電錶損毀。

7. 將探棒置於電阻兩端量測，之後等顯示數值穩定後，讀取該顯示的數值，並重複再量測一次，看看顯示的數值是否相近或一致。

8.2.2.1 電路短路、斷路及電阻量測方式

在檢修設備機台的時候，常常需要量測機台控制用的電路板是否有短路或斷路的情況發生，甚至有時候亦需要量測其元件阻值，以確認是否損壞需要更新。在量測過程當中首先必須先將電路板的電源關閉，保持在無輸入電源的狀態之下。接下來我們再將電錶的選擇旋鈕切換至最低電阻檔的檔位或是直接切換至短路量測的選擇檔位●))）。量測時要注意不可有電路並聯的情況發生，同時將探棒置於待測電路的兩端，如圖8.3所示。若量測時電錶顯示為1，表示該元件或電路是處於斷路的狀態。若量測時電錶顯示為0或電阻值非常小，表示該元件或電路是處於短路的狀態，此時電錶亦會發出蜂鳴器的叫聲，以提醒目前的狀態是處於短路的狀態。若量測時電錶有讀出數值，該數值即表示為電路中或待測元件的實際阻值。

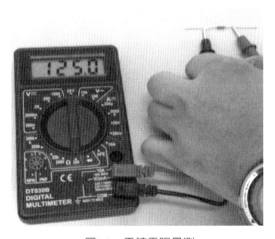

圖8.3　電錶電阻量測

8.2.2.2 電壓量測方式

在檢修設備機台的時候，常常需要量測機台的馬達或其他控制器電源

供應是否正常，我們最常也最直接的方式就是利用三用電錶量測其輸入端的電源。首先將電錶的選擇旋鈕切換至交流電壓（V～或ACV）量測的最高檔位，這樣做的目的是在不知道輸入電壓源大小的狀況之下，逐一遞減電壓源大小的檔位，以避免燒毀電錶的作法。假設我們清楚待測電壓的大小時，這時我們就可以選擇最正確的檔位，進行量測。如圖8.4交流電壓量測所示，在量測交流電壓110V時，我們將選擇旋鈕切換至交流電壓量測的AC200V的檔位，同時注意手不要接觸探棒導電的部位，以及注意兩個探棒之間不要接觸以發生短路的情形。在電錶顯示穩定之後，所讀出的值即是我們量測的結果，一般來說我們會重複量測一到兩次，並比較其結果是否一致。

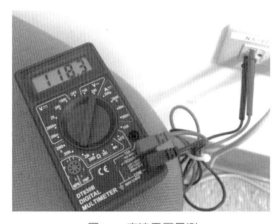

圖8.4　交流電壓量測

在檢修設備機台的時候，常常需要量測機台的其他直流電壓的控制元件，例如電磁閥、指示燈、繼電器、感測器及極限開關等以了解作動是否正常，甚至控制器的輸入模組與輸出模組的作動是否異常等。同樣的我們也直接利用三用電錶量測其直流電壓，以了解該元件是否作動正常。首先將電錶的選擇旋鈕切換至直流電壓V－－或DCV量測的最高檔位，這樣做的目的是在不知道輸入直流電壓源大小的狀況之下，逐一遞減直流電壓源大小的檔位，以避免燒毀電錶的作法。假設我們清楚待測直流電壓的大小，這時我們就可以選擇最正確的檔位，進行量測。如圖8.5直流電壓量測所示，在量測直流電壓時，我們將選擇旋鈕切換至直流電壓量測的DC20V的檔位，注意手不要接

觸探棒導電的部位,以及注意兩個探棒之間不要接觸以免發生短路的情形。同時以紅色探棒接觸待測元件電路正極的地方,黑色探棒接觸待測元件電路負極的地方,此時電錶和待測電路為並聯,測量時在電錶顯示穩定之後,所讀出的值即是我們量測的結果。一般來說我們會重複量測一到兩次,並比較其結果是否一致。

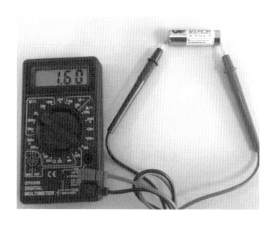

圖8.5 直流電壓量測

8.2.2.3 電流量測方式

1. 直流電電流量測方式

直流電電流量測是我們在機台維護保養甚至是校正的時候經常使用到的方式,非常多的感測元件或訊號傳送器是以類比的方式輸出。類比訊號一般工業上最常使用的有電壓0V至10V、0V至5V及電流4至20mA、−20mA至+20mA等。例如設備機台的質量流量控制器(MFC)以電流4至20mA方式輸出,為使類比訊號的回授與實際的流量控制能夠達到一致,通常會作線性的校正,這時我們就以三用電錶量測直流電電流的方式作校正,如圖8.6所示。首先將電錶的切換旋鈕切換至直流電流(A⎓或DCA)20mA的檔位位置,將探棒插入接觸待測物的類比輸出的端子,注意手及探棒間不可短路,這樣三用電錶與待測物類比輸出形成一個串聯式的迴路。測量時在電錶顯示穩定之後,所讀出的值即是我們量測的結果,一般來說我們會重複量測一到兩次,並比較其結果是否一致。

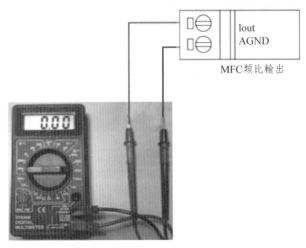

圖8.6　直流電電流量測

2. 交流電電流量測方式

交流電電流（ACA）的量測方式操作上比較簡單，只要手上有如圖8.7所示的勾錶電流量測操作。例如我們想要知道AC220V三相（U/V/W）馬達的每一相的交流電電流時，只需個別針對每一相的電力線，首先先將電錶的選擇旋鈕切換至適當的交流電電流量測的檔位，再將勾錶勾住電力線即可讀出目前該相的交流電電流是多少。

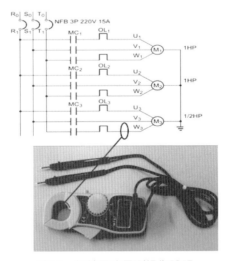

圖8.7　勾錶電流量測操作說明

8.2.2.4 電晶體量測方式

在設備機台的電路控制板維修的時候，經常會檢查電晶體的好壞，尤其是一些功率用電晶體，常常因過電流或散熱不良而燒毀。如何量測及判定電晶體的好壞進而維修更換是我們所要知道的。

三用電錶在電晶體量測上就電錶的功能大致可以分成兩種方式來量測。方式一中，假如各位手上的三用電錶，如圖8.8所示，有電晶體量測的功能及量測插孔。此方法較簡單，操作時只要將選擇旋鈕切換至hFE的檔位，依照PNP或NPN將電晶體的腳位依照EBC或BCE的順序插入電錶相對應的測試孔找尋。若電晶體腳位與電錶插孔與電錶正確，電錶會顯示電晶體的hFE的參數放大因子數值。

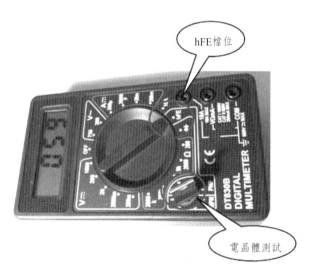

圖8.8　電晶體量測示意

另一種方式操作上雖然有點複雜，但是如果手邊沒有上述電晶體的量測功能，可以量測電晶體的三用電錶之外，這個時候這種方法就顯得非常有用。只要依照下列的幾個步驟操作，即可測得我們所要的電晶體。

第一步驟：找出電晶體B、E、C腳位的B腳位

首先將電錶的選擇旋鈕切換至量測二極體 ➤⊢ 及LED的檔位或切換至電阻檔最低的檔位，利用三用電錶的紅色及黑色的探棒在電晶體B、E、C腳位來回交替找尋，只要找出電晶體B、E、C腳位之間其中兩隻腳都不互相導通，那就是E腳及C腳，那第三支腳就是我們要找的B腳，如圖8.9所示。

第二步驟：找出電晶體的PNP或NPN的極性

利用步驟一找出的B腳位，將電錶的黑色探棒接觸至B腳位，紅色探棒則接觸E、C腳位，如果會導通就是NPN。將探棒顏色對調重測應是不導通，若會導通電晶體可能損壞的。另PNP的找尋方式與NPN一樣，但探棒的操作則需要紅色與黑色探棒互換操作即可。

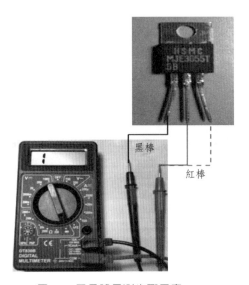

黑棒

紅棒

圖8.9　電晶體量測步驟示意(一)

第三步驟：找出電晶體的E、C腳位

假設第二步驟我們找出的是NPN，這時先在E、C腳位各接上紅色與黑色的探棒，B腳位則不接任何探棒，再利用手指在B腳位與其他有接黑棒的腳位接觸，如果電錶有顯示則該腳位就是C，若電錶不顯示或作動則更換紅色與黑色的探棒，再操作一次如果電錶有顯示則該腳位就是C，即可找出C

腳，當然另外一腳就是E腳位了，如圖8.10所示。

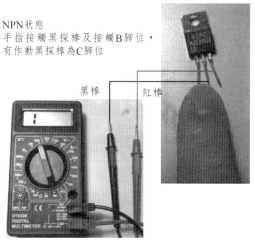

NPN狀態
手指接觸黑探棒及接觸B腳位，
有作動黑探棒為C腳位

黑棒　　　　紅棒

圖8.10　電晶體量測步驟示意(二)

其他功能量測方式

有些較高級電錶還有下列測試功能例如電容值量測、電感質量測、溫度量測、頻率量測等，其實方式都非常簡單只要依照電錶的測試孔位及操作方式即可量測所要的數值。

8.2.3 示波器（Oscilloscope）的使用

示波器（Oscilloscope）是電路板在維修及檢查時不可或缺的重要儀器，在維修電路板的時候觀測出電路的波形等重要訊息，方便計算波形的週期、振幅、相位等，以瞭解電路的動作情形與特性的好壞，是電路板維修重要的工具之一。

在電路板的電路中，必須瞭解其動作情形及反應的波形，才能正確判斷電路是否良好及判斷故障的地方在哪裡。但這些動作情況及訊號波形的顯示，是使用一般電錶無法正確判斷的，尤其在訊號動作及頻率高的電路中根本無法測試，必須借助於示波器，示波器有許多種廠牌，但是操作方式及原理運作都是相同的。

　　我們就以功能較爲強大以及操作便利的數位式示波器來作介紹，如圖8.11所示示波器操作部位的說明。一般的示波器在面板上大致上分成量測結果的顯示區域及控制操作區域，其中控制操作區域又可以分成垂直控制的操作區域、水平控制的操作區域、訊號觸發區域、公用選單及控制鈕的操作區域及探棒接頭連接的區域，說明如下。

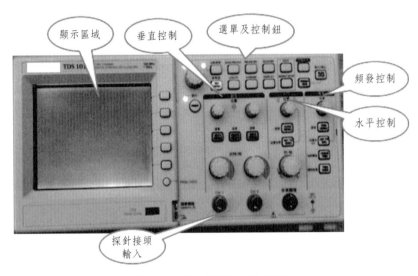

圖8.11　示波器操作部位說明

顯示區域

　　顯示區域除了顯示波形外，還會顯示許多有關波形以及示波器控制設定的有關訊息，例如圖示顯示、擷取模式、觸發狀態、標記及顯示水平觸發位置、標記及顯示邊緣或脈衝寬度觸發準位及讀數顯示觸發頻率等等訊息。如圖8.12示波器螢幕顯示說明所示，示波器在螢幕右邊有顯示相對應的功能表，我們可以直接按螢幕右邊未標記的選項按鈕，螢幕右邊顯示的選單會顯示可用的選項。我們可以依照選定的功能來操作。例如按<TRIG MENU>選單上方按鈕時，示波器會循環顯示<類型>選項，以選擇邊緣、視頻及脈波三種觸發功能。又例如按<CH 1 MENU>按鈕並按選項按鈕，以循環顯示<耦合>選項，以選擇交流、直流及接地功能。又例如，當您按<ACQUIRE>按鈕時，示波器會顯示各種的擷取模式選項，若要選取選項，請按下對應的按

鈕。

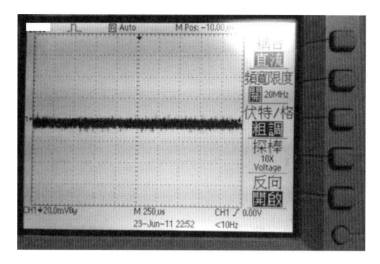

圖8.12　示波器螢幕顯示

垂直控制操作區域

如圖8.13垂直操作區域所示，垂直控制操作區域主要為波形垂直位置的調整功能，其功能如下：

1. CH 1、CH 2旋鈕：轉動時可調整波形的垂直位置（POSITION）。

2. CH 1、CH 2選單（CH 1/2 MENU）：壓下按鈕，顯示垂直選單選項，並切換開啟或關閉波道波形的顯示。

3. CH 1、CH 2伏特／格（VOLTS/DIV）：轉動可選取垂直比例係數。

4. 算術選單（MATH MENU）：顯示波形的算術運算選單，也可切換開啟或關閉算術值波形顯示。

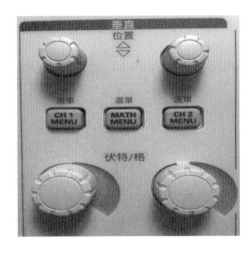

圖8.13　垂直操作區域

水平控制的操作區域

如圖8.14水平操作區域所示，水平控制的操作區域主要為波形水平位置的調整功能，其功能如下：

1. 位置（POSITION）：旋鈕轉動時可以調整所有波道和算術值波形的水平位置同時控制的解析度會隨時基設定而改變。

2. 水平選單（HORIZ MENU）：顯示時基、視窗設定、觸發器設定等選單功能。

3. 設置為零（SET TO ZERO）：將螢幕顯示的水平刻度歸零。

4. 秒／格（SEC/DIV）：旋鈕轉動時可以調整及選取主要時基或視窗時基的水平時間／分格也就是比例係數。

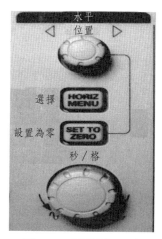

圖8.14　水平操作區域

訊號觸發區域

如圖8.15觸發控制操作區域所示，觸發控制操作區域主要為訊號觸發、訊號擷取及觸發監看等功能，其功能如下：

1. 位準（LEVEL）：若使用<邊緣>或<脈波>觸發時，位準（LEVEL）旋鈕設定的訊號必須跨越才能擷取波形振幅位準（LEVEL）。

2. 觸發選單（TRIG MENU）：按鈕壓下在螢幕上顯示有類型、信號源、斜率、模式及耦合等幾項功能選單。

3. 設置為50%（SET TO 50%）：壓下該鈕可以將觸發準位的設定改變成為觸發訊號峰值間的垂直中間點。

4. 強制觸發（FORCE TRIG）：壓下該鈕可以強制完成擷取，如果擷取已經停止這個按鈕便無法作用。

5. 觸發監看（TRIG VIEW）：當按下觸發監看（TRIG VIEW）按鈕時，可以取代波道波形的觸發波形，也可以用這個來查看觸發設定同時觀察觸發訊號如何被影響，例如觸發耦合時，此功能經常被使用。

圖8.15　觸發控制操作區域

公用選單及控制鈕的操作區域

如圖8.16公用選單及控制鈕操作區域所示，公用選單及控制鈕操作區域主要為選單的選取、自動調整、波形的儲存、自動測量及公用程式等功能，其功能如下：

1. 多用途旋鈕：此功能是由顯示的選單或選取的選單選項所決定的，若要使用時，多用途旋鈕相鄰的LED會亮起，螢幕上的下一個表格中會列出各種功能。

2. 自動調整（AUTORANGE）：顯示「自動調整」選單，並啟動或停用自動設定範圍功能，若自動調整功能可用時，相鄰的LED會亮起。

3. 儲存／調回（SAVE/RECALL）：顯示設定和波形的儲存或叫回選單的功能。

4. 測量（MEASURE）：顯示自動測量選單功能。

5. 擷取（ACQUIRE）：壓下可以顯示取樣、峰值檢測、平均及平均次數的擷取選單功能。

6. 參考值選單（REF MENU）：壓下螢幕上顯示參考值選單，以快速顯示和隱藏儲存在示波器非揮發性記憶體中的參考波形。

7. 公用程式（UTILITY）：壓下可以顯示系統狀態、選項、自我校正、檔案程式及語言選擇等公用程式選單功能。

8. 游標（CURSOR）：壓下可以顯示類型及信號源等游標選單功能。在結束游標選單後仍會顯示游標，除非將類型選項設定為關閉，但此時無法調整游標位置。

9. 顯示（DISPLAY）：壓下可以顯示型式、持續、格式及對比等顯示選單功能。

10.說明（HELP）：壓下可以顯示說明選單的各項功能。

11.預設設定（DEFAULT SETUP）：調出原廠的初始設定。

12.自動設定（AUTOSET）：壓下按鈕可自動設定示波器的控制，以產生可以使用的輸入訊號顯示。

13.單次程序（SINGLE SEQ）：擷取一個訊號波形後停止。

14.執行／停止（RUN/STOP）：當壓下時則開始連續擷取波形或再次壓下時停止擷取。

15.儲存（SAVE/PRINT）：壓下可以以PictBridge 相容的印表機來操作列印的功能，或當鄰近的LED亮時，表示可以執行儲存（SAVE）到USB隨身碟的功能。

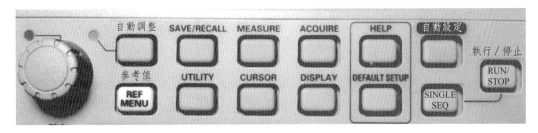

圖8.16　公用選單及控制鈕操作區域

探棒接頭連接的區域

如圖8.17探棒接頭連接區域所示，探棒接頭連接區域主要為輸入接頭及外來觸發等探棒連接，其功能如下：

1. CH 1、CH 2：輸入顯示波形的輸入接頭連接位置。

2. 外來觸發（EXT TRIG）：外在觸發源所用的輸入接頭。使用<觸發選單>選取Ext或Ext/5為觸發源，再按住觸發檢視（TRIG VIEW）按

鈕來觀察觸發設定如何影響觸發訊號，例如觸發耦合的觀察。

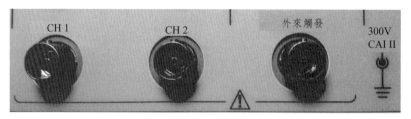

圖8.17　探棒接頭連接區域

示波器探棒

　　示波器所使用的探棒，其主要用途為便於使用時手持量測與連接待測元件的測試點，也要避免雜訊干擾以及提升示波器的輸入阻抗。如圖8.18示波器探棒所示，一般來說連接示波器探棒的方法是將探棒的BNC接頭接於示波器CH1或CH2的訊號輸入端，然後再將探棒的測試勾夾住待測元件所要測試的測試點，至於鱷魚夾則夾住待測物的接地端點。另外，在測試勾桿上有衰減切換開關，分別標示x1及x10，有些探棒甚至會有REF的衰減切換開關，若將衰減切換開關位置切換至x1的位置，則表示示波器上顯示的波形電壓值為實際的測量值。若將衰減切換開關位置切換至x10的位置，則表示示波器上的波形電壓值必須乘以10倍，才是正確的測量值。若將衰減切換開關位置切換至REF的位置，則會將示波器的輸入端接地。

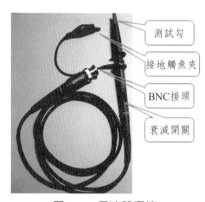

圖8.18　示波器探棒

8.2.4 數位邏輯筆的使用

邏輯筆是用來量測電路板電路上的高電位（High），低電位（Low）或是脈衝（Pulse）信號，是電路板維修及檢測時非常好用的工具。一般來說，邏輯筆可以量測電錶無法量測的單一脈衝（Pulse）或連續脈衝信號，也就是我們所謂的數位訊號。因此邏輯筆無法讀出並顯示類比的訊號，例如無法顯示電壓值等。它只能顯示高低訊號（Hi-Lo）或脈衝信號（Pulse），量測時如果有比較高階好一點的邏輯筆也有自我產生方波信號源的裝置，量測時會將訊號源注入待測電路，以方便觀察電路動作的功能等。

邏輯筆在使用的時候，首先將邏輯筆紅色鱷魚夾接到電路+5V，黑色鱷魚夾接到電路接地信號（GND）。接下來將邏輯筆的滑動選擇開關選擇設定是TTL準位或CMOS準位，一般我們都是先設定在TTL準位。再來將邏輯筆的尖端探針接觸電路上的待測點的位置上，如圖8.19所示。LED顯示紅色LED表示該測試點為高電位（High）；綠色LED表示該測試點為低電位（Low）；紅綠LED同亮或黃色LED亮表示有脈衝（Pulse），如果持續亮著表示該測試點一直有脈衝Pulse訊號，否則即會回到高電位（High）或低電位（Low）狀態之下。

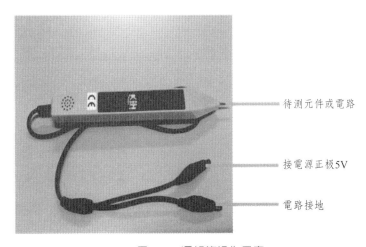

待測元件或電路

接電源正极5V

電路接地

圖8.19　邏輯筆操作示意

8.3　設備機台常見的控制元件與儀表控制器

8.3.1　電源供應器（Power Supply）

　　一般半導體廠的機台設備常用的電源供應器（Power Supply）有
DC24V、DC12V以及DC5V等等，如圖8.20所示爲常見的DC24V電源供應器
（Power Supply）。主要的目的是將一般電力公司所提供的交流電的電力轉
換成直流電的電力，因爲大部分的電子電路元件都是使用直流電所提供的電
力在運作。

圖8.20　DC24V電源供應器

　　如圖8.21所示，電源供應器的電路組成，是由變壓器、整流器電路、電
容濾波電路以及電壓調整電路所構成。電源供應器內的變壓器是一種常見的
電感器，主要將一般交流市電由一次側輸入端L相及N相，經由變壓器作爲
電壓調變成升壓或降壓，已便取得適當的交流電壓；而電源供應器內的整流
器電路主要則是將正弦波交流電壓整流或截流成脈衝直流電壓；電源供應器
內的電容濾波電路主要的目的是將整流器電路所獲得的脈衝直流電壓濾除峰
值脈動成分，已獲得穩定的直流電壓，常見的有線性直流電源供應器與切換
式直流電源供應器。

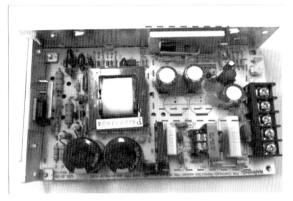

圖8.21　電源供應器的電路組成

因此在更換或使用電源供應器的時候，一定要注意到電源供應器的規格，例如電源供應器的最大提供的功率大小，輸入電源的電流及電源供應器輸出的電流大小等。若使用上或在更換時沒有注意到這些相關規格有可能影響電源供應器的使用壽命甚至導致其毀損，不可不注意，在檢修電源供應器的時候，若電源端有輸入電源而無直流電源輸出時，就維修經驗來說非常有可能是電源供應器內部的保險絲已經燒毀，這時就應找出電路上短路的原因，並更換新的保險絲。

8.3.2 溫度控制器（Temperature Controller）

如圖8.22所示，溫度控制器（Temperature Controller）是對溫度進行控制的感測與計量的單元（Unit），其中以電子電路方式進行測量，並將所量測的溫度做功能化輸出的溫度控制器爲工業控制所佔大宗。溫度感測元件提供與溫度成正比的輸出，主要可分爲熱電偶式溫度感測器和電阻式溫度感測器，透過感測器得到溫度變化的信號，將量測資料傳送至電子運算器處理，再藉由輸出裝置，將其溫度的變化量控制在特定範圍之內。茲就熱電偶式溫度感測器、電阻式溫度感測器及溫度控制器的功能如下作一說明。

圖8.22　溫度控制器

熱電偶式溫度感測器（Thermocouple Temperature Sensor）

熱電偶是利用席別克（Seebeck）效應，是熱能與電能之間的一種能量轉換方式，利用金屬的自由電子和金屬的種類及金屬的溫度有關的特性，由兩種不同的金屬線在兩端點處焊接而成。當兩種不同的金屬線在兩端點處緊密焊接形成一迴路時，造成迴路內的電壓差，此電壓與溫度差有成正比的現象。不同金屬組成的成分對溫度的反應有不同結果，目前工業上最常使用的有所謂的B type、E type、J type、K type、L type、N type、R type、S type、U type及TXK type等多種熱電偶可供選擇，唯選擇時必須要搭配溫度控制器、溫度使用範圍及所要控制的環境場合。

電阻式溫度感測器（Resistance Temperature Detector, RTD）

電阻式溫度感測器的原理是感測溫度的金屬，它的電阻會隨溫度變化而變化。例如工業最常應用的白金（Pt）電阻感測器Pt100Ω，其實就是表示它在0℃時電阻值爲100歐姆（Ω），當溫度在100℃的時候，電阻值改變爲約138.5歐姆（Ω），也就是說當PT100在0℃的時候電阻值爲100歐姆（Ω），電阻值會隨著溫度上升而成正比的增加其電阻值。

溫度控制器（Temperature Controller）

現今的溫度控制器的功能完整及強大，種類繁多，我們就以最常見的數位式溫度控制器說明如下。

1. 溫度控制器輸入方面：可依需求選擇熱電偶式溫度感測器（可接多種熱電偶B、E、J、K、L、N、R、S、T、U、TXK）、電阻式溫度感測器（可接白金PT100、JPT100）以及線性電壓電流方式輸入，其接線如圖8.23所示。

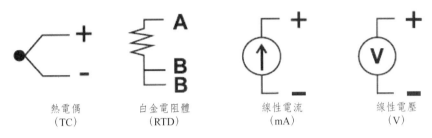

圖8.23　溫度控制器輸入接線示意圖

2. 溫度控制器輸出方面：支援各種訊號輸出的方式，例如繼電器輸出（Relay）、電壓脈衝（Pulse）輸出（SSR）及類比電壓或電流的輸出，其接線如圖8.24所示。

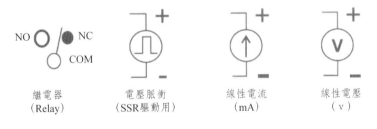

圖8.24　溫度控制器輸出示意圖

3. 溫度控制器控制方面：提供PID、On-Off、手動輸入三種控制方式以及自動調諧PID參數即自我調校功能（Auto Turning），可自動算出適合系統的PID參數，提高系統的穩定度及控制精度。所謂的PID控制包含比例增益、積分增益、微分增益三個部分，實際應用中，PID控制器是根據於系統的誤差，利用比例增益、積分增益與微分增益計算出控制量，其控制器輸出量和控制器輸入量之間差值（誤差）。如圖8.25所示是PID自動演算前後的控制曲線比較。

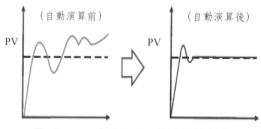

圖8.25　PID自動演算前後的控制曲線

此外還有提供溫度感測器的斷線檢測功能及電流過載檢測，也就是我們所謂的CT電流偵測的功能。除此之外溫度控制器亦提供警報開關及攝氏及華氏溫度自動換算的選擇及顯示功能，以方便使用者操作。

4. 溫度控制器通訊方面：溫度控制器往往需要與其他的控制系統結合，在通訊方面採用工業最常使用的通訊RS232、RS485、RS422等通訊介面，並支援各種通訊協定。RS232是最標準的串列通訊裝置，一般儀器與PC都有支援。RS485、RS422也是串列通訊的一種裝置，主要的目的是要改善RS232通訊訊號易受干擾及訊號傳輸距離短的缺點。如圖8.26所示，以RS485或RS422通訊裝置走Modbus通訊協定進行系統性連結的溫度控制方式。

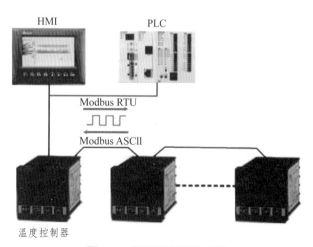

圖8.26　通訊協定連結示意

8.3.3 伺服與步進馬達（Servo and Stepping Motor）

半導體晶圓製造的設備機台，常常需要一些裝置例如Elevator Stage、Indexer及機械手臂（Robot）等運動傳送模組與機構，將晶圓傳送至反應腔體內。傳送過程當中常需要非常精密的位置、位移、速度甚至力量的控制，這些精密的運動控制需要伺服馬達或步進馬達才有辦法達到。伺服馬達或步進馬達的伺服系統的構成通常包含目標的控制體（Plant）、致動器（Actuator）、感測器（Sensor）、控制器（Controller）或驅動器（Driver）等幾個部分。目標控制體（Plant）是指被控制的機械結構物件體，例如機械手臂（Robot），或是一組機械工作平台（X-Y Table）；致動器（Actuator）是指功能在提供主要目標控制體的動力，是一種能量轉換的裝置。目前大多數的伺服系統都採用電力的方式來驅動，它是將電能轉換成機械能的裝置，伺服馬達或步進馬達等的驅動源都是致動器的一種；控制器（Controller）或驅動器（Driver）又稱功率放大器，主要的功用就是利用控制器下達的指令傳達至伺服馬達或是利用驅動器將訊號轉換放大後控制伺服馬達以達到我們所需的控制目標；感測器（Sensor）的功用則是利用裝置構造包含位置回授檢知的裝置，例如光電編碼器（Optical Encoder）或是解角器（Resolver）等將目標控制體的所在位置、速度或其他的控制訊號訊息回傳至控制器或驅動器，以利更精確的目標控制。

8.3.3.1 步進馬達（Stepping Motor）

步進馬達（Stepping Motor）是一種比較特殊結構形式的直流馬達（DC Motor），依構造不同可分成可變磁阻式（Variable Reluctance Type，簡稱VR型）、永久磁鐵型（Permanent Magnet Type，簡稱PM型）及混合型（Hybrid Type）。步進馬達的轉子（轉子就是馬達旋轉作動的部分）是由永久磁鐵製成，並且不含線圈。步進馬達是在一定數目定子線圈而且固定的角度上，例如0.9度到90度等範圍之下做激磁旋轉動作，因此步進馬達沒有一般直流馬達（DC Motor）電刷的裝置，且圍在轉子周圍的定子（定子就是

馬達固定不轉動的部分），其包含了一連串的線圈及磁場電磁鐵。當電磁鐵一個接著一個的被通電激磁之後，轉子就繞著線圈旋轉，連續的轉動產生一個完整的圓周運動，步進馬達依定子線圈的相數的不同可以區分成二相、三相、四相或五相型式的步進馬達。通常小型的步進馬達以四相式的步進馬達居多，如圖8.27所示為四相式步進馬達的內部結構圖。工業應用上通常使用在定位系統（Position System），最常見的應用就是印表機的紙張傳送控制及定位，圖8.28為利用脈衝訊號控制步進馬達運轉的簡單控制。

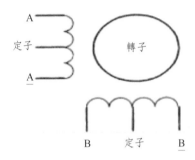

圖8.27　四相式步進馬達內部結構說明

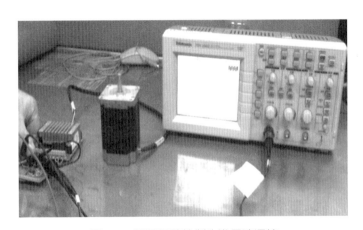

圖8.28　脈衝訊號控制步進馬達運轉

　　如圖8.29所示，為一個開迴路馬達控制系統。步進馬達（Stepping Motor）的控制系統，一般而言幾乎都是開迴路控制。因為控制器不需要知道步進馬達的旋轉位置所在，也就是說步進馬達沒有回授感測器的訊號，控制器將馬達多次步進的角度位置可以得知步進馬達的轉動角度及轉動量，以

達到所期望的轉動位置。

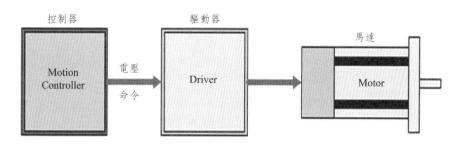

圖8.29　開迴路馬達控制系統

8.3.3.2 伺服馬達（Servo Motor）

　　伺服馬達與我們常見的一般交流馬達其實原理是一樣的。一般交流馬達的使用場合比較注重馬達的啓動與運行的特性，交流馬達的使用有時候會做一些簡單的電路如按鈕控制其正轉或反轉動作，或是搭配變頻器作較複雜的使用，例如電梯的樓層控制即是使用變頻器控制交流馬達的正轉、反轉以及樓層的位置控制。伺服馬達較一般交流馬達其結構上會比較細長一些，目的是爲了轉子擁有較小的慣量，相對的阻抗值也會比較大，所以使用場合上伺服馬達對於電能與機械能的轉換後輸出的機械量、精度、運轉時的穩定度、加速及減速的快速反應、快速的正轉與反轉的運動特性、輸出的功率高、功率密度大及功率轉換效益高等特性，非常適合於速度、位置、扭力等控制場合之上，目前主要應用於工業界的伺服馬達包括直流伺服馬達、交流伺服馬達與線性伺服馬達，其中又以交流伺服馬達佔絕大多數，主要是因具有高扭矩的特性。

　　一個伺服馬達的系統及伺服機構的組成如圖8.30所示，主要包含有伺服驅動器包含功率放大器與伺服控制器、伺服馬達本體及編碼器等三個部分所組成。伺服馬達的伺服控制器通常具有速度與扭矩的控制單元，伺服馬達一般來說會提供類比式的速度回授信號，它的控制界面採用±10V的類比訊號，經由外部迴路的類比命令，直接控制馬達的轉速或扭矩，而且通常必須再加上一個位置控制器（Position Controller），才能完成位置控制。

目前一般工業用伺服驅動器（Servo Driver）通常包含了控制器與功率放大器，伺服馬達提供解析度的光電編碼器回授信號，控制器的功能在於提供整個伺服系統的閉路控制，如扭矩控制、速度控制、與位置控制等。

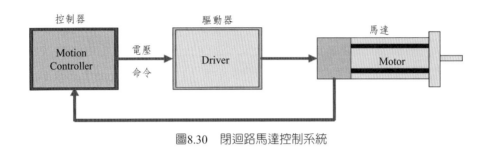

圖8.30　閉迴路馬達控制系統

8.3.4 質流控制器（Mass Flow Controller, MFC）

在半導體工業的製程設備裡，半導體製造對於先進製程的技術的開發與應用，尤其是在對於薄膜厚度控制的沉積（Deposition）及蝕刻（Etching）製程要求的研究領域之中，幾乎在所有的製程設備當中都需要各種程度不同的氣體。例如薄膜沈積用的各種氣體及蝕刻用的各種氣體，以維持製程設備的操作與製程的進行，因此在各種氣體流體的控制方面，不在只是製程的重要參數考量，更是設備機台是否能正常運作的依存性關係。然而控制氣體流體最直接且最方便的方法就是測量該氣體的流量。不幸的是，半導體設備所需要的各項氣體，因氣體的種種特性關係均不完全相同，各氣體之間又因各種氣體特性因素之不同而無法相容，所以在測量並控制氣體流量之使用量的測量儀器便是種非常重要的單元，製程上也需要有更好的氣體控制的能力。質流控制器（Mass Flow Controller, MFC）也就是一般我們簡稱的MFC，是一種流體計量與閥門組精密自動控制之機械與電子控制的組合體。如圖8.31所示，對於製程氣體控制執行能力，最關鍵的莫過於它了。質流控制器與工業應用的一般流量控制器最大的差別在於質流控制器是利用熱感應溫差以及利用非接觸的方式測量氣體的質量流速，質流控制器不同於一般測量體積流速的方式，因此可以避免受到環境壓力與氣體體積等的影響因素，非常適合用在動態的氣體流量控制上。

圖8.31　質流控制器機電控制示意

　　一般工業界在流量控制上大多以體積流量與質量流量兩種為最常見。體積流量會因壓力、溫度而隨之變化。因為體積流量會隨壓力與溫度而改變，所以並不是很精準，最常見的應用就是化學品的流量控制、純水（DIW）的流量控制等的大流量控制；然而質量流量則不會因壓力、溫度而隨之變化，而製程用的氣體流量控制與測量，則使用質流控制器（MFC）。而質量流量之單位針對流體質量在時間上的比例而言，流體質量不因壓力、溫度而變化，故一般仍以特定之溫度，密度條件下之質量流量以體積流量（cc/min）表示之或是以sccm為單位表示。

　　質流控制器（MFC）在製造的時候為了方便、安全及成本等因素的考量，通常以惰性的氣體氮氣（N_2）作為標準氣體，並以此氣體作為調教的轉換因子（Conversion Factor, C.F.），C.F.值指的就是各氣體體積流量與氮氣（N_2）之轉換比。

　　C.F.值它的定義是以氮氣（N_2）的C.F.等於1，其他各氣體之質流控制器（MFC）的C.F為其相對於氮氣（N_2）作用於Sensor感測的靈敏度比之倒數。也就是說C.F.大於1的氣體，對於感測的靈敏度低於氮氣（N_2），其C.F.小於1的氣體，對於Sensor感測的靈敏度高於氮氣（N_2）。若以氮氣（N_2）校正之後的質流控制器（MFC），使用於其他氣體之狀況下，該氣體真正的流量就會等於使用氣體之C.F.值乘上使用氮氣（N_2）的氣體流量。例如化學氣相沉積系統設備機台使用的SiH_4氣體，如圖8.32質量流量控制器規

格圖示說明，其氣體使用範圍爲50sccm，C.F.值爲0.645。

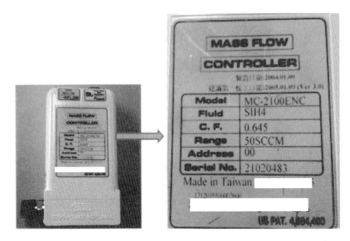

圖8.32　質量流量控制器規格圖

　　就保養維護的觀點上，質量流量控制器必須依照所使用的氣體特性及規格選用及安裝，否則常會發生流量異常等問題。另外在更換時必須先進行管路的Pump Purge動作，至少達30次以上，才可進行換裝的動作。換裝完成亦必須進行測漏及質量流量控制器的系統校正，使其恢復正常，才可以運轉。

8.3.5 電磁閥（Solenoid Valve）

　　電磁閥（Solenoid Valve）是流體閥門開關最爲常見的一種，也是電能訊號轉換成機械能作動最普遍的一種方式，如圖8.33電磁閥作動示意圖所示。其原理是利用外部電源所提供的電力，使得電磁閥上的線圈產生磁力作用，進而改變隔離閥門薄膜片的方向而開啓管路的通道。當外部電源的電力切斷時，隔離閥門薄膜片就會藉由彈簧或其他相關機制將其關閉。藉由通過對電磁閥線圈提供電力的通電與切斷供應電源的方式，造成電磁鐵吸引開啓電磁閥薄膜上的彈簧作動帶動薄膜膜片的開啓及閉合，以控制管路中氣體或液體管路的開啓與關閉或改變氣體或液體的流向。一般電磁閥常見的工作電壓有AC220V、AC110V、 DC24V、 DC36V、DC48V及DC12V等形式。圖8.34爲半導體化學氣相沉積設備（CVD）機台上，電磁閥將電的作動訊號轉成機械

的氣壓能之後，所推動的管路上氣動閥（pneumatic valve）的應用。

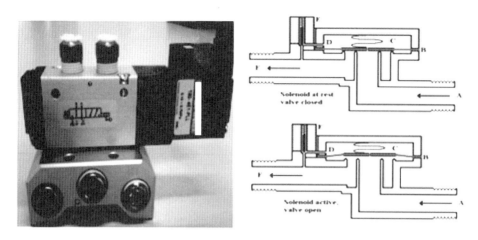

圖8.33　電磁閥作動示意圖

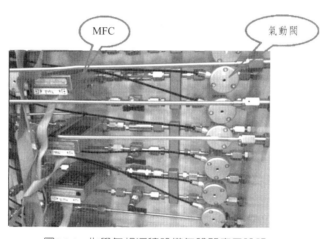

圖8.34　化學氣相沉積設備氣體閥應用說明

　　電磁閥與氣動閥在機台維護的時候，一定要確認彼此間加壓的乾燥空氣（Compressed Dry Air, CDA）的工作壓力與流量，常常因為CDA壓力不足，而倒致氣動閥作動不良，或是CDA的氣管因使用壽命到達致有破損等因素，影響製程。另電磁閥若使用在有酸鹼的環境之中，保養維護時一定要檢查其動作是否正持常，若不正常需要立即更換之，以避免作動異常，影響製程。

8.3.6 感測器（Sensor）

半導體業界使用了大量的感測器及光電開關作為設備機台動作或製程上的感測，其中又以近接開關及光電開關或光電感測器為大宗。如圖8.35感測器應用於化學品洩漏偵測與手臂位置偵測，用以判斷動作或結果與否並輸出至控制器或設備系統。以下就以這兩種感測器為大家介紹及說明。

圖8.35　近接開關與光電感測器應用

8.3.6.1 近接開關

近接開關包括有電感式感測器和電容式感測器兩種，電感式近接開關在控制上通常被用來感測金屬或其他具有傳導性物質的物體。電容式近接開關則是能感測金屬的物體以及一般非金屬的物體，例如PVC、PFA、PTFE及PVDF等半導體設備製程用耐酸鹼腐蝕性的塑材。

1. 電感式近接開關

電感式近接開關的組成包含線圈與電磁鐵，這兩個元件組合形成一個LC電感回路，利用LC電感回路來驅動振盪器，形成一個低能量的電磁場。如圖8.36電感式近接開關感測示意圖，當導電物體，例如金屬材質的待測目標物進入磁場感應範圍時，回旋電流開始傳導於導體內，此回旋電流由電磁場吸收能量，回旋電流大到放大器不能輸出足夠的能量時，振盪器會停止作動，電磁場也會消失。因此在開與關的動作之間會有所謂的滯後現象，此

現象剛好提供了一個穩定的操作，以避免開關在開與關狀況之間的不穩定跳動。磁場放射能量的大小是由開關內的線圈大小來決定，較大的開關，線圈也比較大，感應距離也比較遠，因此在設備維護與保養時必須注意到感應距離，必要時要給於調教至最佳的位置。

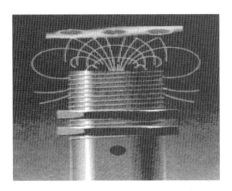

圖8.36　電感式近接開關感測示意圖

2. 電容式近接開關

電容式近接開關的組成也包含了一個振盪器，如圖8.37電容式近接開關感測示意圖。開關的感應面則是一片電容器，另外一片則是地線，當一個待測目標物進入活感應範圍區時，電容值產生改變，當電容值足夠大時，回路開始振盪。以電容式開關而言，當待測目標物出現時開始產生振盪，這與電感式近接開關的原理正好相反。電容式近接開關相較於電感式的近接開關，亦比較容易受環境的因素影響，例如濕氣、灰塵就非常容易引起一個錯誤訊號的誤動作。

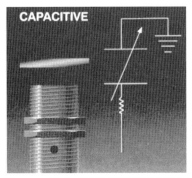

圖8.37　電容式近接開關感測示意圖

　　近接開關的形式及接線方式可分成兩線式及三線式的方式，三線式的近接開關，如圖8.38近接開關三線式接線示意。近接開關的開關迴路的電源是透過第三條線供應的，通常線的顏色即可區別電源及訊號。一般來說棕色線為直流電正極，藍色線為直流電負極，黑色線即是近接開關的訊號輸出。當三線式開關成閉路時，會有一個微小的電降壓，通常約在1-2.5V之間，當是開路時，三線式近接開關的開關，基本上漏電流等於零，且三線式開關是有區分極性的，因此必須要依照設備機台的系統針對NPN輸出或PNP輸出的不同用途，選擇適合設備機台系統的各種近接開關。

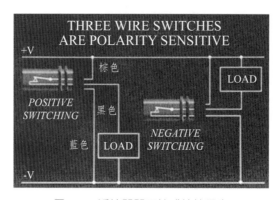

圖8.38　近接開關三線式接線示意

　　另外一種則是二線式的近接開關，如圖8.39近接開關兩線式接線示意，二線近接開關不分極性，沒有所謂的NPN或PNP的極性接線方式，使用上非常簡單。只要接上棕色的直流電正極，與藍色線為直流電負極，可以把近接開關想像成一般的A接點或B接點即可，而且同一個開關可以和PNP/NPN的可程式邏輯控制器（PLC）作界面使用。

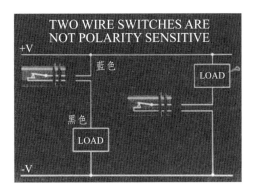

圖8.39 近接開關兩線式接線示意

8.3.6.2 光電開關或光電感測器

所謂的光電開關顧名思義就是利用光學原理及光的特性作為物體位置的
檢測或顏色上的判別等檢測。光電開關通常會有一個訊號處理器或放大器、
一個光源發送器、一個受光器及光纖等,光電開關可以依照實際設備的應用
需求其光源發送器、受光器、光纖可以是一體式的或是個別獨立的方式。例
如在位置感測應用方面,感測器光源由光源發送器端發射出去,由於光的特
性關係,光的行徑路線若接觸到物體則會反射,另一受光器則因光的反射所
接收到的光就有強弱甚至完全接收不到,進而檢出物體的位置所在,一般可
以分成穿透型、鏡片反射型、擴散反射型、光纖型幾種形式。

同樣的在顏色感測應用方面亦是如此,光在接觸到物體的反射也會因物
體所反射的光譜光波不同,而有顏色之分,因此也能夠檢出物體的顏色。如
圖8.40所示為擴散反射型光電開關,可依所檢測的目標物感應範圍進行顏色
判定輸出結果。

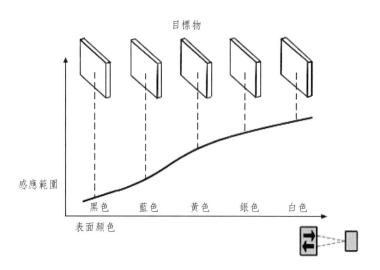

圖8.40　光電開關顏色判定

　　光電開關可提供直流 和交流型式的訊號輸出和前述的近接開關在系統的應用上是相容的，另外光電開關也有繼電器（Relay）輸出功能，如圖8.41光電開關迴路繼電器（Relay）接點輸出接線說明，可以應用在輸出較高的負載電流的使用場合。

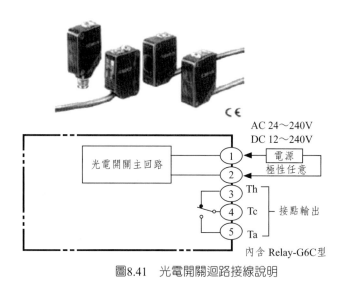

圖8.41　光電開關迴路接線說明

　　就保養維護的觀點上，光電開關或光電感測器其實是不容易損壞的感測元件，但因光源發送器或受光器因設備機台的震動，造成光電訊號有Loss的

現象，訊號就有可能不是機台初始的最佳條件，這時就必須重新調校；或是光電開關或光電感測器因機台經年累月的是使用造成光電開關或光電感測器的光路受損或其他非待測物體的阻檔等因素亦會造成光電訊號Loss。因此在保養維護機台的時候亦要隨時注意，並測試其功能，以保持光電開關或光電感測器正常運作。

8.3.7 可程式邏輯控制器（PLC）

在眾多半導體設備的控制系統當中，大部分都是以可程式邏輯控制器（Programmable Logic Controller, PLC）或可程式自動控制器（Programmable Automation Controller, PAC）及PC Base的控制方式為主，由其可程式邏輯控制器更是半導體設備控制系統不可或缺的最大功臣。

可程式邏輯控制器（PLC）或可程式自動控制器顧名思義是一個具有可以做程序動作流程規劃，並將之程式化的控制器。可程式邏輯控制器（PLC）是一種可以執行演算及邏輯判斷的微處理器，現今的可程式邏輯控制器功能非常強大，如圖8.42設備機台上之PLC控制系統，其可控制外在環境的點數從數10控制點至整廠輸出的上萬控制點都有，亦可以處理數位訊號轉換成類比訊號（DAC）或是類比訊號轉成數位訊號（ADC）。而且PLC與PLC之間或PLC與PC的通訊方式亦非常完備，甚至將可程式邏輯控制器（PLC）稱作可程式自動化控制器（Programmable Automation Controller, PAC），因為現今的可程式邏輯控制器（PLC）已經具備有PC的運算能力，可以處理更複雜的邏輯程序及數值演算，因此設備維護與保養的觀點上有必要對其架構進行了解。

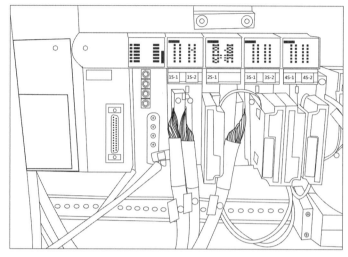

圖8.42　設備機台上之PLC控制系統

　　雖然可程式邏輯控制器（PLC）的廠牌有很多種，型號也非常多，例如在設備機台上方常常可以看到有三菱、歐姆龍、西門子、AB及國內廠商研華及泓格科技等等，但其基本的架構都大同小異，如圖8.43 PLC基本架構所示說明如下。

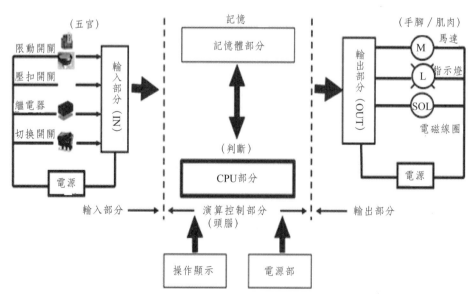

圖8.43　PLC基本架構

8.3.7.1 輸入部分

就好像人體的五官，負責感知及接收外在環境的訊息及訊號，爲外部輸入元件如感測器、開關及按鈕等與可程式邏輯控制器（PLC）或可程式自動控制器（PAC）之間的連接介面模組，輸入模組的接線方式如圖8.44輸入模組接線示意圖，內有輸入電路，可將輸入元件的訊號調整處理，在經由資料匯流（Data Bus）傳送至CPU，有固定的編號及位址，以方便程式呼叫取用，達到讀取的目的。

以維修檢測觀點來說，通常我們會使用三用電錶直接量測如圖8.44輸入模組接線示意圖的圖示，以了解輸入接點是否接觸作動不良，或是其他異常原因。這是檢測可程式邏輯控制器（PLC）輸入模組最快也最方便的作法。

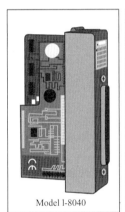

Model l-8040　　　　Model l-8040-G

Input Type	ON State LED ON Readback as 0	OFF State LED OFF Readback as 1
Relay Contact	Relay ON	Relay OFF
TTL/CMOS Logic	Voltage > 10V	Voltage < 4V
NPN Output	Open Collector On	Open Collector Off
PNP Output	Open Collector On	Open Collector Off

圖8.44　輸入模組接線示意圖

8.3.7.2 記憶部分

可程式邏輯控制器（PLC）的記憶體可分成RAM（Random Access Memory）與ROM（Read Only Memory）兩種。可分成主系統程式區、資料暫存區及使用者程式區三個部分的記憶體，另可程式邏輯控制器（PLC）的有一些特殊的積體電路IC，我們不彷也把它歸類爲記憶體的部分。主要功能是提供程式邏輯控制器（PLC）的內部電驛、計時器、計數器等，這些亦都有固定的編號及位址，以方便程式呼叫取用，達到讀取、寫入及操作的目的。

8.3.7.3 CPU部分

CPU是可程式邏輯控制器（PLC）或可程式自動控制器（PAC）核心的部分，它就像是人體腦的部位，會作思考與判斷，它有執行週期與掃描程式的時間，主要將儲存於記憶體中的程式依照程式的順序一一取出，再由外部輸入元件的訊號讀取至暫存記憶體區，經由CPU的程式演算，並將運算判斷的結果輸出至暫存區，再由暫存區輸出至輸出模組，以供給輸出模組執行結果的外部動作控制。一般可程式邏輯控制器（PLC）的廠商都是以CPU執行速度的快慢，也就是執行週期作為選用於設備機台控制能力的指標。

8.3.7.4 輸出部分

就好像人體的手與腳等，是連接輸出介面模組，負責將CPU的演算結果轉變成訊號，再經由資料匯流（Data Bus）傳送至輸出模組，在連接外部輸出元件如指示燈、馬達及電磁閥等，輸出模組的接線方式如圖8.45輸出模組接線示意圖，模組內有輸出電路，輸出模組有固定的編號及位址，以方便程式呼叫取用，達到寫入與讀取的目的。

以維修檢測觀點來說，通常我們會使用三用電錶直接量測，以了解輸出接點是否接觸作動不良，或是其他異常原因，這是檢測可程式邏輯控制器（PLC）輸出模組最快也最方便的作法。

圖8.45　輸出模組接線示意圖

8.3.7.5 通訊部分

通訊是資料交換最為主要的方式，凡舉各種設備機台的各項製程需求的配方從上位電腦的下載、設備機台狀態的回報以及製造執行系統（Manufacture Execution System, MES）的連結等等，工廠自動化愈來愈高愈需要使用通訊的方式來完成，常見可程式邏輯控制器（PLC）的通訊介面非常多，各廠家亦有各自的通訊方式與協定，以可程式自動控制器（PAC）為例，如圖8.46通訊架構，有下列幾種通訊方式。

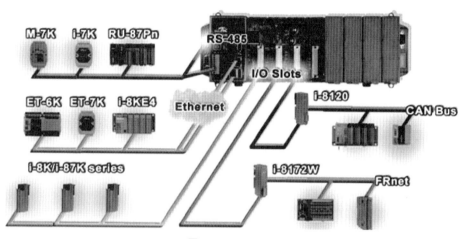

圖8.46　通訊架構

1. 串列RS232 與RS422/RS485通訊介面

RS232在通訊上算是歷史比較悠久的，它的構造簡單價格也非常便宜，許多通訊設備的界面亦將其列為標準配備，適合於點對點的通訊，缺點就是傳送速度慢，傳送距離短約15M左右，耐雜訊的能力較差。相較於RS232的通訊，為了改善缺點，在工業標準的通訊上以RS422/RS485通訊介面最常被使用，它是以差動式數位電壓為介面，改善了點對點的通訊限制，可以多點節點的方式通訊，傳輸距離更遠達約1.2Km，且各串列通訊之間亦可以做訊號的轉換，工業應用上非常的常見。

2. 乙太網路通訊介面

拜PC時代與網際網路的風行，乙太網路（Ethernet）通訊介面，也常見於工業的通訊控制的場合上，也是可程式邏輯控制器（PLC）或可程式自動控制器（PAC）的標準通訊介面，其優點為傳輸距離遠，抗雜訊佳，訊號傳輸量大。

3. 其他通訊協定

除了上述的通訊介面之外，各廠家的所開發的各種通訊協定，在使用與應用上種類也很多，例如針對設備層級的通訊技術有Profibus、DeviceNet；針對上層控制端的有Ethernet、ProfiNet；針對感測器層級的有CANbus、FRnet等；針對近距離的控制網路有CC-link、Modbus、Profibus、SECS、CANbus、DeviceNet等。

以維修檢測觀點來說，通常可程式邏輯控制器（PLC）或可程式自動控制器（PAC）通訊模組不易損壞，若有損壞，設備機台的控制系統馬上就會出現問題。在問題的處理上，首先確認網路節點在哪一個環節出現異常，確認是否通訊纜線是否損壞或模組供電異常等等問題，找出問題之後更換通訊纜線或通訊模組，重新設定通訊模組參數，應可恢復正常。

參考文獻

1. 原著Kilian，編輯陳天青、廖信德、戴任詔，2006，機電整合，高立圖書有限公司。

2. 原著Dan Necsulescu，編輯汪惠健，2003，機電整合，高立圖書有限公司。

3. 陳茂璋、鄧明發、郭盈顯，2000，基礎電子實習，知行文化事業股份有限公司。

4. 原著稻見辰夫，陳蒼傑譯，2001，圖解電子迴路。

5. Tektronix公司數位示波器使用手冊。

6. 泓格科技股份有限公司網站技術資料。

7. 台達電子工業股份有限公司網站技術資料。

索　引

A

Abnormal Signal　供應系統異常訊號　120, 121

Abrasive　研磨顆粒　296, 297, 298, 299, 300, 301, 302, 303, 304, 307, 309, 310

Absorption　表面吸附　153, 163, 228

Acceleration Column　加速柱狀體　82

Acquire　擷取　121, 366, 369, 370, 371

Activation　活化　49, 68, 149, 154, 155, 229, 266, 319, 344, 346, 348

Active Area　主動區　52, 316, 318, 325, 344, 345

Actuator　致動器　8, 10, 11, 12, 379

Adhesion　黏著性　316

Adhesion Layer　黏合層　328, 329, 331

Air Actuated Valve　氣動閥　41, 42, 44, 47, 49, 161, 176, 187, 189, 385

Aligner　晶圓對準器　16

Alkali Metal Ions　鹼金屬離子　327, 332, 334, 335, 336

Aluminum, Al　鋁　30, 111, 158, 159, 186, 188, 193, 194, 195, 231, 236, 248, 252, 253, 288, 302, 303, 312, 347, 348, 349

Amorphous　非結晶　182, 333

Amorphous Silicon, a-Si　非晶矽　50, 51, 74

Analog Digital Convert, ADC　類比數位轉換　12

Angle　角度　69, 73, 85, 90, 100, 101, 165, 196, 197, 209, 230, 231, 242, 379, 380

Anisotropic　非等向性　228, 229, 237, 242, 245, 254, 323

Anisotropic Etching　非等向性蝕刻　228, 229, 237, 242

Anneal　退火，回火　36, 48, 49, 57, 68, 73, 94, 100, 182, 242, 319, 321, 324, 325, 337, 339, 340, 341, 350, 351, 352

Annealing　退火，回火　36, 48, 49, 57, 68, 73, 94, 100, 182, 242, 319, 321, 324, 325, 337, 339, 340, 341, 350, 351, 352

Aperture　孔隙　79, 81

Arc Chamber　電弧室　76, 77, 78, 79, 80, 82

Arc Slit　電弧室　76, 77, 78, 79, 80, 82

Arcing　電弧放電　63, 87

Argon, Ar　氬氣　155, 191, 238, 246, 339, 340

Arrhenius Equation　阿瑞尼斯方程式　229

Arsenic, As　砷　30, 45, 68, 69, 92, 96, 241, 319

Asbestos　石棉　40, 41

Aspect Ratio　深寬比　156, 157, 186, 196, 235, 242, 243, 244, 250

Aspect-Ratio Dependent Etching, ARDE 深寬比依賴蝕刻 235

Astigmatism 校正散光像差 276

Atmospheric Pressure, AP 常壓 37, 38, 40, 42, 51, 53, 55, 148, 155

Atmospheric, Atm 大氣壓 15, 16, 59, 137, 138, 191, 283

Atomic Layer Deposition, ALD 原子層沉積系統 148, 159

Auto Turning 自我調校功能 377

B

Back End of Line, BEOL 後段製程 52, 54, 316, 327

Baffle 擋板 36, 173, 187, 189

Barrier Layer 阻擋層，阻障層 70, 154, 239, 288, 328, 329, 331

Base Pressure 底壓 58, 191

Batch Type 批量 123

Bellows 真空管件 97

Binding Energy 束縛能 71, 230

Bird's Beak 鳥嘴效應 52, 53, 241, 316

Blowup 發散 83, 84, 86

Bombardment 轟擊 68, 71, 73, 74, 84, 86, 89, 90, 94, 100, 101, 138, 139, 140, 145, 154, 191, 193, 198, 202, 203, 206, 210, 215, 228, 230, 232, 233, 235, 236, 239, 240, 245, 252, 281

Boron Penetration 硼滲透 321, 324

Boron, B 硼 30, 68, 92, 96, 101, 164, 241, 288, 319, 321, 324

Bosch Process 博世製程 243, 244, 245

Boundary Layer 邊界層 50, 107, 169, 170

Bowing 翹曲率 181, 182

Break Through 突破步驟 238

Breakdown 崩潰 30, 87, 91, 96, 100, 109, 136, 139

Buffer Oxide Etchant, BOE 二氧化矽緩衝蝕刻液 116

Bunch 成串 83

Burn Box 燃燒箱 40

C

Capacitive Coupling Effect 電容偶合效應 215, 216

Capacitive-Coupling Plasma 電容偶合電漿 205, 213

Caro's Acid-H_2SO_4 卡羅酸 111

Carrier 研磨頭 290, 291, 292, 293, 294, 295, 303

Carrier Gas 載氣 46, 131, 132, 155

Cassette 卡式盒 193

CCD 電荷耦合元件 181, 226

Central Scrubber 中央濕式廢氣處理系統 22

Cerium (IV) Oxide 二氧化鈰 303

Chamber 反應室，腔體 2, 7, 13, 14, 15, 16, 17, 18, 19, 20, 21, 22, 74, 76, 77, 79, 85, 87, 89, 90, 96, 97, 98, 99, 127, 129, 130, 131, 136, 137, 138, 141, 143, 145, 147, 149, 150, 151, 152, 155, 156, 158, 159, 160, 161, 163, 166, 168, 169, 170, 171, 173, 174, 175, 176, 177, 178, 179,

181, 182, 183, 185, 187, 189, 191, 192, 193, 194, 195, 197, 198, 203, 204, 205, 206, 207, 208, 209, 210, 211, 213, 214, 215, 216, 217, 218, 219, 220, 222, 225, 226, 227, 228, 229, 230, 231, 234, 236, 239, 241, 243, 245, 246, 248, 252, 253, 255, 379

Channel 通道 15, 31, 32, 45, 68, 72, 73, 74, 85, 91, 92, 161, 173, 224, 323, 384

Channel Length 通道長度 31, 32, 45

Channeling Effect 通道效應 72, 73, 74, 85, 92

Charge Neutralization System 電荷中性化系統 75, 86

Chemical Amplification Resist, CAR 化學增幅型光阻 260, 266

Chemical Beam Epitaxy 化學氣相磊晶 162

Chemical Mechanical Polishing, CMP 化學機械研磨 12, 13, 22, 52, 104, 105, 110, 126, 287, 288, 289, 290, 291, 294, 295, 296, 298, 302, 303, 306, 307, 308, 309, 310, 312, 313, 316, 327, 345

Chemical Vapor Deposition, CVD 化學氣相沉積 15, 16, 18, 19, 21, 49, 52, 54, 101, 102, 110, 117, 135, 136, 148, 149, 150, 154, 155, 156, 168, 182, 199, 241, 316, 323, 383, 384, 385

Chilled DIW 低溫去離子水 111

Chip 晶粒 32, 33, 48, 49, 51, 326

Chlorine, Cl 氯 51, 109, 192, 237, 238, 240, 252, 253, 254, 304, 335

Circulation Module 循環系統 13, 20, 21, 103, 118, 122, 124, 129, 130, 131

Citric Acid 檸檬酸 302

Clean Room 無塵室 33, 104, 109, 122, 127, 258, 259

Close Loop Control 閉迴路控制系統 9, 10

Cluster 叢集式 16, 18

Cluster Chamber 群集式腔體 192, 194

Cluster Tool 集結式系統 151

CMOS Process Flow 互補式金氧半電晶體製造流程 315, 316

CMP Post Clean 化學機械研磨後晶片清洗 298

Coater 光阻塗佈系統 258, 260, 261, 265

Cold Wall Chamber 冷壁腔體 174

Collimator 準直管 196, 197

Collision 碰撞 70, 71, 72, 73, 74, 76, 77, 78, 87, 88, 91, 136, 137, 138, 142, 154, 191, 192, 197, 209, 210, 214, 219, 220, 221, 235, 240, 276

Colloidal Silica 矽酸膠 303, 304, 305

Complementary Metal-Oxide-Semiconductor, CMOS 互補式金氧半電晶體 30, 315, 316

Concave 凹面 181

Condense 凝結 52, 53, 186, 188

Conditioner 研磨墊整理器 297

Conductance 導電性 68, 91, 92, 198

Conductivity 導電度 29

Conductivity of AC Plasma 射頻電漿源的電導度 214

Conductor 導體 1, 2, 3, 7, 12, 13, 14, 18, 20, 22, 23, 24, 29, 31, 34, 36, 45, 49, 51, 54, 68, 69, 72, 73, 74, 75, 82, 83, 84, 85, 87, 88, 91, 92, 93, 94, 95, 97, 100, 101, 104, 105, 106, 107, 108, 109, 110, 111, 112, 115, 117, 118, 119, 121, 122, 126, 128, 131, 133, 140, 143, 147, 156, 164, 166, 168, 176, 177, 185, 190, 199, 202, 210, 223, 226, 240, 258, 268, 275, 277, 278, 279, 280, 281, 285, 288, 310, 312, 313, 316, 333, 334, 335, 353, 356, 374, 379, 382, 384, 386, 391

Contact 通孔接觸 327, 348

Contact Aligner 接觸式對準機 272, 275

Contact Hole 在接觸窗口 115

Contact Resistance 接觸點的阻值 115

Controller 控制器 9, 10, 11, 12, 38, 41, 46, 74, 88, 89, 177, 245, 355, 356, 359, 360, 361, 374, 375, 376, 377, 378, 379, 380, 381, 382, 383, 384, 386, 388, 391, 392, 393, 394, 395, 396

Conversion Factor, C.F. 轉換因子 383

Convex 凸面 181

Cool Down 晶圓冷卻 16, 17, 263, 266

Cool Down Chamber 晶圓冷卻腔體 16

Copper, Cu 銅 186, 188, 191, 192, 193, 195, 236, 248, 250, 252, 254, 288, 302, 304, 309, 313, 329, 330, 331, 332, 349

Corrosion 腐蝕 2, 4, 7, 15, 22, 67, 95, 96, 119, 129, 253, 284, 302, 305, 307, 309, 311, 386

Critical Dimension, CD 臨界尺寸 31, 32, 107, 126, 278

Crucible 坩堝 185, 186, 187, 188, 189, 190

Cryo pump 冷凍幫浦，低溫幫浦 163

C-V curve 電容對電壓特性曲線 333, 341, 342

Dangling Bonds 懸浮鍵 49, 340, 341

Dark Space（或Sheath） 暗區 140, 141, 144, 145

DC Acceleration 直流加速器 82

Deal Triangle 笛爾三角形 338, 339

Deep Buried Layer 深埋層 75, 91

Deep Reactive Ion Etch, DRIE 深反應離子輔助蝕刻 242

Deep Ultraviolet Light, DUV 深紫外光 260, 269, 280, 281, 282, 283

Deep Well 深井 75

Defect 缺陷 33, 48, 49, 57, 87, 92, 93, 108, 109, 157, 167, 168, 242, 265, 266, 268

Defect Density, DD 缺陷密度 33, 48, 157

Dehydration Bake 去水烘烤 258, 259, 261, 262, 265, 266

Deionized Water, DIW　去離子水　106, 111, 112, 113, 114, 116, 117, 122, 123, 125, 127, 131, 132, 162, 267, 268, 296, 298, 300, 336

Deposition　沉積　13, 15, 16, 18, 19, 21, 36, 37, 38, 49, 50, 51, 52, 53, 54, 70, 74, 101, 102, 104, 105, 110, 114, 117, 135, 136, 148, 149, 150, 151, 152, 153, 154, 155, 156, 157, 158, 159, 160, 161, 162, 168, 170, 171, 173, 179, 180, 181, 182, 183, 185, 186, 188, 191, 193, 196, 197, 198, 199, 225, 230, 231, 232, 241, 242, 246, 248, 249, 250, 251, 252, 316, 317, 320, 323, 325, 327, 328, 329, 330, 331, 332, 336, 344, 345, 346, 348, 349, 350, 351, 352, 353, 382, 383, 384, 385

Deprotonation　去質子化　299, 300

Depth of Focus, DOF　景深　270, 271, 288

Derjaguin-Landau-Verwey-Overbeek, DLVO　微塵吸附理論　298, 299

Desorption　表面脫附　153, 163

Develop　顯影　18, 236, 249, 250, 257, 258, 259, 260, 261, 265, 266, 267, 268, 283, 284, 285, 317

Developer　顯影系統　18, 257, 258, 259, 260, 266, 284, 285

Device　元件　8, 11, 25, 26, 29, 30, 31, 32, 34, 45, 49, 51, 68, 69, 72, 84, 85, 87, 88, 89, 91, 92, 93, 97, 100, 101, 102, 104, 105, 106, 107, 108, 109, 110, 112, 114, 115, 117, 118, 126, 132, 133, 156, 159, 166, 173, 176, 181, 202, 203, 215, 226, 227, 234, 241, 243, 244, 252, 254, 255, 258, 277, 278, 285, 288, 315, 316, 319, 326, 333, 334, 335, 337, 341, 343, 345, 346, 350, 353, 355, 356, 357, 359, 360, 361, 372, 373, 374, 375, 386, 390, 393, 394

DI Water Vaporizer　去離子水蒸氣傳送系統　162

Die　晶粒　32, 33, 48, 49, 51, 326

Dielectric　介電質　12, 13, 22, 104, 105, 107, 108, 251, 288, 333, 345

Dielectric Constant, k　介電常數　32, 49, 250, 251

Dielectric Layer Etching　介電層蝕刻　202, 227, 245

Diffusion　擴散　31, 35, 36, 42, 43, 44, 45, 46, 47, 48, 50, 52, 68, 73, 92, 94, 101, 107, 108, 126, 132, 148, 154, 162, 164, 186, 217, 228, 250, 266, 316, 321, 324, 328, 329, 331, 340, 389

Digital Analog Convert, DAC　數位類比轉換　12

Digital Signal Processer, DSP　數位信號處理器　356

Dilute HF　稀釋的氫氟酸　318

Discharge　放電　76, 77, 87, 96, 111, 136, 139, 140, 141, 142, 143

Dishing　凹陷　241, 242, 307, 308

Dislocation　差排　48

Dispersion Relation Formula　色散關係式　222

Dissociation　分解　22, 107, 111, 113, 123, 136, 260, 268, 275

Dissolved Air Flotation　溶氣加壓浮選　302

Divot　凹陷區　241, 242

DIW Rinse Tank　去離子水洗淨槽　123

Dopant　摻質，摻雜物　29, 46

Dopant Activation　雜質活化，摻質活化　49, 319

Dopant Ion　摻雜離子　70, 73, 74, 76, 79, 81, 84, 87, 88, 90, 98

Dopant Profile　摻雜分布輪廓　72

Doping　摻雜　29, 45, 46, 51, 68, 69, 70, 71, 72, 73, 74, 75, 76, 78, 79, 80, 81, 84, 85, 86, 87, 88, 89, 90, 91, 92, 93, 94, 96, 97, 98, 99, 100, 101, 109, 173, 178, 241, 258, 316, 320, 322, 323, 324, 325, 329

Dose Controller　劑量控制器　74, 88, 89

Double Pattern　雙重圖案定義　278, 280

Drain　汲極　31, 32, 45, 75, 91, 92, 316, 322, 323, 324, 346, 351, 352

Drain Module　排放　13, 22, 23, 37, 38, 40, 108, 122, 124, 177, 282, 302

Dresser　研磨墊整理器　297

Drive-in　趨入　36, 46, 47, 49

Driver　驅動器　9, 10, 11, 379, 381, 382

Dry Etching　乾式蝕刻　18, 31, 201, 202, 203, 204, 226, 227, 228, 236, 237, 248, 254, 255, 350, 352

Dry Etching Processes　乾式蝕刻製程　201, 202, 226, 350

Dry Oxidation　乾式熱氧化　42

Dry Pump　乾式幫浦　160, 163

Dual-Damascene Process　雙鑲嵌製程　330

Dual-Damascene　雙鑲嵌結構　202, 227, 245, 248, 249, 250, 254, 255

Dummy Load　假負載　147

E

E-Beam Lithography, EBL　電子束微影　275

Effusion Cell　分子束加蒸鍍源　163

Elastic　彈性　127, 136, 162, 289, 290, 291

Electric Double Layer　電雙層　299, 303

Electrical Parameters and Characteristics　電性參數及特性　106

Electrochemical Plating　電化學電鍍　329

Electromagnetic Force　電磁力　80, 191

Electromagnetic Lens　電磁透鏡　276

Electromigration, EM　電子遷移　30, 194, 195, 328, 329

Electron Beam Evaporation　電子束蒸鍍　185, 186, 188, 189, 190, 350

Electron Cyclotron Resonance, ECR　電子迴旋共振加速　208

Electron Gun, E-Gun　電子槍　165, 188, 189, 276, 284

Electrophoresis　電泳法　299

Electrostatic Scanning　靜電式掃描　84, 85

Electrostatic Shielding Layer 靜電屏蔽層
215, 216

Energy Gap, Eg 能隙 30

EPO Signal 使用點異常訊號 120, 121

Erosion 侵蝕 117, 159, 308

Etch Selectivity 蝕刻選擇性 230, 252

Etching Stop Layer 蝕刻停止層 52, 330

Evaporation 蒸鍍 162, 163, 164, 166,
185, 186, 187, 188, 189, 190, 350

Evaporation Source 蒸鍍源 163, 164,
166, 185, 186, 187, 188, 189, 190

Event Control System 事件控制系統 8,
9

Excimer Laser 準分子雷射 269, 283,
284

Excitation 激發 78, 79, 136, 138, 204,
205, 209, 219, 221, 226, 243, 269

Excited State 激態 138, 139

Exhaust 氣體排放，排氣 40, 173, 187,
189, 192, 203

Exhaust Module 排氣系統 13, 22, 23,
124

Exposure System 曝光系統 257, 258,
260, 268, 271, 280

Extinction Coefficient 消光係數 179,
303

Extinction Index 消光係數 179, 303

Extraction Electrode 萃引電極 74, 75,
79, 80, 82

Extreme Ultraviolet Lithography, EUVL
極紫外光微影 278, 281, 285

Extreme Ultraviolet, EUV 極紫外光
269, 278, 281, 282, 283, 285

F

Faraday Cup 法拉第杯 74, 88, 89

Feedback 訊號回授 9, 10, 11, 121

Feed-Through Connectors 輸入端子 83

Field Oxide 場氧化層 45, 117

Filament 燈絲 76, 77, 78, 87, 88, 188,
189

Filed Programmable Gate Array, FPGA
可程式化的閘陣列 356

Filter 過濾器 20, 41, 98, 99, 119, 130,
161

Fixed Oxide Charge，Qf 固定氧化層電
荷 333, 337, 338, 339, 340

Flat Band 平帶 109

Follow Up System 追蹤系統 9

Forming Gas 混合性氣體 49

Four-Point Probe 四點探針 93, 94, 307

Front End of Line, FEOL 前段製程 52,
316, 340

Fumed Alumina 氧化鋁 158, 159, 303,
312

Fumed Silica 燒結氧化矽 303

Function Block 功能方塊圖 23, 25

Furnace 爐管 35, 36, 37, 38, 39, 40,
41, 42, 46, 49, 50, 55, 56, 57, 58,
59, 67, 68, 100, 101, 102, 126, 136,
148, 348, 349

G

Gap Filling 填洞 168, 196

Gas Mixing system 氣體混和系統 175

Gate 閘極 30, 32, 43, 44, 45, 51, 68,

75, 87, 91, 92, 100, 104, 106, 109, 110, 126, 154, 231, 237, 238, 239, 241, 242, 254, 289, 315, 316, 319, 320, 321, 333, 337, 341, 345, 346, 351, 352, 354

Gate Oxide, GOX　閘極氧化層　30, 32, 43, 44, 87, 91, 100, 104, 106, 109, 126, 316, 319, 320, 333, 337, 341, 345

Gauge　壓力計　51, 53, 55, 58, 187, 189, 192, 204

Gaussian Beam　高斯電子束　275, 276, 277

General Exhaust　一般排氣　22

Getter　吸取劑　336

Gettering　吸附　22, 50, 54, 95, 110, 113, 137, 153, 158, 159, 161, 162, 163, 178, 188, 223, 224, 228, 241, 251, 262, 264, 265, 267, 268, 290, 298, 299, 300, 335

Global Planalization　全面性平坦化　288

Glow Discharge　輝光放電　139, 140, 141, 142, 143

GND　接地信號　373

Grain Boundary　晶粒邊界　49, 51

Grain Growth　晶粒成長　48, 49

Grain Size　晶粒尺寸　326

Graphite　石墨　164, 172, 175

Ground Electrode　接地電極板　79, 145

Ground State　基態　139, 149, 162, 204, 226, 228, 237, 269

Grounding Bars　接地棒　97

H

H₂SO₄　硫酸　7, 110, 111, 114, 115, 118, 119, 349

H₃PO₄　熱磷酸　117, 318

Hard Bake　硬烤　258, 259, 266, 268

Hard Mask　硬式罩幕　52, 346, 348

HCL　鹽酸　7, 113, 118

Heat Exchanger　熱交換系統裝置　20

Heat Tape　加熱帶　52, 53, 161

Heavily Doped　重摻雜　51, 69

Helicon Wave Plasma, HWP　螺旋微波電漿源　208, 219

Helicon Waves　螺旋微波　208, 219, 220, 221, 222

Hetroepitaxy　異質磊晶　167, 168

Hexamethyldisilazane, HMDS　六甲基二矽氮烷　261, 283

Hg Lamp　汞燈　269, 270, 273, 283, 284

High Aspect-Ratio　高深寬比　156, 157, 186, 235, 242, 244

High Current Ion Implant　高電流離子植入機　75

High Density Plasma, HDP　高密度電漿腔體　206, 208, 234, 241, 245

High Efficiency Particulate Air　高效空氣微粒過濾器　98, 99

High Energy Ion Implant　高能量離子植入機　75, 83

High-k　高介電常數　49

Hillock　小丘　194, 195

Hi-Lo　高低訊號　373

Horizontal Flow Design　水平流場設計

169, 171

Horizontal Furnace　水平式爐管　36, 37, 38, 40

Hot Carrier　熱載子　91, 322, 337, 340

Hot Carrier Injection　熱載子注入　337

Hot Electron　熱電子　76, 77, 78, 80, 87, 88, 91, 92, 188, 209

Hot-Carrier Effect, HCE　熱載子效應　322, 340

Hydrogen Fluoride, HF　氫氟酸　23, 112, 114, 115, 116, 117, 118, 129, 130, 302, 311, 318

Hydrogen Peroxide, H_2O_2　雙氧水　111, 113, 118, 304, 311

Immersion Lithography　浸潤式微影　278, 280

Impedance Matching Box　阻抗匹配器　147, 198

Implanter　離子植入機　74, 75, 76, 79, 80, 81, 82, 83, 84, 85, 86, 87, 90, 91, 92, 93, 95, 96, 97, 98, 99, 100, 101, 319

Impurity　雜質　20, 76, 78, 105, 106, 108, 109, 111, 113, 114, 130, 166, 182, 186, 188, 318, 319, 324, 336

In Situ Monitor　即時監控系統　163, 178, 183

Indexer　定位索引　14, 15

Indium, In　銦　30, 68, 76

Inductive Couple Plasma, ICP　電感應偶合電漿源　208, 210

Inelastic　非彈性　136

Inhibitors　鈍化劑　233, 237, 252

Injection　注入　68, 69, 71, 72, 73, 76, 84, 86, 89, 98, 156, 158, 222, 337, 373

Insulator　絕緣體　29, 30, 77, 82, 99, 223

Integrated Circuit, IC　積體電路　29, 30, 31, 33, 68, 90, 93, 104, 105, 107, 133, 168, 202, 227, 238, 252, 278, 285, 312, 316, 356, 393

Inter Layer Dielectric, ILD　電晶體與第一層金屬之間的介電層　54

Inter Metal Dielectric , IMD-　第一層與第二層金屬間的介電層　329

Inter Metal Dielectric, IMD　金屬層間的介電層　54

Interface Trapped Charge，Qit　界面陷阱電荷　334, 340, 341

Interferometer　干涉儀　224, 225

Interlock　安全連鎖裝置　59

Ion Accelerator　離子加速器　75, 82

Ion Beam　離子束　68, 69, 70, 73, 74, 75, 76, 77, 79, 82, 83, 84, 85, 86, 87, 88, 89, 90, 91, 94, 96, 97, 98, 99, 100, 101

Ion Beam Current Control System　離子電流控制系統　74, 75, 88, 89

Ion Bombardment　離子轟擊強度　206

Ion Gauge　離子真空計　164

Ion Implant　離子植入，離子佈植　31, 46, 49, 68, 69, 70, 71, 72, 73, 74, 75, 76, 79, 80, 81, 82, 83, 84, 85,

86, 87, 88, 89, 90, 91, 92, 93, 94, 95, 96, 97, 98, 99, 100, 101, 102, 149, 318, 319, 323, 340, 344, 346, 347

Ion Implantation　離子植入，離子佈值　31, 46, 49, 68, 69, 70, 71, 72, 73, 74, 75, 76, 79, 80, 81, 82, 83, 84, 85, 86, 87, 88, 89, 90, 91, 92, 93, 94, 95, 96, 97, 98, 99, 100, 101, 102, 149, 318, 319, 323, 340, 344, 346, 347

Ion Mass Analyzer　離子質量分析器　74, 75, 80, 101

Ion Range　離子射程　70

Ion Source　離子源　74, 75, 76, 77, 80, 90, 95, 96

Ion Transition Frequency　離子過度頻率　142

Ionization　離子化　76, 80, 113, 136, 138, 164, 193, 219, 221, 337

Ionization efficiency　離子化效率　164

IPA　異丙醇　116, 131, 132

Isotropic　等方向性　107, 228

Isotropic Etching　等方向性蝕刻　228

J

Junction Depth　接面深度　45, 69, 70, 72, 90, 91, 92

Junction Leakage Current　接合面漏電流　108

K

Kalium Ion, K$^+$　鉀離子　327, 334

L

Landau Damping　朗道阻尼　221

Laser Endpoint Detection　雷射終點偵測器　224, 225

Latch-Up　閉鎖　91

Lattice Mismatch　晶格不匹配　166, 167, 168, 181, 182

Left Hand Polarization, LHP　左手極化旋波　218

LEVEL　準位　366, 369, 373

Lightly Doped Drain Implant　輕摻雜汲極　75, 91, 316, 322

Lightly Doped Drain, LDD　輕摻雜汲極　75, 91, 316, 322

Linear Accelerator　線性加速器　82, 83

Liner Oxide　襯底氧化層　317

Lithography, Litho　黃光微影　31, 105, 107, 257, 347, 348, 349

Load Cell　磅秤控制器　356

Load Lock Chamber　裝載／卸載腔體，預抽腔體　193

Load/Unload Port Module　晶圓的載入及載出的系統裝置　13, 124

LOCal Oxidation of Silicon, LOCOS　矽的局部氧化　45

Local Panel　設備端控制單元　121

Local Scrubber　毒性氣體處理塔　22

Lorentz Force　勞倫茲力　207, 217, 218

Low Pressure Chemical Vapor Deposition, LPCVD　低壓化學氣相沉積　49, 117, 316

Low-k Material　低介電常數材料　251

M

Magnetic Multipole Confinement　磁場侷限方式　216, 217

Magnetically Enhance RIE, MERIE　磁場增進式平行板電極　206, 207, 208

Main Etch　為主蝕刻製程　238

Main Panel　主控制單元　120, 121

Mainframe　主體結構　15, 16, 18

Manual Valve　手動閥　41, 42, 55

Manufacture Execution System, MES　製造執行系統　2, 395

Mapping　晶圓數片　16

Marangoni　馬南根尼乾燥　131, 132, 133

Mask　光罩　13, 52, 104, 108, 260, 268, 269, 272, 273, 274, 275, 277, 280, 281, 282, 283, 285, 350, 351, 352

Masking Layer　罩幕材料，罩幕層　52

Mass Flow Controller, MFC　質量流量控制器（質量流量計）　41, 46, 356, 361, 382, 383, 384

Mass Spectrometer　質譜儀　93, 94, 95

Match Box　匹配箱　149, 150, 163, 204, 213

Matching Network（或Matching Box）匹配網路（或匹配箱）　143

Mean Free Path, MFP　平均自由徑　137, 138, 191, 197, 207

Mechanical Clamp　力學式晶圓座　223

Mechanical Pump　機械泵浦（幫浦）　191

Mechanical Scanning　機械式掃描　84, 85, 86

Medium Current Ion Implant　中電流離子植入機　75

Metal Comtamination　金屬污染　104, 105, 302

Metal Gate　金屬閘極　289, 345

Metal Impurity　金屬雜質　108, 111, 336

Metal-Ions　金屬離子　106, 108, 111, 113, 298, 302, 327, 332, 334, 335, 336

Metal Oxide Semiconductor　金屬氧化物半導體　288

Metallization　金屬化　13, 31, 104, 105, 110, 148, 168, 171, 185, 190, 316, 325, 326, 340, 346, 349, 350

Metal-Organic CVD, MOCVD　有機金屬化學氣相沉積系統　148

Metalorganic Vapor Phase Epitaxy, MOVPE　有機金屬氣相磊晶系統　168

Micro-Loading Effect　微負載效應　234, 235, 250

Micro-Roughness　微粗糙度　106, 109, 113

Microtrench Etch　微溝槽蝕刻輪廓　240

Migration　表面遷移　54, 153, 154, 188, 198

Mobile Ionic Charge，Qm　移動離子電荷　333, 334, 337

Molecular Adhesion　分子吸附力　299

Molecular Beam Epitaxy　分子束磊晶系統　148

Molybdenum, Mo　鉬　76, 101, 164, 186, 188

Monolayer 單層分子 160

Moore's Law 摩爾定律 31, 203, 278, 280, 316

Motion Control 位移控制 9

N

Native Oxide 原生氧化層，俱生氧化層 106, 109, 110, 112, 114, 115, 193, 238, 243

Neutralization 中和 22, 23, 76, 87, 88, 283, 284, 335

NH_4Cl 氯化氨 109

NH_4OH 氨水 113, 300, 311

Nitric Acid 硝酸 115, 116, 118, 304, 311

Nitride, Si_3N_4 氮化矽 51, 52, 53, 117, 118, 150, 154, 238, 241, 242, 245, 250, 254, 316, 317, 318, 330, 332, 336, 340

Nitrogen, N_2 氮氣 43, 56, 125, 126, 131, 132, 155, 164, 171, 172, 173, 251, 263, 325, 339, 340, 383

Normal Close 常態關 176

Normal Signal 供應系統正常訊號 120, 121

Nucleate 成核 48, 173, 182

Nucleation Layer 成核層 182

Numerical Aperture, NA 數值孔徑 271, 280, 282

O

Ohmic Heating 歐姆加熱 214

Open Loop Control 開迴路控制 9, 10, 11, 380

Operator 操作人員 33, 61, 97, 106, 109

Optical Encoder 光電編碼器 379, 382

Optical Lithography 光學微影 269, 275, 285

Optical Spectrometer 光學頻譜分析儀 224, 226

Orbital Polisher 偏心旋轉 292, 293

Organic 有機物 105, 106, 109, 110, 111, 113, 115, 236

Organic Complexing Agent 有機錯合劑 302

Organic Contamination 有機污染 110

Oscillation 振盪 141, 142, 143, 206, 386, 387

Oscilloscope 示波器 365, 366, 367, 370, 371, 372, 396

Over Etch 過蝕刻製程 232, 233, 238, 239

Oxalic Acid 草酸 302

Oxidation 氧化 7, 20, 30, 32, 36, 42, 43, 44, 45, 46, 49, 52, 53, 56, 57, 59, 62, 73, 74, 87, 91, 95, 98, 100, 104, 106, 108, 109, 110, 111, 112, 113, 114, 115, 116, 117, 118, 126, 136, 150, 155, 158, 159, 162, 186, 188, 193, 231, 238, 239, 240, 241, 242, 243, 245, 246, 247, 248, 251, 252, 253, 254, 267, 281, 283, 284, 288, 302, 303, 304, 305, 306, 308, 309, 311, 312, 315, 316, 317, 318, 319, 320, 323, 329, 333, 334, 335,

336, 337, 338, 339, 340, 341, 344, 345, 346, 347, 348, 354

Oxide Trapped Charge，Qot 氧化層陷阱電荷 30, 315, 333, 337, 354

Oxygen 氧 7, 20, 30, 32, 36, 42, 43, 44, 45, 46, 49, 52, 53, 56, 57, 59, 60, 62, 73, 74, 87, 91, 95, 98, 100, 101, 104, 106, 108, 109, 110, 111, 112, 113, 114, 115, 116, 117, 118, 126, 136, 150, 155, 158, 159, 162, 186, 188, 191, 193, 231, 238, 239, 240, 241, 242, 243, 245, 246, 247, 248, 251, 252, 253, 254, 255, 267, 281, 283, 284, 288, 301, 302, 303, 304, 305, 306, 308, 309, 311, 312, 315, 316, 317, 318, 319, 320, 323, 329, 333, 334, 335, 336, 337, 338, 339, 340, 341, 343, 344, 345, 346, 347, 348, 354

Ozone Generator 臭氧產生器 162

P

Pad Oxide 墊氧化層 52, 241, 316

Paddle 槳板承載架 36, 37, 40, 59

Parameter 參數 20, 21, 47, 55, 56, 57, 58, 106, 117, 123, 124, 127, 128, 153, 154, 155, 161, 168, 173, 174, 176, 183, 193, 206, 208, 213, 219, 221, 224, 229, 231, 232, 234, 238, 239, 242, 248, 250, 252, 255, 270, 363, 377, 382, 396

Particle 微粒子，微塵粒 33, 39, 58, 59, 97, 98, 104, 105, 106, 108, 109,

113, 117, 126, 196, 236, 336

Particle Contamination 微粒污染 97, 98, 223

Particle Filter 微粒過濾器 41, 98, 99

Passivation 保護層，鈍化層 117, 154, 243, 244, 245, 246, 252, 305, 332, 336, 352, 353

Pattern 圖形 100, 107, 108, 109, 117, 121, 165, 166, 179, 180, 225, 227, 236, 250, 267, 268, 273, 275, 277

Pattern Defect 圖形缺陷 108, 109

Pattern Transfer 作圖案轉印技術 107

Performance 性能 30, 31, 32, 91, 160, 162, 206, 241

Permanent Magnet Type, PM 永久磁鐵型 379

Permeability of Medium 介質導磁性 214

Personal Protection Tool, PPT 個人防護器具 2

Phase Velocity 相速度 220, 221, 222

Phosphorous, P 磷 30, 45, 46, 47, 68, 69, 92, 96, 117, 118, 318, 319, 327, 332, 336

Phosphosilicate Glass, PSG 磷矽玻璃 327, 332, 336

Photo Switch 光電開關 356, 386, 389, 390, 391

Photolithography, Photo 黃光微影 31, 105, 107, 257, 347, 348, 349

Photoresist, PR 光阻 13, 52, 73, 98, 104, 105, 107, 109, 110, 111, 117, 118, 126, 202, 219, 224, 227, 230,

231, 233, 235, 236, 237, 238, 239, 240, 241, 249, 250, 251, 252, 253, 254, 257, 258, 259, 260, 261, 262, 263, 264, 265, 266, 267, 268, 269, 271, 272, 275, 283, 284, 288, 317, 320, 321, 322, 324, 327, 329, 330, 331, 347, 348, 349, 350, 351, 352, 353

Photoresist Etchback　光阻回蝕刻　288

Physical Vapor Deposition, PVD　物理氣相沉積　15, 16, 135, 136, 185, 325, 345, 353

Pick　晶圓抓取　14, 15

Piezoelectric　壓電性　186

Piping　管路　20, 22, 51, 52, 53, 56, 58, 96, 98, 108, 118, 119, 121, 123, 124, 125, 130, 131, 161, 176, 204, 384, 385

Place　晶圓放置　150, 151, 209

Planck's Equation　普郎克黑體輻射方程式　178, 179

Planetary Heating System　行星加熱系統　171

Plant　控制體　379

Plasma　電漿　52, 54, 74, 76, 77, 78, 79, 80, 87, 96, 101, 102, 111, 117, 135, 136, 137, 139, 140, 141, 142, 143, 144, 145, 146, 147, 148, 149, 150, 154, 155, 157, 159, 162, 163, 190, 191, 192, 193, 198, 199, 203, 204, 205, 206, 207, 208, 209, 210, 211, 212, 213, 214, 215, 216, 217, 218, 219, 220, 222, 223, 224, 226, 227, 228, 229, 230, 231, 232, 233, 234, 236, 238, 239, 240, 241, 243, 245, 246, 247, 248, 250, 254, 255, 269, 281, 282, 283, 323, 337, 345

Plasma Enhanced Chemical Vapor Deposition, PECVD　電漿輔助化學氣相沉積　52, 54, 101, 102, 117, 148, 149, 150, 154, 199

Plasma Etching　電漿蝕刻　203, 208, 226, 227, 229, 230, 250, 254, 255, 323, 337

Plasma Frequency　電漿頻率　214, 222

Platen　研磨平台　292, 293, 294, 295, 296

Platform　工作平台　16, 379

P-N Junction　P型和N型的接面　46

Pneumatic Valve　氣動閥　41, 42, 44, 47, 49, 161, 176, 187, 189, 385

Poisson Model　波松模型　33

Polish Head　研磨頭　290, 291, 292, 293, 294, 295, 303

Poly-Silicon Gate　多晶矽閘極　75, 92, 231, 237, 238, 239, 254, 316, 320, 321

Polysilicon Gate Implant　多晶矽閘極植入　75

Polysilicon, Poly-Si　多晶矽　45, 50, 51, 75, 92, 115, 116, 202, 226, 231, 233, 237, 238, 239, 242, 254, 288, 316, 320, 321

Polyurethane, PU　聚胺基甲酸乙酯　292

Polyvinyl Alcohol, PVA　聚乙烯醇　301

Position　位置　10, 16, 18, 26, 60, 73,

78, 144, 153, 158, 164, 167, 170, 172, 183, 190, 197, 202, 217, 219, 220, 221, 224, 225, 230, 238, 244, 246, 290, 334, 346, 358, 361, 366, 367, 368, 369, 371, 372, 373, 379, 380, 381, 382, 386, 387, 389

Position Controller　位置控制器　381

Post Exposure Bake　曝後烤　258, 259, 266, 268

Post-Acceleration　分析後加速　82

Power Supply　電源供應器　23, 24, 25, 83, 96, 97, 137, 174, 189, 191, 374, 375

PR Stripping　光阻去除　52, 105, 110, 111, 126, 202, 219, 227, 253, 254

PR Trimming　光阻削薄　202, 227, 254

Pre-Acceleration　分析前加速　82

Pre-Clean　預清潔　193

Precursor　前驅物　153, 154, 155, 156, 157, 158, 159, 160, 161, 162, 168, 169, 170, 171, 173, 176, 177, 178

Predeposition　預置沉積　46, 47

Pressure　壓力　11, 15, 16, 17, 18, 19, 20, 38, 41, 50, 51, 52, 53, 55, 58, 59, 121, 137, 149, 150, 151, 153, 154, 160, 161, 164, 166, 169, 170, 175, 176, 177, 183, 185, 187, 189, 191, 192, 195, 197, 204, 207, 209, 223, 227, 230, 234, 235, 246, 267, 289, 290, 291, 292, 293, 295, 382, 383, 385

Pressure Regulator　壓力調節器　41

Process　製程　2, 7, 12, 13, 14, 15, 16,

17, 18, 19, 20, 21, 22, 23, 30, 31, 32, 33, 34, 36, 38, 39, 40, 41, 42, 43, 45, 46, 47, 49, 51, 52, 53, 54, 55, 56, 57, 58, 59, 60, 68, 69, 71, 72, 73, 74, 75, 76, 80, 83, 84, 85, 86, 87, 88, 89, 90, 91, 92, 93, 94, 97, 99, 101, 102, 104, 105, 106, 107, 108, 109, 110, 111, 112, 113, 114, 115, 116, 117, 118, 119, 120, 121, 122, 124, 125, 126, 127, 128, 129, 130, 131, 133, 136, 137, 140, 145, 146, 148, 149, 150, 151, 152, 153, 154, 155, 156, 157, 158, 159, 160, 161, 162, 166, 167, 168, 169, 170, 173, 174, 175, 176, 177, 178, 179, 181, 182, 183, 184, 185, 186, 188, 189, 190, 191, 193, 194, 195, 197, 198, 199, 201, 202, 203, 204, 205, 206, 207, 209, 214, 217, 219, 222, 223, 224, 225, 226, 227, 228, 230, 231, 232, 233, 234, 236, 237, 238, 239, 240, 241, 242, 243, 244, 245, 246, 248, 249, 250, 251, 252, 253, 254, 255, 258, 259, 260, 261, 264, 265, 266, 267, 268, 269, 270, 271, 278, 279, 280, 281, 282, 283, 285, 287, 288, 289, 290, 292, 295, 296, 297, 299, 300, 302, 303, 304, 305, 306, 308, 310, 312, 313, 316, 319, 320, 322, 323, 324, 325, 326, 327, 328, 329, 330, 332, 333, 334, 335, 337, 338, 339, 340, 341, 344, 346, 347, 348, 349, 350, 351, 352, 353,

382, 383, 385, 386, 395

Process Chamber 製程腔體，製程反應室 2, 7, 13, 14, 16, 17, 18, 19, 20, 22, 74, 85, 89, 127, 130, 150, 151, 160, 176, 177, 193, 194, 258

Process Control 程序控制 8, 9

Process Module 主製程腔體系統 13, 18

Profile 輪廓 46, 68, 72, 73, 107, 204, 208, 227, 228, 230, 231, 236, 237, 238, 240, 242, 244, 245, 250, 251, 252, 254, 255

Profiling TC 溫度分佈熱電偶 41

Programmable Automation Controller, PAC 可程式自動控制器 391, 393, 394, 395, 396

Programmable Logic Controller, PLC 可程式邏輯控制器 356, 388, 391, 392, 393, 394, 395, 396

Projection Aligner 投影式對準機 272, 273, 275

Projection Range 投影射程 70, 72

Protonation 質子化 299, 300

Proximity Aligner 間隙式對準機 272, 273, 275

Pseudomorphic 假晶 168

Pulse 脈衝信號 373

Pump 泵浦，幫浦 20, 22, 119, 121, 130, 137, 149, 158, 160, 161, 163, 203, 204, 296

Pumping Speed 抽氣速率 137, 160

Punchthrough 接面擊穿 91

Punchthrough Implant 衝穿停止層植入

75

PVDF Tank 鐵氟龍槽 129

Q

Quadrupole Focusing Lenses 四極聚焦鏡 83, 84

Quartz Boat 石英晶舟 36

Quartz Crystal 石英晶體 186, 187, 188, 189

Quartz Tank 石英槽 129

Quartz Window 石英介電層窗 211

R

Radio Frequency, RF 射頻 82, 83, 146, 147, 148, 149, 150, 163, 173, 174, 175, 193, 198, 204, 205, 206, 208, 210, 211, 213, 214, 215, 220, 222

Rapid Thermal Anneal, RTA 快速熱回火 100, 321, 324, 340

RCA Clean RCA標準清洗法 112, 113, 344, 346

Reactive Ion Etcher, RIE 反應式離子蝕刻機 204

Reactive Sputtering 反應性濺鍍 193

Recipe 製程程序步驟 47, 55, 57, 60, 154, 155, 182, 183, 184, 185

Recovery 復原 48

Recrystallization 再結晶 48, 49

Reflectance 反射率 162, 178, 179, 180, 181, 182, 183, 184, 225, 303

Reflected High Energy Electron Diffraction, RHEED 反射式高能電子繞射儀 163, 165, 166

Reflow　再流動　49

Refractive Index　折射係數，折射率
179, 181, 280, 303

Regulator System　調整系統　8, 9

Relay　繼電器　8, 356, 360, 377, 390,
392

Reliability　可靠度　30, 91, 105, 106,
160, 175, 202, 334, 337

Remote Plasma　遙控電漿　162, 163,
219, 254

Removing Rate, R. R.　移除率　289,
291, 292, 293, 294, 297, 307, 308

Request Signal　供酸需求訊號　120, 121

Residuals　殘餘物　156, 228, 250, 309

Resistance　阻抗　61, 66, 67, 84, 92,
147, 175, 198, 372, 381

Resistance Coil　電阻式加熱線圈　40

Resistance Temperature Detector, RTD
電阻式溫度感測器　375, 376, 377

Resistivity　電阻率　51, 248, 307

Resolution　解析度　260, 270, 271, 272,
273, 277, 278, 280, 281, 282, 368,
382

Resolver　解角器　379

Resonators　共振器　83

Retainer Ring　固定環　290, 291

Retrograde Well　退化型井　75

RF Coil　射頻線圈　175, 210

RF Generator　射頻電漿電源產生器
143, 146, 147, 150, 203, 204

RF Linear Accelerator　射頻線性加速器
82, 83

RF Power　射頻電源　147, 208, 210,
214, 222

RF Power Meter　射頻功率量測儀表
147

RIE-Lag　反應離子蝕刻延遲　235, 236

Right Hand Polarization, RHP　右手極化
旋波　218

Robot　機械手臂　14, 15, 16, 17, 18,
19, 98, 123, 128, 129, 152, 193, 258,
259, 284, 290, 379

Rotation　旋轉　9, 10, 11, 16, 73, 85, 86,
89, 97, 125, 126, 127, 129, 131, 163,
169, 171, 172, 186, 187, 188, 189,
217, 220, 262, 264, 267, 285, 292,
293, 379, 380

Round Beam　圓點束　277

S

Sacrificial Oxide, SAC Oxide　犧牲氧化
層　45, 74, 318, 344

Scaling　微縮化　32, 104, 326

Scan Projection Aligner　掃描投影式對準
機　273, 275

Scanning Electron Microscope, SEM　掃
描式電子顯微鏡　54

Scanning System　掃描系統　75, 84

Schematic　簡易電路圖　23

SCR　矽控整流器　29, 356

Scratch　刮痕　310

Screen Oxide　遮幕氧化層　318

Scrubber　洗滌箱　40

Scrubbing　刷洗　298, 301

Secondary Electron, nd e-　二次電子　79,
88, 138, 139, 140, 191

Secondary Ion Mass Spectroscopy, SIMS
二次離子質譜儀　93, 94, 95

Secondary ions　二次離子　93, 94, 95

Seebeck　席別克　376

Seed Layer　晶種層　329

Selectivity　選擇比　107, 204, 224, 228,
229, 231, 232, 234, 238, 239, 245,
246, 247, 250, 255, 323

Self-Aligned　自我對準式　249, 250

Self-Bias　自我偏壓　145, 146

Self-Limiting Growth　自限成膜　156

Semiconductor　半導體　1, 2, 3, 7, 12,
13, 14, 18, 20, 22, 23, 24, 29, 31,
34, 36, 45, 49, 51, 54, 68, 69, 72,
73, 74, 75, 82, 83, 84, 85, 87, 88,
91, 92, 93, 94, 95, 97, 100, 101, 104,
105, 106, 107, 108, 109, 110, 111,
112, 115, 117, 118, 119, 121, 122,
126, 128, 131, 133, 143, 147, 156,
164, 166, 168, 176, 177, 185, 190,
199, 202, 223, 226, 258, 268, 275,
277, 278, 279, 280, 281, 285, 288,
310, 312, 313, 316, 333, 334, 335,
353, 356, 374, 379, 382, 384, 386,
391

Sensor　感測器　8, 11, 12, 360, 375,
376, 377, 378, 379, 380, 386, 389,
390, 391, 393, 396

Sequence Control　順序控制統　9

Sequential Linear Polisher　滾筒式移動
292

Servo Driver　伺服驅動器　381, 382

Servo Motor　伺服馬達　9, 11, 128, 379,

381, 382

Shadow Effect　陰影效應　73

Shallow Trench Isolation, STI　淺溝槽隔
離　241, 242, 288, 316, 345

Sheath Layer　鞘層　206, 207, 209, 213,
214

Sheet Resistance　片電阻　93, 99, 100,
307

Shutter　擋板　37, 40, 78, 81, 150, 171,
186, 187, 188, 189, 190

SiH_2Cl_2, DCS　二氯矽烷　51

Silane, SiH_4　矽甲烷　51, 183

Silicide　金屬矽化物　49

Silicon Carbide, SiC　碳化矽　36, 39,
178, 315, 346

Silicon Dioxide, SiO_2　二氧化矽　20, 30,
42, 53, 112, 116, 117, 155, 231, 239,
243, 245, 246, 247, 248, 251, 254,
303, 304, 306, 333, 337

Silicon Nitride, SiN　氮化矽　51, 52, 53,
117, 118, 150, 154, 238, 241, 242,
245, 250, 254, 316, 317, 318, 330,
332, 336, 340

Silicon Wafer　矽晶圓　12, 14, 15, 17,
18, 19, 20, 22, 29, 30, 69, 70, 72,
74, 76, 85, 86, 88, 93, 94, 101, 104,
105, 106, 107, 108, 109, 110, 112,
118, 126, 338, 339

Silicon, Si　矽　12, 14, 15, 17, 18, 19,
20, 22, 29, 30, 36, 39, 42, 43, 45,
46, 49, 50, 51, 52, 53, 68, 69, 70,
71, 72, 73, 74, 75, 76, 84, 85, 86,
88, 89, 92, 93, 94, 101, 104, 105,

106, 107, 108, 109, 110, 112, 115, 116, 117, 118, 126, 150, 154, 155, 168, 178, 183, 186, 188, 193, 195, 202, 226, 231, 233, 235, 236, 237, 238, 239, 240, 241, 242, 243, 244, 245, 246, 247, 248, 250, 251, 252, 254, 261, 283, 288, 303, 304, 305, 306, 308, 315, 316, 317, 318, 320, 321, 325, 326, 327, 330, 332, 333, 336, 337, 338, 339, 340, 343, 344, 345, 346, 349, 350, 352, 353, 356

Single Crystal　單晶　51, 68, 115, 116, 122, 123, 126, 127, 129, 130, 131, 165, 167, 168, 175, 242, 243, 356

Sintering　熱燒結　36, 49

Skin Depth　趨膚深度　214, 215

Slit Valve　腔體閘門　16, 17, 18

Slurry　研磨漿料　287, 289, 290, 291, 292, 293, 294, 296, 297, 298, 299, 302, 303, 304, 307, 310, 311

Slurry Supply System　研磨漿料控制系統　290, 296

Sodium Ion, Na$^+$　鈉離子　327, 334

Soft Bake　軟烤　258, 259, 261, 265, 266, 268

Soft Etch　軟蝕刻　193, 194, 195

Solar Cell　太陽能電池　29, 46, 47

Solenoid Valve　電磁閥　8, 360, 384, 385, 394

Solid Content　固含量　296

Source　源極　31, 32, 45, 75, 91, 92, 323, 324, 346, 351, 352

Source / Drain Implant　源極／汲極植入　92

Source / Drain, S / D　源極／汲極　45, 92, 324, 351, 352

Source Magnet　源磁鐵　78

Spacer　側壁　54, 149, 206, 207, 227, 233, 234, 235, 236, 237, 238, 240, 242, 243, 244, 245, 251, 252, 254, 316, 323

Spark Breakdown Voltage　火花崩潰電壓　96

Spike TC　針型熱電偶　41, 61

Spiking　尖峰效應　193, 195

Spin On Glass, SOG　自旋塗佈玻璃　288

Sputtering　濺鍍　115, 140, 185, 190, 191, 192, 193, 194, 195, 196, 198, 325, 328, 329, 331, 337, 349

Square Aperture　方形孔徑　277

Stage　晶圓預抽腔體平台　16, 129

Standing Wave Effect　駐波效應　266

Step and Repeat Projection Aligner, Stepper　步進投影式對準機（簡稱步進機）　273, 275

Step and Scanner System, Scanner　步進掃描式系統　273, 274, 275

Step Coverage　階梯覆蓋　53, 54, 153, 154, 156, 157, 186, 196, 197, 198

Stepping Motor　步進馬達　10, 11, 128, 379, 380

Stigmator　散光像差補償器　276

Stochastic Heating　隨機加熱　214

Stopping Mechanisms　碰撞阻滯機制　71

Stress　應力　21, 36, 48, 49, 56, 57, 58, 59, 149, 152, 154, 167, 168, 175,

178, 181, 316

Substrate 基底材料 29, 30, 31, 136

Supervisor Control and Data Acquisition, SCADA 中央監控系統 120, 121, 122

Suppression Electrode 抑制電極板 79

Surface Energy 表面能 49, 153

Surface Migration 表面遷移 54, 153, 154, 188, 198

Surface Mobility 表面移動率 154

Susceptor 加熱盤 169, 170, 171, 172, 173, 174, 175, 178

Switch 開關 2, 8, 29, 38, 98, 160, 161, 182, 184, 241, 356, 360, 372, 373, 378, 384, 386, 387, 388, 389, 390, 391, 392, 393

T

Tantalum Nitride, TaN 氮化鉭 329, 331

Tantalum, Ta 鉭 76, 164, 186, 188, 329, 331

Target 靶材 88, 162, 166, 185, 191, 192, 193, 194, 196, 197, 198

Technology Node 技術節點 31, 32

Temperature Controller 溫度控制器 356, 375, 376, 377, 378

Tetra-Ethyl-Ortho-Silicate, TEOS 四乙基正矽酸鹽 52, 155

Tetramethylammonium Hydroxide, TMAH 氫氧化四甲基氨 267, 283, 284

Thermal Budget 熱預算 148

Thermal Diffusion 熱擴散 31, 45, 46, 68

Thermal Evaporation 熱蒸鍍 185, 186, 187

Thermal Expansion Coefficient 熱膨脹係數 168, 181, 182

Thermal Mismatch 熱不匹配 167, 168

Thermal Oxidation 熱氧化 42, 43, 44, 104, 110, 320, 333, 340

Thermal Oxide 熱氧化物 104

Thermocouple, TC 熱電偶 40, 41, 61, 375, 376, 377

Thin Film 薄膜 12, 13, 22, 31, 50, 51, 52, 73, 74, 93, 107, 108, 135, 136, 149, 150, 152, 153, 154, 156, 157, 158, 159, 161, 162, 166, 167, 168, 169, 170, 171, 176, 178, 179, 180, 181, 182, 183, 186, 188, 190, 191, 193, 197, 198, 204, 225, 227, 230, 232, 233, 234, 236, 238, 242, 258, 265, 289, 291, 292, 293, 294, 297, 298, 300, 302, 303, 304, 305, 306, 307, 345, 382, 384

Threshold Energy of Ion Sputtering 離子能量臨界點 230

Threshold Voltage, VT 臨界電壓 75, 91, 334, 337, 341

Threshold Voltage Implant Adjustment 臨界電壓調整 75, 91

Throttle Valve 節流閥門 204

Through Si Via, TSV 通矽晶穿孔技術 243

Throughput 生產產量速度 107

Tilt 傾斜 73, 85, 101, 237, 277

Titanium Nitride, TiN 氮化鈦 193, 195,

325, 326, 328, 349

Titanium, Ti　鈦　188, 193, 195, 325, 326, 328, 349, 350

Torch　石英火炬裝置　45, 60

Track　光阻塗佈及顯影系統　257, 258, 259, 260, 284

Transducer　轉換器　147, 148

Transfer Chamber　晶圓傳送腔體，傳輸腔體　16, 150, 152, 193, 194

Transfer Module　晶圓傳送系統　13, 16, 17, 75, 85, 89, 90, 97, 98, 124

Transformer Coupled Plasma, TCP　變壓器偶合式電漿源　210

Transistor　電晶體　29, 30, 31, 32, 51, 52, 54, 88, 91, 92, 154, 203, 219, 238, 241, 250, 254, 255, 278, 315, 316, 320, 327, 329, 332, 336, 343, 344, 356, 363, 364, 365

Trap　陷　30, 33, 48, 49, 57, 87, 91, 92, 93, 108, 109, 157, 167, 168, 241, 242, 265, 266, 268, 307, 308, 315, 333, 334, 337, 340, 341, 354

Trench First　溝槽優先　249

TRIAC　雙向性三極閘流體開關　356

Trimethylgallium Ga(CH$_3$)$_3$, TMGa　三甲基鎵　183

Triple Injector　三區噴嘴　171

Triple Wells　三重式井　75

Tungsten, W　鎢　76, 87, 88, 186, 188, 252, 288, 304, 305, 306, 328, 329

Turbo Molecule Pump　渦輪分子幫浦　160, 163

Turntable　研磨平臺　290, 292

U

Ultra-Thin Gate Oxide　超薄閘極氧化層　106

Ultraviolet Light ,UV　紫外光區　269

Undercut　底切現象　227, 228, 233, 234, 237

Undoped Poly-Silicon, U-Poly　未摻雜多晶矽　320

Undoped Silicate Glass, USG　未摻雜的氧化層　329

Uniformity　均勻性　99, 149, 152, 156, 157, 169, 172, 173, 174, 175, 178, 186, 188, 204, 215, 216, 217, 219, 223, 224, 230, 232, 234, 237, 238, 242, 248, 250, 262, 291, 298, 306

Unsaturated Bonds　未飽和鍵　49

Urethane　氨基鉀酸酯　298

V

Vacuum Chuck　真空載台　264, 267

Valve　閥門　156, 175, 176, 177, 182, 184, 204, 382, 384

Valve Mainfold Box, VMB　分配供應的閥箱　119

Van Der Waals Dispersion Force　凡得瓦爾力　299, 300, 303

Variable Reluctance Type, VR　可變磁阻式　379

Variable Shaped Beam　可變形電子束　275, 276, 277, 278

Vent　破真空　16, 59, 193

Vertical Flow Design　垂直流場設計

169, 170

Vertical Furnace　垂直式爐管　36, 37

Via First　導孔優先　249, 250

Via-　第一層與第二層金屬之間的連線洞
孔　330

VLSI　超大型積體電路　68, 104, 105

Void　空洞，孔洞　152, 157, 183, 194,
195, 196, 198, 234, 235, 248, 249,
250, 277, 294, 295, 297, 301

W

Wafer　晶圓，晶片　2, 12, 13, 14, 15,
16, 17, 18, 19, 20, 22, 29, 30, 31,
32, 33, 36, 37, 38, 39, 40, 46, 47,
50, 52, 56, 57, 58, 59, 68, 69, 70,
72, 73, 74, 75, 76, 80, 84, 85, 86,
87, 88, 89, 90, 91, 92, 93, 94, 95,
97, 98, 99, 100, 101, 103, 104, 105,
106, 107, 108, 109, 110, 111, 112,
113, 114, 115, 116, 117, 118, 122,
123, 124, 125, 126, 127, 128, 129,
130, 131, 132, 136, 145, 147, 150,
151, 152, 172, 173, 175, 186, 187,
188, 189, 191, 192, 193, 194, 196,
197, 198, 201, 203, 204, 209, 214,
217, 219, 223, 224, 225, 228, 230,
234, 240, 243, 253, 258, 260, 261,
262, 263, 264, 265, 266, 267, 268,
270, 272, 273, 274, 275, 278, 280,
281, 282, 283, 289, 290, 291, 292,
293, 294, 295, 297, 298, 299, 300,
301, 302, 305, 306, 307, 309, 310,
316, 318, 317, 325, 336, 338, 339,

340, 346, 350, 356, 379

Wafer Charging　充電　86, 87

Wafer Disk　晶圓承載器上　85, 90

Wafer Handling System　晶圓傳送系統
13, 16, 17, 75, 85, 89, 90, 97, 98,
124

Wafer Start　晶圓下線初期　110

Water Mark　水痕　112, 127

Well　井　49, 75, 91, 176, 316, 318, 319,
344, 347, 348

Well Implant　井區植入　91

Wet Chemistry Process　濕式化學製程法
106

Wet Etching　濕式蝕刻　20, 22, 31, 34,
103, 107, 108, 115, 116, 117, 118,
122, 123, 124, 125, 126, 128, 129,
226, 227, 228, 310

Wet Oxidation　濕式熱氧化　42, 44

Wet Scrubber　酸鹼中和洗滌塔　22

Y

Yield　良率　30, 33, 89, 97, 99, 105,
106, 110, 115, 152, 173, 175, 176,
204, 234

Z

Zeta Potential　介面電位　299

國家圖書館出版品預行編目資料

半導體製程設備技術＝Semiconductor technology：
process and equipment／楊子明，鍾昌貴，沈志
彥，李美儀，吳鴻佑，詹家瑋編著.--三版.--
臺北市：五南圖書出版股份有限公司，2024.05
面；　公分

ISBN 978-626-393-356-9(平裝)
1.CST: 半導體

448.65　　　　　　　　　　113006582

5DE0

半導體製程設備技術
Semiconductor Technology - Process and Equipment

作　　者－ 楊子明　鍾昌貴　沈志彥　李美儀　吳鴻佑　詹家瑋

校　　閱－ 吳耀銓

企劃主編－ 王正華

責任編輯－ 張維文

封面設計－ 姚孝慈

出 版 者－ 五南圖書出版股份有限公司

發 行 人－ 楊榮川

總 經 理－ 楊士清

總 編 輯－ 楊秀麗

地　　址：106臺北市大安區和平東路二段339號4樓

電　　話：(02)2705-5066　　傳　　真：(02)2706-6100

網　　址：https://www.wunan.com.tw

電子郵件：wunan@wunan.com.tw

劃撥帳號：01068953

戶　　名：五南圖書出版股份有限公司

法律顧問　林勝安律師

出版日期　2011年12月初版一刷（共二刷）
　　　　　2017年12月二版一刷（共七刷）
　　　　　2024年 5 月三版一刷
　　　　　2024年 7 月三版二刷

定　　價　新臺幣600元

經典永恆・名著常在

五十週年的獻禮 —— 經典名著文庫

五南，五十年了，半個世紀，人生旅程的一大半，走過來了。

思索著，邁向百年的未來歷程，能為知識界、文化學術界作些什麼？

在速食文化的生態下，有什麼值得讓人雋永品味的？

歷代經典・當今名著，經過時間的洗禮，千錘百鍊，流傳至今，光芒耀人；

不僅使我們能領悟前人的智慧，同時也增深加廣我們思考的深度與視野。

我們決心投入巨資，有計畫的系統梳選，成立「經典名著文庫」，

希望收入古今中外思想性的、充滿睿智與獨見的經典、名著。

這是一項理想性的、永續性的巨大出版工程。

不在意讀者的眾寡，只考慮它的學術價值，力求完整展現先哲思想的軌跡；

為知識界開啟一片智慧之窗，營造一座百花綻放的世界文明公園，

任君遨遊、取菁吸蜜、嘉惠學子！